海上石油开发
溢油污染风险分析与防范对策

陈朝晖　丁金钊　编著

海洋出版社

2016年 · 北京

图书在版编目（CIP）数据

海上石油开发溢油风险分析与防范对策/陈朝晖，丁金钊编著．—北京：海洋出版社，2016.5

ISBN 978-7-5027-9385-2

Ⅰ．①海… Ⅱ．①陈… ②丁… Ⅲ．①海上溢油-风险管理-研究 Ⅳ．①X55

中国版本图书馆 CIP 数据核字（2016）第 060058 号

责任编辑：杨海萍 张 欣
责任印制：赵麟苏

海洋出版社 出版发行

http://www.oceanpress.com.cn
北京市海淀区大慧寺路 8 号 邮编：100081
北京朝阳印刷厂有限责任公司印刷 新华书店北京发行所经销
2016 年 5 月第 1 版 2016 年 5 月第 1 次印刷
开本：787 mm×1092 mm 1/16 印张：14.75
字数：289 千字 定价：48.00 元
发行部：62132549 邮购部：68038093 总编室：62114335

前　言

海洋占地球表面积的71%，为人类提供了丰富的生产、生活和空间资源，更为人类社会的发展提供了大量工业原材料和基础能源。海洋油气在地球总体能源结构中占据着重要地位。然而，随着人类物质需求的增加和对地球资源开发的加剧，海洋生态环境也正遭受到越来越严重的污染。在众多海洋污染源中，油气田勘探开发、原油开采及其运输过程中的溢油污染表现得尤为突出。油气资源需求量的日益增大和陆上探明储量的日趋匮乏，使得海洋油气资源的勘探开发范围和深度不断扩大，而在油气开采技术迅猛发展的同时，相应的环境安全措施、生态污染源处理技术及相关的法律、法规并未跟上，导致了近年来海洋石油开采过程中的溢油事故不断发生，溢油污染程度越来越严重，对海洋环境尤其是近海生态系统造成了极大的且不可逆转的破坏，也严重影响了沿海居民的生活和经济发展，对海洋深部乃至整个大气系统所造成的深远影响目前还不得而知。

近年来，与石油开采溢油事故相关的海洋生态环境问题及在事故分析中暴露出的法律与法规等问题已经引起了社会各界的普遍关注。目前，世界范围内对海上石油开采中的溢油成因、溢油过程及溢油治理相关工作还很不充分，在环保法规方面也存在滞后，而溢油应急计划的重点均是针对溢油发生后的事故处理，对开采过程中溢油事故风险的监测和预测方法及手段还缺乏系统的理论研究。因此，十分有必要从地下油气资源的形成、油气运移、油气勘探、开发、开采及集输等各个环节上，全面、系统地分析溢油事故风险的存在条件、监测的主要指标及溢油事故发生后，如何分析、鉴别事故的原因、发生过程及治理对策，进而积累经验，增强对该类溢油事故的预测及防范能力，也是编著本书的主要目的。

本书第一章概述了海洋石油开采对环境的污染、危害及应急计划和环保法规的现状；第二、三章分析了地下原油溢出的过程；第三、四章从理论和工程的角度对海洋石油开采各主要环节的溢油风险逐一进行了分析和评估，并讨论了各阶段溢油防治的技术关键；第五章对溢油事故发生后的认定及原因分析和溢油量计算方法进行了讨论；第六、七章对海上溢油应急计划及预警监管等方面进行了分析，对海洋油气田开发溢油污染事故的防治提出了政策性的具体建议。

本书在编写过程中参考了有关的高校教材、学者专家的著作及相关的学术期刊，受到很多同行专家和高校老师的热情帮助，特别感谢国家海洋局北海分局的郭明克、陈力群、王世宗和西南石油大学的杜志敏、李传亮、付玉等专家、教授给予本书作者的无私帮助，在此向他们表示崇高的敬意和深深的谢意！

由于编者水平有限，书中难免有缺点和不足之处，恳请读者批评指正。

编著者

2015 年 5 月

目　次

1　海上石油开采的环境污染

1.1　海上石油开采与生态环境保护

1.1.1　海上石油开采的重要地位

海洋石油资源量占全球总资源量的34%，而海洋石油产量占世界总产量的33%，海洋天然气产量占全球的31%，海上油气田的开发已经成为全球油气开发的重要组成部分。目前全球陆上石油探明率已经达到70%以上，而海上石油探明率仅为34%，尚处于勘探早期阶段，丰富的海洋油气资源量让全世界将目光再次瞄准了海洋这座石油宝库。国际能源署的数据显示，近10年发现的超过1亿吨储量的大型油气田中，海洋油气占到60%，其中一半是在水深500米以上的深海；在欧洲，巨型规模以上的油气田已经全部位于海洋。陆地和浅海经过长期的勘探开发，重大油气田发现的机会和数量已经越来越少，规模也越来越小，而由于深海油气勘探仍处于初级阶段，未来更多的油气开发将走向更深的海域，广阔的海洋，尤其是深海，将成为未来获取油气资源的主战场。

与世界大部分发达国家和主要发展中国家一样，能源已成为决定中国今后几十年经济能否持续发展的关键因素之一，海洋油气的开发直接涉及中国国家能源的保障问题。改革开放以来，伴随经济的腾飞，中国也逐渐成为了一个能源生产大国和能源消费大国。然而，中国的能源比较匮乏，能源消费结构不合理，油气消费量的急剧增长使中国石油供应短缺的形势日趋明显。2007年中国石油消费总量为3.46亿吨，其中进口量达到1.59亿吨，石油的对外依存度高达45.95%；据预测，2020年中国石油的对外依存度将达到60%。巨大的石油需求缺口将迫使中国加大对油气资源的勘探开发力度，尽可能提高石油的自给率。

近20年来，我国海洋油气生产日渐兴起．原油产量在全国原油产量占比逐年增加，在过去10年间，我国新增石油产量有53%来自海洋，2010年这一比例接近85%，显示了我国海上油气生产的巨大潜力。目前已经建立起渤海、东海及南海北部三大油气生产区。面对国内外发展新形势和我国经济社会发展对能源的需求，2012年，中海油提出了“二次跨越”的重大战略构想，制定了油气发展规划。规划突出发展油气主业，强调实现海上油气产量持续增长，确保国家能源安全，并设计分两步实施其发展目标：第一步，到2020年实现油气总产量在2010年基础上翻一番；第二步，到2030年油气总产量在2010年基础上翻两番，成为国家放心、社会认同、具有国际影响力的全球化公司。

中国不仅是一个陆地大国，也是一个海洋大国，管辖的海域总面积达到300万平方公里，大陆海岸线长达18 000公里。国家的强大需要海洋的强大，海洋战略是国家战略的重要组成部分，发展海洋产业正是建设海洋强国的战略需要，因此也是国家战略利益的需要。海洋油气产业是海洋产业的一个重要组成部分，海洋油气产业实力的增强是建设海洋强国的一个重要体现。

1.1.2 我国海洋环境质量现状

伴随着全球经济一体化进程的加快，能源需求日趋紧张，也促使我国的海洋石油工业得到了迅速发展。海上交通运输业的发展和海洋油气资源的进一步开发导致了海上溢油事故的不断增加，海洋石油开采对海洋生态环境的污染状况日趋严峻。

国家海洋局发布的《2013年中国海洋环境状况公报》显示，我国海洋环境质量状况总体较好，符合第一类海水水质标准的海域面积占我国管辖海域面积的95%。但近岸局部海域污染严重，44 340平方公里的近岸海域水质劣于第四类海水水质标准。劣四类海域面积主要分布在黄海北部、辽东湾、渤海湾、莱州湾、江苏盐城、长江口、杭州湾、珠江口的部分近岸海域。

表1-1　近来我国劣四类海域面积统计表　　单位：平方公里

年份	渤海	黄海	东海	南海	合计
2013	8490	3500	24820	7530	44340
2012	13080	16530	33970	4300	67880
2011	4210	9540	27270	2780	43800
2010	3220	6530	30380	7900	48030
2009	2730	2150	19620	5220	29720
2008	3070	2550	15910	3730	25260
2007	6120	2970	16970	3660	29720
2006	2770	9230	14660	1710	28370

2006—2013年统计数据显示，我国近海海域劣四类海域面积逐年增加，相对于2006年，2010年和2012年的劣四类海域面积增幅达到了70%和140%，平均增幅45%；其中以渤海湾和南海增幅较为剧烈，渤海在2007、2012和2013年劣四类海

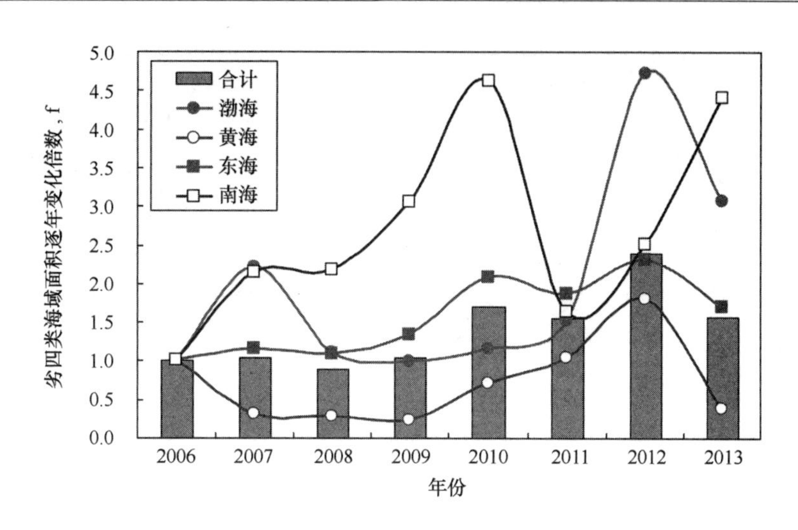

图 1－1 近年来我国劣四类海域面积变化趋势

域面积相对于 2006 年的增幅分别达到 121%、372% 和 207%，平均增幅 111%，2011 年 6 月蓬莱 19－3 的溢油事故是渤海劣四类海域面积剧增的主要原因；南海则除了在 2011 年劣四类海域面积相对于 2006 年的增幅为 63%，其余各年增幅均超过 100%，平均达到 193%。

近岸海域主要污染要素为无机氮、活性磷酸盐和石油类。石油类含量超第一、二类海水水质标准的海域面积约 17 150 平方公里，2013 年渤海、黄海、东海和南海分别为 8 230、3 630、590 和 4 700 平方公里。

表 1－2 近年来我国石油类超标海域面积统计表 单位：平方公里

年份	渤海	黄海	东海	南海	合计
2013	8230	3630	590	4700	17150
2012	5860	2430	7720	5880	21890
2011	6190	5330	5000	7980	24500

2011—2013 年统计数据显示，我国近海海域石油类超标海域面积总体呈下降趋势，东海 2012 年有增加，但 2013 年下降显著，黄海 2013 年相对上一年有增加，但明显低于 2011 年，只有渤海石油类超标面积几乎呈持续上升趋势，数据表明，蓬莱 19－3 油田溢油事故对邻近海域的污染损害依然存在。

1.1.3 从人定胜天到建设美丽中国

面对资源不合理开发导致的严重环境污染和生态系统退化等严峻形势，党的十八大报告提出了要将生态文明建设放在突出地位，融入经济建设、政治建设、文化

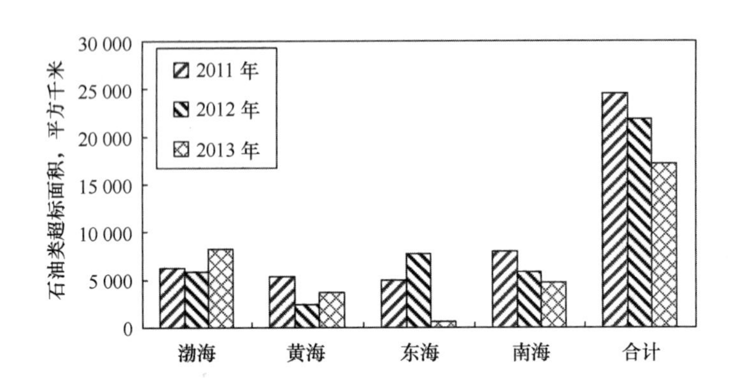

图 1－2　近年来我国石油类超标海域面积变化

建设、社会建设的各方面和全过程中，努力建设美丽中国，实现中华民族的永续发展。

我国对生态文明理念的认识，经历了一个螺旋式上升的过程：

（一）观念的转变：新中国成立初期，国家建设任务艰巨，提出了“人定胜天”、“向自然界开战”等口号。随着人口、资源、环境之间的矛盾日益凸显，环境保护被提上了议程。1973 年召开了第一次环境保护工作会议；

（二）基本国策：20 世纪 80 年代初，随着改革开放的深化，国家进入了经济高速发展时期，生态与环境问题更为凸显。1982 年 8 月第五届全国人民代表大会常委会第 24 次会议通过的《中华人民共和国海洋环境保护法》，并于 1983 年 3 月正式施行，1983 年召开第二次全国环境保护会议，将环境保护确立为基本国策；

（三）国家战略：进入 21 世纪，我国进入工业化快速发展阶段，经济发展与资源环境之间的矛盾更加突出。党的十六大将“可持续发展能力不断增强，生态环境得到改善，资源利用效率显著提高，促进人与自然的和谐”作为全面建设小康社会的四大目标之一；党的十七大正式将“建设生态文明”作为 2020 年全面建成小康社会的五大奋斗目标之一。这是在反思传统经济发展模式、扬弃旧的工业文明理念基础上提出的重大战略思想；

（四）治国理念：党的十八大报告强调“把生态文明建设放在突出地位，融入经济建设、政治建设、文化建设、社会建设各方面和全过程”，提出“努力建设美丽中国”，实现中华民族永续发展，把生态文明建设纳入社会主义现代化建设总体布局，提升到治国理念的高度。“美丽中国”是自然生态、经济生态、政治生态、文化生态和社会生态的统一，是十八大强调的“生态文明”与习近平提出的“美好生活”的统一，是国家“五位一体”实际发展与人民集体感受的统一。

“美丽中国”的治国理念，体现了从“人定胜天”到“要金山银山，也要绿水青山”，再到“要金山银山，更要绿水青山”的发展观念的转变，是历史发展的必然结果，反映了时代的趋势，体现了人民的呼声，凝结了民族与集体的智慧，具有深厚的社会基础。实现中华民族永续发展，把生态文明建设纳入社会主义现代化建设总体布局，提升到治国理念的高度。美丽中国是中国梦的必然要求，是“民族复兴、永续发展”国家梦与“小康生活、诗意栖居”人民梦的有机统一。美丽中国离不开美丽海洋，美丽海洋是海洋生态文明建设推进到一定阶段的必然产物，既是对良好生态环境、和谐人海关系的最直观表述，也是人民群众对海洋生态文明建设的最朴素理解。

海洋是水、岸、湾、岛、资源构成的有机整体，所以，我们把美丽海洋进一步细化为湛蓝海水、浪漫海岸、魅力海湾、璀璨海岛、丰富资源。建设美丽中国和美丽海洋，对于每一位国人而言，与有荣焉，与有利焉，与有责焉。

1.2　我国海洋石油工业及海洋经济发展

1.2.1　海洋石油工业的发展

新中国的海上石油事业发端于南海。1957 年，有关部门即开始在海南岛南面莺歌海岸外组织作业，追索海面的油苗显示，之后由于 60 年代越美战事而被迫终止。1967 年 6 月 石油部海洋勘探指挥部 3206 钻井队用自制的 1 号固定桩基钢钻井平台，首次在渤海钻成海 1 井，日产原油 35 方，标志着中国海洋石油工业的开始。

改革开放以后，国务院确定了开发海洋石油采取的对外合作与自营相结合“两条腿走路”方针。自 1982 年中国海洋石油总公司成立以来，通过大规模对外合作，积极引进、吸收、消化国外先进技术，大胆借鉴国外成熟管理经验，探索和创新符合我国国情的石油公司结构，提高了管理水平和竞争能力，实现了从合作开发到自主开发的技术突破。经过多年的建设，我国海上原油年产量已从 1982 年不足 10 万吨上升到 2010 年的 5 000 万吨。

我国的海洋油气工程装备始于上世纪 70 年代。1972 年，由渤海石油公司设计建造了我国第一座坐底式“海五”平台，工作水深为 14 ~ 16 米。之后“渤海一号”、“勘探一号”双体浮式钻井船、“勘探三号”、“胜利三号”坐底式钻井平台等相继出现。“海洋石油 981”是中国首次自主设计、建造的第六代 3 000 米深水半潜式钻井平台，代表了当今世界海洋石油钻井平台技术的最高水平。2012 年 5 月 9 日，“海洋石油 981”在南海海域正式开钻，是中国石油公司首次独立进行深水油气的勘探，标志着中国海洋石油工业的深水战略迈出了实质性的步伐。

1.2.2　海洋经济的发展

海洋经济是开发利用各类海洋产业及相关经济活动的总和。海洋产业是人类开发利用海洋资源所形成的各类行业的总和，是海洋经济的构成主体和基础，是海洋经济得以存在和发展的前提。

海洋经济包括以下五大类海洋产业及海洋相关产业：

（一）第一类：可直接从海洋中获取海洋资源的海洋产业，包括：海洋渔业、海洋矿产业、海洋油气业（指在海洋中进行的原油及天然气的勘探、开采、输送、加工等生产活动）、滨海旅游业等；

（二）第二类：指对第一类直接从海洋中获取的资源进行加工的海洋产业，如海洋水产品加工业等；

（三）第三类：指将产品和服务运用于具体的海洋和海洋开发活动中的海洋产业，如海洋船舶制造业、海洋工程建筑业等；

（四）第四类：指对海水资源和海洋空间资源进行直接或间接利用的产业，包括：海洋运输业、海洋电力业、海水利用业等海洋产业；

（五）第五类：指各类与海洋相关的教育、科学研究、服务及管理类海洋产业，包括：海洋教育、海洋科研、海洋服务等内容。

（六）海洋相关产业：是海洋生产总值的重要构成部分，指与各海洋产业具有密切联系的产业，包括涉海农业、涉海林业、涉海制造业、涉海建筑与安装业、涉海批发与零售业、涉海服务业等产业。

改革开发以来，我国海洋事业步入快速发展阶段，在适应国情的海洋政策指引下，海洋经济取得了令人瞩目的成绩。

进入 21 世纪，中央领导多次对海洋经济的发展做出重要指示，政府也制定规划了指导性文件以促进海洋经济的发展，并不断完善和规范海洋经济发展的相关法律，在多方关注之下，我国海洋经济取得了长足发展。2001—2010 年，我国海洋产业总体呈持续增长态势，传统海洋产业占据主导产业地位，重工业化海洋产业类群不断扩大，战略性海洋新兴产业呈现出良好发展势头。随着我国海洋产业的发展，海洋相关活动也在扩大，沿海省市体现出各自的优势和特色，海洋经济的发展同时也创造出了大量的就业机会。

海洋经济总体仍处于成长期，未来十年更是我国建设海洋强国的关键时期。党中央在十七届五中全会通过的“十二五规划”中做出了“发展海洋经济”的战略部署，党的十八大报告更强调了“大力推进生态文明建设”的重要性，制定了“提高海洋资源开发能力，发展海洋经济，保护海洋生态环境，坚决维护国家海洋权益，建设海洋强国”的战略部署，明确了今后几年我国对发展海洋经济的支持力度，海洋经济已经成为我国经济社会的一个新的经济增长点。

20 世纪 40 年代，墨西哥湾世界上第一座近海石油平台的诞生，标志着世界海洋活动由原来以渔业和海运业为主的传统海洋利用模式向更高级的海洋资源开发与利用的转变。进入 21 世纪，中国的海洋经济活动也由传统海洋资源利用逐步转向以海洋技术为主要手段的综合性海洋资源开发利用，海洋石油业、海洋生物制药业、海水化学工业、海洋能源利用和海洋空间利用等海洋新兴产业更是迅速兴起。

海洋石油工业开辟了一个海洋经济发展新时代的同时，也为海洋生态环境带来了巨大的挑战。海洋石油资源的开发与利用是海洋经济的重要组成部分，但石油开采导致的溢油污染事故是海洋经济的重要破坏因素之一。溢油事故一旦发生，养鱼场网箱里的鱼、近岸养殖的扇贝及海带等海产受溢油污染后将不能被食用，用于养殖的网箱受油污染后很难清洁，更换的费用十分昂贵；码头和游艇停泊区对溢油也是非常敏感的，溢油事故发生后，需要对港区水域被污染的游艇和船舶进行清理，清理过程中势必会影响船舶的正常进出港，带来昂贵的操作费用；如果岸线设有工厂取水口，溢油一旦进入工厂设备系统，造成设备毁坏，甚至可能造成一个工厂的关闭；基于近岸海域的盐业和海水淡化业等都会受到溢油污染的直接危害，造成重大经济损失；溢油事故治理过程中，海面上使用的大量围油栏将占用航道或锚地海域，通行的船舶只能停留或绕道而行，从而对海上运输业带来一定程度的影响；浅水域通常是海洋生物活动最集中的场所，包括贝类、幼鱼、珊瑚、海草，海洋生物对溢油污染异常敏感，溢出原油及消除溢油污染使用的分散剂都会对这些脆弱的生态环境带来灾难；溢油对岸线沙滩的污染会直接影响到旅游业。

综上所述，海洋石油经济的发展壮大能积极促进海洋经济的腾飞，而海上石油开发的安全性则是发挥这个促进作用的基本前提和保障。

1.2.3 海洋油气资源利用的功能区划

（一）海洋功能区划

海洋是潜力巨大的资源宝库，是人类赖以生存和发展的蓝色家园。我国管辖海域辽阔，是经济社会可持续发展的重要载体和生态文明建设的战略空间。二十一世纪是海洋世纪，海洋是世界经济社会发展的宝贵财富和最后空间。当前我国海洋国土空间开发面临着产业布局不合理、经济发展与环境保护不协调、资源过度利用与开发不足并存等问题，急需有高层次、综合性、战略性规划的统筹协调。开发海洋主体功能区划对于协调沿海地区人口、资源、环境和发展的关系以及实现海洋可持续发展具有重要的战略意义。

海洋功能区划是根据海域的地理位置、自然资源状况、自然环境条件和社会需求等因素而划分的不同海洋功能类型区，用来指导、约束海洋开发利用实践活动，保证海上开发的经济、环境和社会效益。海洋功能区划是合理开发利用海洋资源、有效保护海洋生态环境的法定依据，有利于统筹协调各类海洋开发活动，优化配置海域空间资源，引导海洋经济方式的合理转变及结构的优化调整，推动海洋资源的科学开发，为我国海洋经济发展提供空间和资源保障。通过约束和引导作用的发挥，不断强化海洋环境保护，实现规划用海、依法用海，可有效推动我国海洋经济健康稳定发展。

我国海洋功能区划的范围包括我国管辖的内水、领海、毗邻区、专属经济区、大陆架及其他海域（香港、澳门特别行政区和台湾省毗邻海域除外）。将海洋功能区分为十大类，即港口航运区、渔业资源利用和养护区、矿产资源利用区、旅游区、海水资源利用区、海洋能利用区、工程用海区、海洋保护区、特殊利用区和保留区。

2012 年 3 月 3 日，在 2002 年国务院批准的《全国海洋功能区划》基础上，国务院批准了《全国海洋功能区划（2011—2020 年）》[2]，这是国家依据《海域使用管理法》、《海洋环境保护法》等法律法规和国家有关海洋开发保护的方针、政策，对我国管辖海域未来 10 年的开发利用和环境保护做出的全面部署和具体安排。国家要求通过实施《全国海洋功能区划（2011—2020 年）》，到 2020 年围填海等改变海域自然属性的用海工程得到合理控制，渔民生产生活和渔业发展得到保障，海洋保护区、重要水产种植资源保护区得到保护，主要污染物排海总量制度基本建立，海洋环境灾害和突发事件应急机制得到加强，遭到破坏的海域海岸带得到整治修复，海洋生态环境质量明显改善，海洋可持续发展能力显著增强。

（二）矿产资源利用区

矿产资源利用区是指为满足勘探、开采矿产资源需要而划定的海域。根据可开采的矿产资源种类，矿产资源开发利用区可分为油气区、固体矿产区、液体矿产区以及化学资源开发利用区等。矿产资源开发利用区主要用以进行海洋矿产资源的开采以及加工，因此在进行功能区规划时需考虑可用矿产资源的数量以及开采加工过程中可能造成的负面影响，这种功能区的确定要确保不过度开采资源，实现资源的可持续利用，同时又不能对周边海域及陆地造成污染以及其他地质灾害，损害环境的可持续性。

矿产资源勘探开采应选取有利于生态环境保护的工期和方式，把开发活动对生态环境的破坏减少到最低限度；严格控制在油气勘探开发作业海域进行可能产生相互不利影响的活动；禁止在海洋保护区、侵蚀岸段、防护林带毗邻海域及重要经济鱼类的产卵场、越冬场和索饵场开采海砂等固体矿产资源；严格控制近岸海域海砂开采的数量、范围和强度，防止海岸侵蚀等海洋灾害的发生；加强对海岛采石及其他矿产资源开发活动的管理，防止对海岛及周围海域生态环境的破坏。

矿产资源开发利用区规划之前应进行勘探，并对其进行有效的分析评估，确认有工业开采价值并在海洋承载力允许范围之内，然后才能最终定位。

（三）全国海洋经济发展“十二五”规划

2013 年，国务院印发的《全国海洋经济发展“十二五”规划》中明确了“十二五”期间全国海洋经济发展的总体目标，即：进一步提升海洋经济实力，促进海洋经济的平稳快速发展，显著提高海洋经济增长的质量和效益，使海洋经济生产总值平均年增长率达到8%，2015年占国内生产总值的比重达到10%；海洋经济对就业的拉动作用进一步得到增强，新增涉海就业人员260万人次；到2020年，我国海洋经济综合实力显著提高，海洋经济发展空间不断拓展，海洋产业布局更为合理，对沿海地区经济的辐射带动能力进一步增强；海洋资源节约集约利用水平明显提高，海洋生态环境得到持续改善，海洋可持续发展能力不断提升，沿海居民生活更加舒适安全。

《规划》对海洋油气业的发展提出要求：加大海洋油气勘探的力度，稳步推进近海油气资源开发，加强勘探开发全过程的监管和风险控制；提高渤海、东海、珠江口、北部湾、莺歌海、琼东南等海域现有油气田的采收率，加大专属经济区和大陆架油气勘探开发的力度；依靠技术进步加快深水区勘探开发步伐，提高深远海油气产量；到2015年，争取实现新增海上石油探明储量10～12亿吨，新增海上天然气探明储量4 000～5 000亿方；海上油气产量达到6 000万吨油当量；进一步优化发展沿海石油、石化产业，加大对现有化工园区的整合力度，推动产业集聚升级；强化沿海液化天然气接卸能力和油气输配管网建设，提高储备周转与区际调配能力。

（四）全国能源发展“十二五”规划

2013年，国务院印发的《能源发展“十二五”规划》中明确提出了“十二五”期间我国将加大海洋能源开发力度的战略布局。在常规油气勘探开发的基础上，《规划》进一步提出，加大南方海相区域勘探开发力度，创新地质理论，突破关键勘探开发技术；加快海上油气资源勘探开发，坚持储近用远原则，重点提高深水资源勘探开发能力。炼油方面，《规划》提出，在“十二五”期间，我国将逐步形成环渤海、长三角、珠三角三大炼油产业群。为适应海运原油进口需要，《规划》要求加强沿海大型原油接卸码头及陆上配套管道的建设，“十二五”期间，还将新增天然气管道4.4万公里，沿海液化气天然气年接收能力新增5 000万吨以上。《规划》还提出，能源发展坚持引资、引智与能源产业发展相结合，鼓励外资参与到深海油气田风险勘探中来。

（五）海洋生态红线制度

海洋生态红线制度是指为维护海洋生态健康与生态安全，将重要海洋生态功能区、生态敏感区和生态脆弱区划定为重点管控区域并实施严格分类管控的制度安排。划定和严守海洋生态红线，是用法治思维处理保护与开发的关系，用制度落实保护与开发并重的战略方针。

2011年10月，《国务院关于加强环境保护重点工作的意见》强调，要“在重要生态功能区、陆地和海洋生态环境敏感区、脆弱区等区域划定生态红线，对各类主题功能区分别制定相应的环境标准和环境政策”。2011年9月，国务院常务会议专题研究渤海环境问题时指出，要“在海洋环境敏感区、关键区等划定生态红线”和“强化地方政府和企业的主体意识、法制意识，落实海洋环境保护责任”。为加强渤海海洋环境工作，改善渤海海洋生态环境，实现国务院确定的“确保渤海生态安全，入海污染物排放总量下降，力争渤海近岸海域水质总体改善，力争实现人海和谐”工作目标。

2012年，国家海洋局制定了《关于建立渤海海洋生态红线制度的若干意见》，该意见紧紧围绕国务院常务会议确定的工作目标，以保障渤海生态安全、促进环渤海地区科学发展为导向，以科学分区为基础，以区域管理、分类管控为保障，注重与海洋功能区划、国家有关区域发展规划、海洋环境保护规划等涉海区划、规划有效衔接，依照《渤海海洋生态红线划定技术指南》，将海洋保护区、重要滨海湿地、重要河口、特殊保护海岛、重要砂质岸线和沙源保护海域、自然景观与文化历史遗迹、重要旅游区和重要渔业海域等区域划定为海洋生态红线区，并进一步细分为禁止开发区和限制开发区。该意见同时要求环渤海三省一市人民政府应切实履行管辖海域海洋环境保护责任，组织划定本省（市）海洋生态红线区。目前，我国沿海山东、江苏、河北等地亦陆续建立海洋生态红线制度。

1.3 海上溢油污染概述

1.3.1 海洋石油污染的概念

（一）海洋石油污染的定义

海洋石油污染是指在海洋石油的开采、运输、装卸、加工和使用过程中，由于泄漏和排放石油所引起的污染。

（二）海洋石油污染的危害

溢出的石油将大量有害物质扩散到海洋水体中，不仅影响海水质量，更危害到海洋生态环境和生活在海洋生态环境中的海洋动植物，其产生的危害远远大于其他一般性污染。石油中的有害物质给海洋及周遭地区生物带来的破坏是毁灭性的，改变了它们的生活习性和生活环境。随着海洋生物的大量死亡，不仅破坏了当地的食物链和种群结构，同时会因为富集作用最终影响到人类的安危。此外，海洋石油污染还会破坏海滨风景，影响海滨美学价值。

（三）海洋石油污染的特性

（1）广泛性：由于钻井平台和海底管道的分散性，油轮及往来平台与大陆间的物资运输船只的流动性，造成海洋石油污染源的分布存在广泛性；

（2）流动性：由于全球海洋是相互连通的泛大洋，一个海域出现的石油污染会扩散到周边海域，甚至会随着洋流周游世界；

（3）长期性：石油开发污染物一旦进入海洋，很难再转移出去，不能溶解和不易分解的物质聚集在海洋中，造成的污染后果严重，持续性强，且难以清除，可以通过生物富集和食物链的传递，对人类产生威胁。例如，由于测井产生的放射性污染物质，由于放射性物质的衰变周期很长，在海洋中难以彻底清除；

（4）复杂性：海洋石油开发带来的污染源与陆地污染源、其他海洋类污染源的交叉作用，造成了对渔业资源影响的复杂性。

（四）海洋石油污染的防范及治理

加强石油勘探、开采、运输及装卸、加工和使用过程中各个环节的安全控制，从源头上控制石油污染，当溢油事故意外发生，可通过压井、关断、旁通等手段阻止或疏导海底溢油，通过集油罩收集水体中的溢油，通过围油栏、吸收材料、消油剂等收集、处理溢出原油在洋面形成的油膜。

1.3.2 海上石油开采的污染现状

海洋占地球表面积的71%，在人类社会的发展中占有非常重要的位置，为人们提供了丰富的生产资源、生活资源和空间资源。随着人类社会的发展，对各类资源的需求量日益增加，对各类资源的开发范围和开发程度也在日益增加，海洋资源的开发加剧了对海洋环境的污染，在众多污染源中，海洋石油开采对海洋环境的污染最为严重。

1887年，美国人在加利福尼亚州距海岸200米处打出了第一口海上油井；1976年，海上浮动石油平台已超过350座；80年代中期，海上石油产量已占世界石油总产量的三分之一。已发现的海洋油气储量约占全球已知油气总储量的三分之一，其绝大部分储存在大陆架上，目前，海洋油气的勘探开发已逐渐从浅海大陆架延伸到千米水深的海区。

2006—2010年世界海洋油气产量最高的首推非欧近海，以西非安哥拉和尼日利亚为主，约占总量的40%；其次是北美近海，以美国墨西哥湾为主，占25%；第三是拉丁美洲，以巴西近海为主，占20%；亚洲占10%，西欧占3%，澳洲占2%，其他为1%[1]（图1-3）。

这些开发密集海域同时也是海洋生态污染的重要隐患区域，污染主要发生在这些地区的河口、港湾、近海水域以及海上运油线和海底油田周围。

保护环境的要求与发展工业的需要是现代社会的一对相互制约的矛盾，环境保护的效果与工业发展的社会效益也是当代社会发展的一对相互促进的重要因素。海洋生态污染是当今全世界海洋石油工业所共同面临的难题，在我国，与工业发展相

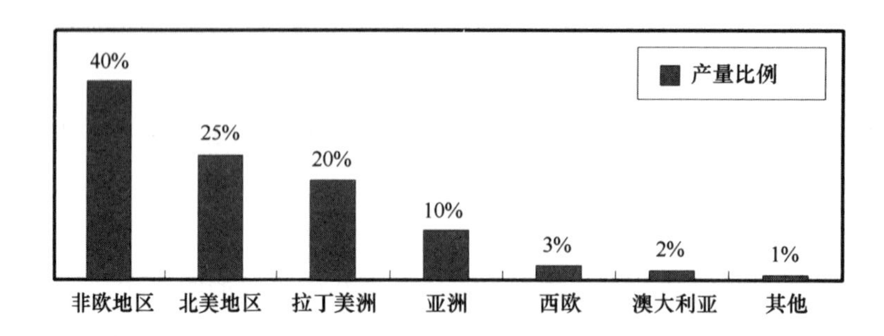

图 1－3　2006—2010 年海洋油气产量比例

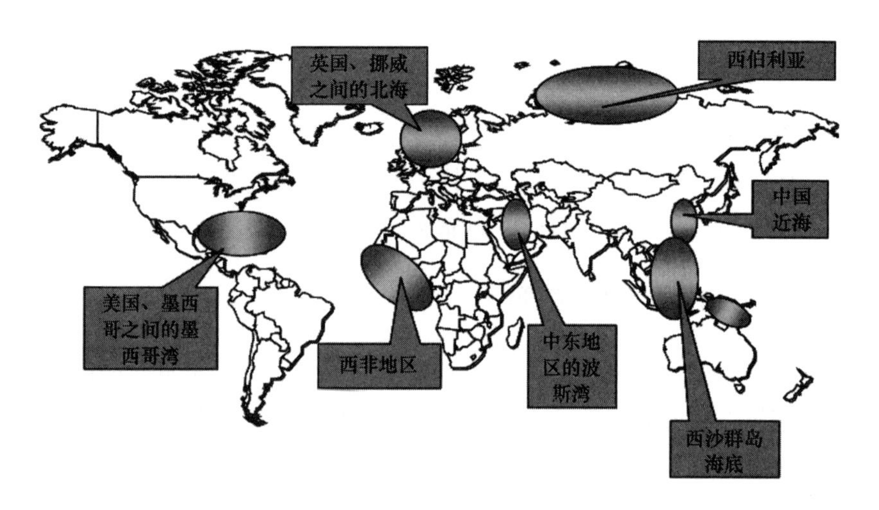

图 1－4　世界海上油田分布图

适应的生态环境保护技术和法律、法规正日益受到国家、政府部门、相关行业及相关领域的高度重视。随着近年来石油需求量的不断增加，我国加快了海洋油气资源的开发和利用，然而，与之配套的溢油风险评估、溢油监测和溢油应急及溢油治理技术的发展仍相对滞后。石油污染的加剧与污染严重的落后生产方式扩大化密不可分，这一特点在技术发展存在严重行业间及区域间不平衡的我国表现得尤为显著。

当今世界上还有不少地区尚未勘探，或勘探程度很低，对深部地层及海洋深水部分的油气资源勘探也才刚刚开始，还会发现更多的油气藏。在已开发油气藏中应用各种提高采收率技术可以继续开采出的原油数量也是相当巨大的。这些都预示着油、气开采的范围将进一步扩大和加深，同时也潜藏着石油污染的巨大隐患。

1.3.3　近年海上石油重大污染事件回顾

1.3.3.1　国外海洋石油重大污染事件

1967 年 3 月 Torrey Canyon 号油轮在英吉利海峡触礁失事，被认定为严重海洋石油污染事故。该轮触礁后，10 天内所载的 11.8 万吨原油除小部分在轰炸沉船时燃烧掉外，其余全部流入海中，近 140 公里长的海岸线受到严重污染；

1970 年 2 月 4 日，Arrow 号油轮在加拿大新斯科舍 Chedabucto 湾的 Cerberus Rock 处搁浅。搁浅时，海上能见度为 5～6 海里，水温较低，并且海面上有少量浮冰。事故发生一周后，由于海面上风大浪高，船体断为两截，大概有 77000－82500 桶 C 号燃油迅速涌向 Chedabucto 湾，造成了湾内约 300 公里海岸线的污染；

1977 年 1 月 28 日，Bouchard65 号驳船在马萨诸塞州的 Buzzards 湾水深 17 英尺处搁浅。船上装有 76 191 桶 2 号民用燃料油，船上 7 个油舱中有 4 个破裂，溢出 95 桶油；

1978 年 3 月 16 日，Amoco Cadiz 油轮由于操纵装置失灵，在距布列塔尼半岛 3 英里处的 Portsall 暗礁上搁浅。当时该船正由阿拉伯湾驶向法国，此次事故共计有 23 万吨原油泄漏入海，形成了长 80 英里，宽 18 英里的浮游带，污染了约 200 英里的布列塔尼海岸线，同时还污染了法国布里多尼地区 76 个社区的海滩。据 1979 年当时的估算，此处事故使旅游业、渔业至少损失达 2.5 亿美；

1979 年 6 月发生了墨西哥湾“IXTOC—I”油井井喷，一直到 1980 年 3 月 24 日才封住，共漏出原油 47.6 万吨，使墨西哥湾部分水域受到严重污染；

1980 年 3 月 27 日北海挪威水域作业的半潜式钻井平台因过载而导致一根支撑杆断裂，使平台成 35 度倾角最后反转沉没，导致 123 人死亡和溢油污染；

1989 年 3 月 24 日，美国埃克森石油公司 9.5 万吨级的巨型油轮“瓦尔迪兹”号在从阿拉斯加瓦尔迪兹开往加利福尼亚洛杉矶的航行途中，为躲避冰山而偏离正常航道，不幸撞上了阿拉斯加威廉王子湾的暗礁。此次事故共计泄漏原油 2.32 万桶。在事故发生后的最初三天，溢油向西南方向漂移，形成了 230 平方公里溢油带，随后风速加大，溢油面积扩大到 1 600 平方公里的海面，浮油蔓延达 4 600 平方公里，使 1 万只海獭、10 万只海鸟受害，沿海 1 300 公里区域受到污染，当地鲑鱼和鲱鱼近于灭绝，数十家企业破产或濒临倒闭。约有 40% 的溢油飘到了海岸上，到了 1992 年秋天海岸上的残余油量仍有 2% 左右；美国海岸警卫队为此事跟踪了 3 年多，美国埃克森石油公司前后共支付罚款、清污费、赔偿费和其他费用约 80 亿美元。这个事故发生十几个月后，美国两院通过了《1990 年油污法》；

1991 年 1 月，海湾战争期间，伊拉克军队撤出科威特前点燃科威特境内油井，多达 100 万吨原油泄漏，污染了沙特阿拉伯西北部沿海 500 公里海岸线区域；

1992 年 12 月，希腊油轮“爱琴海”号在西班牙西北部拉科鲁尼亚港附近触礁搁浅，后在狂风巨浪冲击下断为两截，至少 6 万吨原油泄漏，污染加利西亚沿岸 200 公里区域；

1996 年 2 月，利比里亚油轮“海上女王”号在英国西部威尔士圣安角附近触礁，14.7 万吨原油泄漏，致死超过 2.5 万只水鸟；

1999年1月15日，一艘货船与“壳牌”公司油气运输船在阿根廷水域发生碰撞，共有250吨原油溢出，扩散的原油覆盖了大面积水面，对当地海洋生态环境和附近水流造成了大面积污染，并危及到自然保护区的多种濒危动植物；

1999年12月，马耳他籍油轮“埃里卡”号在法国西北部海域遭遇风暴断裂沉没，泄漏1万吨重油，沿海400公里区域受到污染；法国西海岸20多万只海鸟死亡，当地渔业资源遭到致命打击；

2002年11月，利比里亚籍油轮“威望”号在西班牙西北部海域解体沉没，至少6.3万吨重油泄漏，致使法国、西班牙及葡萄牙共计数千公里海岸受污染，数万只海鸟死亡。

2006年8月11日，菲律宾“Solar1”单壳油轮装载着近200万升的工业燃油在驶向菲律宾南部途中，突然遭遇海浪袭击，在菲律宾中部米沙都地区的幸玛纳斯岛中部海域沉没，船体沉入海底，并造成至少20万升燃油的泄漏，成为菲律宾历史上最为严重的溢油污染事件；

2007年11月，装载4 700 t重油的俄罗斯油轮“伏尔加石油139”号在刻赤海峡遭遇狂风，解体沉没，3 000 t重油泄漏，致出事海域遭严重污染；

2007年12月7日，中国香港籍油轮“Heibei Spirit”号装载着26万吨中东原油在韩国大山港外锚泊期间被一艘装有浮吊的“三星1号”驳轮碰撞，事故导致该轮左舷水线上2~3米处的第1、3、5三个油舱破损，造成约1.05万吨原油泄漏入海。事故发生后，韩国启动了国家应急计划和西北太区域应急计划，陆续动用了数架飞机，数十万清污人员和100多艘清污船艇开展清污工作。事故导致海岸线污染约70公里、101个岛屿、34 000公顷海洋生物养殖区、40 000户家庭遭受影响，水产业、旅游业、酒店业等蒙受巨大经济损失。据韩国有关部门称，此次事故是韩国有史以来最大的一次溢油污染事故，事故发生海域及周边海域受到严重污染，至少需要几十年的时间才能恢复，经济损失无法估计；

2010年4月，距离美国路易斯安那州海岸线50英里，英国石油公司在墨西哥湾租用的“深水地平线”钻井平台发生爆炸，引发火灾，造成11人死亡，36小时后的第二次爆炸使平台沉入海底，导致大量原油泄漏进入墨西哥湾并迅速蔓延，每天有692.5 t石油通过破损的管道流入墨西哥湾。截止钻井被封死之日，漏油总量达到1.71亿加仑。

1.3.3.2 国内海洋石油严重污染事故

1980年5月，河北省沧州近海石油平台储油罐破裂，造成海面大量溢油，致使大约14吨海产品不能食用，直接经济损失13万元；

1983年10月11日，印度尼西亚籍货轮“克拉巴特山”号在广东省陆丰县甲子港西南约36公里的海面与“大庆236”号油轮发生碰撞，造成大量原油泄漏，污染了广东省东海部分海滩及近海水域，给当地的渔业、水产业、盐业和旅游业造成的经济损失高达6 000万元；

1983年11月25日，巴拿马“东方大使”号油轮在青岛港中沙礁搁浅，溢油3 343吨，造成胶州湾230公里的海岸和0.7公顷滩涂受到严重污染，海水浴场被迫关闭；

1989年青岛黄岛油库爆炸起火，600吨原油流入海中，导致重大环境污染事故；

1990年6月8日，巴拿马籍“安迪卡．万那哈克提”号货轮在福建省莆田平海湾海滩翻船并造成大概84公里海岸被污染，同时使当地的滩涂和浅海养殖业损失1 000多万元，海洋捕捞业损失近60余万元，海盐产业损失达400多万元；

1998年12月3日至1999年6月25日，胜利油田CB6A－5井发生倒塌，事故发生后，大量原油从海底浮出海面，溢油面积达250平方公里，估算直接经济损失1 000余万元；

1999年3月24日，珠江口台州东海海运有限公司所属的“东海209”号轮与中国船舶燃料供应福建有限公司所属“闽燃供2”号轮在伶仃岛与淇澳岛之间海域相撞。事故造成大约1 032吨重油泄入大海，污染面积达380平方公里。事后，珠海市环境保护局和广东省海洋与水产厅同时将中燃福建有限公司告上法庭，最后法院判决被告向上述两家单位分别赔偿707.97万元和265万元；

2002年11月，马耳他籍油轮“塔斯曼”海轮与中国大连“顺凯一号”轮在天津大沽锚地东部海域碰撞导致原油泄漏，污染了天津海域和部分唐山海域；

2003年8月5日凌晨，停泊在吴泾电厂的“长阳”轮被一艘不知名的小船碰撞后油舱破损，85吨燃油从30×50厘米的破损处外泄，在江面上形成了一条长200米，宽20米的油带，污染岸线约8公里，更为严重的是，油污威胁到黄浦江上游供水能力分别达500吨和60万吨的松浦原水厂和闵行水厂自来水水源的安全。漂浮水面的重柴油粘着力强，难以清洗，事故发生后，上海海事局先后出动了九艘清污船紧急排污，二百多名工作人员跳入水中，用吸油棉将浮在水面的燃料油吸附掉。此次溢油事故光清污费用就高达400万元；

2004年12月7号两艘外籍集装箱船在珠江口海域发生碰撞，其中一艘的燃油舱破损，致使450吨重油溢出，漂浮的溢油带长达9海里，造成了1 250万美元的直接经济损失；

2010年7月16日，一艘30万吨级利比里亚籍油轮在大连新港卸油时附加添加剂时引起了中石油的一条储油罐输油管线发生化学爆炸，大火顷刻而发，迅速殃及大连保税区油库，一个10万立方米的油罐爆裂起火，导致1500吨原油泄露。漏油对相关海域的养殖业、旅游业造成严重影响，曾经碧波荡漾的大连湾油污遍布。初步估算此次污染产生的直接经济损失将高达上千万美元。有专家认为，消除事故影响可能至少需要10年时间；

2011 年 6 月，中海油和康菲石油（中国）有限公司合作开发的蓬莱 19 - 3 油田 B 平台和 C 平台先后发生了海底溢油事故，导致大量原油、油基泥浆和含油钻屑入海。此次溢油事故造成蓬莱 19 - 3 油田周边及其西北部海域海水受到污染，超过 I 类海水水质标准的 6 200 平方公里海域其中 870 平方公里受到严重污染，石油类含量劣于第四类海水水质标准（如图 1.5）。海水中石油类含量最高为 1.28 mg/L，超过背景值的 53 倍。事故导致当年 10 月底前蓬莱 19 - 3 油田周边海域的中、底层海水中石油类含量始终高于表层，主要原因是海底沉积物中石油类的缓慢释放，造成对海水中、底层石油类的影响持续时间较长。对比 2011、2012、2013 年《海洋环境公报》的数据，溢油事故发生后尽管采取了积极的治理措施，使得 2013 年蓬莱 19 - 3 油田周边及渤海中部海域水质、沉积物质量呈现一定程度的改善，但仍然大大高于事故前的数据，表明溢油事故造成的影响依然存在，溢油对海洋生态环境和海洋生态服务功能尚未完全恢复。

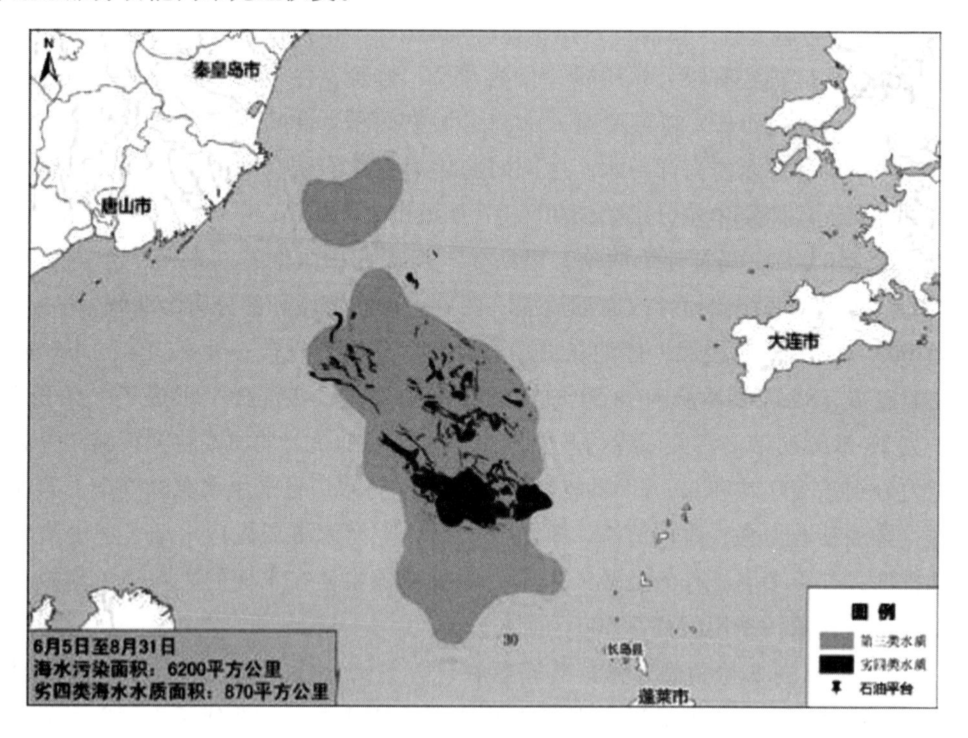

图 1.5　蓬莱 19 - 3 油田溢油海水污染范围示意图

1.3.4　海洋石油开采污染的类型及其危害

1.3.4.1　海上石油污染的主要因素

工业的快速发展总会增加环境污染的风险，造成生态的破坏，石油工业也不例外。随着石油勘探开发的范围和深度不断增加，尽管已经采取了很多切实可行的措施来确保生产的安全并降低环境的污染，但石油开采的污染问题从未得到根本的遏制，不论是陆地，还是海洋，石油工业对环境的污染都是全世界的共同问题。

随着石油勘探开发的工作重心逐渐从陆地向海洋、向深海转移，石油开采已逐渐成为了海洋生态环境污染的主要源头之一，已经对海洋及近岸环境造成了严重的危害。

海洋石油污染的因素包括人为因素和自然因素。

（一）自然因素

自然因素往往随机发生，造成污染的过程非常漫长，因此往往被人们忽略。

（1）海底地层的剧烈自然运动：例如地震形成的断裂带刚好劈开储集原油的地层，导致蕴藏在海底地层深处的原油通过断裂缝渗出到海洋水体，渗出量和影响范围与油藏原始压力、溢出过程的地层通道、原油的性质及洋体流动环境等因素有关。资料显示，已经发现在美国加利福尼亚海岸、阿拉斯加海岸、阿拉伯湾、红海、南美东北沿岸和南中国海的海底均存在原油的聚集，据资料估算世界范围内由于海底石油渗出而直接输入到海洋环境的石油大约每年有 250 万吨；

（2）外部河流的输送：河流从陆地含油沉积岩侵蚀下来的石油输入到海洋，据资料估算通过这种途径输入海洋的原油每年约为 5.3 万吨；

（3）新生原油：尽管油气藏的形成需要经历漫长的地质年代，但只要环境适合，油气的生成就会持续，如果不具备运移成藏的条件，通常就会直接进入海洋水体，成为自然因素导致的石油污染，例如陆地及海洋生物遗体合成的生源烃。

（二）人为因素

是众多石油污染事故中的主要因素，来源包括海上石油生产、海洋运输、大气输送、城市污水排放等等。将在后续章节中详细介绍。

海洋石油勘探开发及生产运输过程中溢油事故的治理难度非常大，因此，从减少发生溢油事故的风险及事故发生后制定治理事故的有效措施的角度，十分有必要对海洋石油开发过程中可能发生溢油的环节、原因进行分析，以期最大限度减少损失和危害的程度。

1.3.4.2　海洋石油污染的类型

（一）按照石油开发的过程分类

海洋石油开发的完整步骤包括：海底油气勘探、钻井、测井、井下作业、采油、采气、油气集输等多个环节。按石油开发的过程环节，海洋石油污染包括六种类型：

（1）石油勘探、钻井平台施工过程：主要污染源是地下爆破的震源和噪声，产生的污染物有冲击波、有机氮、悬浮物等；

（2）钻井过程：主要污染源是钻井设备和钻井平台施工现场。钻井过程中不仅会产生废气、废水，还会产生废渣和噪声。废气主要来自柴油机排放的废气和烟尘，废水主要包括柴油机冷却水、废弃泥浆、洗井液及平台生活污水；废渣主要有钻井岩屑、废弃钻井液及钻井污水处理后的污泥；

（3）测井过程：随着测井技术的发展，伽玛源、中子源和放射性同位素等放射性物质被广泛地应用于生产过程之中，由此带来的放射性污染成为海洋油气开发过程中放射性污染的主要来源。污染源主要是放射性“三废”物质，因操作不慎而溅、洒、滴入海洋中的活化液，挥发进入空气中的放射性气体以及被污染的井管和工具等；

（4）井下作业过程：由于工艺复杂、施工类型多，其形成的污染源比较复杂。在压裂施工中，会产生大量的废弃压裂液；平台发电机组、高压泵产生废气、噪声和振动；在酸化施工中，酸化液与硫化物积垢作用后可产生有毒气体硫化氢，造成大气污染，酸化排出的污水含有各种酸液；在注水和洗井施工中产生的洗井污水；

（5）采油（气）过程：油气开采是海洋油气开发过程中的重要环节，主要污染源包括在作业过程中产生的大量含油废水；由于生产事故或井喷产生的废气、落海石油；油砂以及噪声；

（6）运输过程：海洋采油平台远离大陆，开采出的油气一般通过管道或油轮运输。由于自然因素、操作失误、管道腐蚀老化等原因造成输油管道破裂泄漏；油轮在运输过程中触礁、碰撞搁浅或沉没，均会导致大量石油的泄漏；油轮在运输过程中产生的压舱水、洗舱水均含有石油，如果直接排放也会对海洋造成污染。

（二）按照污染物的影响时间分类

在海洋油气田开发生产的整个过程中，产生的污染物按其形态可分为六类[4]：

（1）海下爆破产生的污染物

（2）海洋水体污染物

（3）大气污染物

（4）固体污染物

（5）噪声

（6）放射性污染

（三）按照污染物的形态分类

按照对渔业资源的污染影响期限，污染物可以分为三类：

（1）暂时污染：包括地震噪声、作业噪声、气体排放噪声等，在施工和作业时产生，施工停止即消失；

（2）短期污染：数量有限的废弃物，如钻井废水、废弃的岩屑、油砂等，经过净化处理后少量排放，由于海水的自洁作用，污染作用逐渐减少并在较短时间内消除；

（3）长期污染：连续排放的含油废水在油气田生产过程中持续产生，大量的落海原油对渔业资源的危害是长期性的。

（四）按照石油输入类型分类

海洋石油污染按石油输入类型，可分为突发性输入和慢性长期输入[5]（表1.6）。

表1.6 按照输入类型的海洋石油污染分类

突发性输入	油轮事故：油轮事故、违章排污
	海上石油开采：贮油泄露、井喷事故
慢性长期输入	天然来源：海底渗漏、剥蚀
	工业民用废水：沿海工业民用废水、内陆工业民用废水沿河流入海
	含油大气：工业含油废气的沉降、车船含油废气的沉降

1.3.4.3 海洋溢油的侵害过程

溢出的原油在进入海洋水体之后，会发生以下一系列的复杂变化[7]：

（一）扩散：通常原油比海水轻，会有一些原油漂浮到海洋水体的表面。漂浮的石油在惯性力、摩擦力和表面张力的共同作用下，迅速扩展成薄膜。在风浪和海流的作用下，这些薄膜被分割成大小不等的块状或带状油膜，随风漂移扩散。扩散是局部海域石油污染自主降低的主要过程，但随之而来的则是污染面积的进一步扩大；

（二）蒸发：在油膜扩散和漂移过程中，石油中的轻质组分将通过蒸发逸入大气。蒸发的速率随分子量、沸点、油膜表面积、厚度和海况的不同而不同。蒸发是海上油污自然消失的一个重要途径，大约能消除泄入海中石油总量的四分之一到三分之一；

（三）氧化：油膜会在光和微量元素的催化下，发生自身氧化和光化学氧化反应。扩散和蒸发都属于物理过程，而氧化则是石油化学降解的主要途径，其速率取决于石油烃的化学特性。石油入海后的初期阶段，扩散、蒸发和氧化这三个过程对水体中石油的消散起着重要作用。

（四）乳化：石油乳化有两种形式：油包水乳化和水包油乳化。油包水乳化的产物较稳定，聚成冰淇淋状的块或球形后，能较长期在水面漂浮；而水包油乳化的产物较不稳定，容易消失。当石油入海后，由于海流、涡流、潮汐和风浪的搅动，很容易发生乳化作用。溢油后如使用分散剂，将有助于水包油乳化的形成，从而可加速海面油污的去除；

（五）溶解及海洋生物对石油烃的降解和吸收：石油中的低分子烃和一些极性化合物会继续溶入海水中，广泛分布在海水和海底淤泥中的烃类氧化菌对降解石油烃起着重要作用。浮游海藻和定生海藻可直接从海水中吸收或吸附溶解的石油烃类。此外，一些海洋植物和动物也能吸收和降解石油。由于石油烃是脂溶性的，因此海洋生物体内石油烃的含量一般会随着脂肪的含量增大而增高。石油的有害物质不仅危害到海洋生物，也会随着食物链继续威胁到人类。

（六）沉降：海面的石油经过蒸发和溶解后，会聚合成沥青块或吸附于其他颗粒物上，最后沉降到海底或漂浮到海滩上。

1.3.4.4 海洋溢油危害的途径

（一）生态危害[6]

（1）影响海气交换：油膜覆盖于海面，阻断氧气、二氧化碳等气体的交换。氧气的交换被阻碍将导致海洋中的氧气被消耗后无法从大气中补充，二氧化碳交换被阻首先破坏了海洋中的二氧化碳平衡，妨碍海洋从大气中吸收二氧化碳形成 HCO_3^-、CO_3^{2-} 缓冲海洋 pH 值的功能，从而破坏了海洋中溶解气体的循环平衡；

（2）影响光合作用：油膜阻碍阳光射入海洋，使水温下降，加上油膜的阻断作用破坏了海洋中氧气、二氧化碳的平衡，从而破坏了光合作用的客观条件。同时，分散和乳化油侵入海洋植物体内，破坏叶绿素，阻碍细胞正常分裂，堵塞植物呼吸孔道，进而破坏光合作用的主体；

（3）消耗海水中溶解氧：石油降解大量消耗水体中的氧，而海水恢复氧的主要途径－大气溶氧又被油膜阻碍，直接导致海水的缺氧；

（4）毒化作用：石油中的稠环芳香烃对生物体呈剧毒，毒性与芳环的数目和烷基化程度有关。大分子化合物的绝对毒性很高。而在水中，由于低分子类具有很强的水溶性及后续的生物可利用率，也表现出较强的毒性。烃类经过生物富集和食物链的传递能进一步加剧危害，从而影响到其他物种，包括人类。烃类有致基因突变和致癌的作用，而慢性石油污染的生态学危害更难以评估；

（5）全球温室效应：大洋是大气中二氧化碳的汇聚地，石油污染影响海气交换，也必将加剧温室效应，促进厄尔尼诺现象的频繁发生，从而间接加重“全球问题”；

（6）破坏滨海湿地：石油开发等人为活动导致滨海湿地丧失严重。据估算，中国累计丧失滨海湿地面积约 219 万公顷，占滨海湿地总面积的 50%。

（二）社会危害

（1）危害渔业：由于石油污染抑制光合作用，降低溶解氧含量，破坏生物生理机能，海洋渔业资源正逐步衰退；

（2）加剧赤潮：数据表明，在石油污染严重的海区，赤潮的发生概率增加，虽然赤潮发生机理尚无定论，但石油烃类的污染无疑在其中起了积极作用；

（3）影响工农业生产：石油易附着在渔船网具上，加大清洗难度，降低网具使用效率，增加捕捞成本，造成经济损失。此外，海滩晒盐厂难以使用受污海水，受污海水必然大幅增加海水淡化厂和其他需要以海水为原料的企业生产成本；

（4）影响旅游业：海洋石油极易贴岸而玷污海滩等极具吸引力的海滨娱乐场所，影响滨海城市的形象。

1.4 中国海上溢油污染防治概况

1.4.1 中国海洋环境特点

1.4.1.1 中国各海区概况

（一）渤海

渤海是我国唯一的半封闭型内海，大陆海岸线从老铁山角至蓬莱角，长约2700公里。沿海地区包括辽宁省（部分）、河北省、天津市和山东省（部分）。海域面积约7.7万平方公里。渤海是北方地区对外开放的海上门户和环渤海地区经济社会发展的重要支撑。海区开发利用强度大，环境污染和水生生物资源衰竭问题突出。

渤海海区有辽河、海河、黄河等主要河流入海，河口湿地面积广阔，在我国海洋生态系统中具有重要作用和独特的功能。但由于封闭性强，水交换周期长，渤海环境承载能力较弱。环渤海地区及渤海广阔流域的发展也对海洋环境产生了巨大的污染及生境破坏压力。2012年，渤海符合第一类海水水质标准的海域面积比例已降低至约47%，第四类和劣于第四类海水水质标准的海域面积与2006年同期相比增加了近3倍，达到1.8万平方公里，约占渤海总面积的23%。2006年以来，渤海河口、海湾等重点海域生态系统均处于亚健康或不健康状态。

渤海海区包括辽东半岛西部海域、辽河三角洲海域、辽西冀东海域、渤海湾海域、黄河口与山东半岛西北部海域和渤海中部海域。

（二）黄海

黄海海岸线北起辽宁鸭绿江口，南至江苏启东角，大陆海岸线长约4 000公里。沿海地区包括辽宁省（部分）、山东省（部分）和江苏省。黄海为半封闭的大陆架浅海，自然海域面积约 38 万平方公里。沿海优良基岩港湾众多，海岸地貌景观多样，沙滩绵长，是我国北方滨海旅游休闲与城镇宜居主要区域。淤涨型滩涂辽阔，海洋生态系统多样，生物区系独特，是国际优先保护的海洋生态区之一。

黄海海域要优化利用深水港湾资源，建设国际、国内航运交通枢纽，发挥成山头等重要水道功能，保障海洋交通安全。稳定近岸海域、长山群岛海域传统养殖用海面积，加强重要渔业资源养护，建设现代化海洋牧场，积极开展增殖放流，加强生态保护。合理规划江苏沿岸围垦用海，高效利用淤涨型滩涂资源。科学论证与规划海上风电布局。

黄海海区包括辽东半岛东部海域、山东半岛东北部海域、山东半岛南部海域、江苏沿岸海域和黄海陆架海域。

（三）东海

东海海岸线北起江苏启东角，南至福建诏安铁炉港，大陆海岸线长约 5 700 公里。沿海地区包括江苏省部分地区、上海市、浙江省和福建省。自然海域面积约 77 万平方公里。东海面向太平洋，战略地位重要，海岸曲折，港湾、岛屿众多，沿岸径流发达，滨海湿地资源丰富，生态系统多样性显著，是我国海洋生产力最高的海域。

东海海域要充分发挥长江口和海峡西岸区域港湾、深水岸线、航道资源优势，重点发展国际化大型港口和临港产业，强化国际航运中心区位优势，保障海上交通安全。加强海湾、海岛及周边海域的保护，限制湾内填海和填海连岛。加强重要渔场和水产种质资源保护，发展远洋捕捞，促进渔业与海洋生态保护的协调发展。加强东海大陆架油气矿产资源的勘探开发。协调海底管线用海与航运、渔业等用海的关系，确保海底管线安全。

东海海区包括长江三角洲及舟山群岛海域、浙中南海域、闽东海域、闽中海域、闽南海域、东海陆架海域和台湾海峡海域。

（四）南海

南海大陆海岸线北起福建诏安铁炉港，南至广西北仑河口，大陆海岸线长 5 800 公里。沿海地区包括广东、广西和海南三省。自然海域面积约 350 万平方公里。南海具有丰富的海洋油气矿产资源、滨海和海岛旅游资源、海洋能资源、港口航运资源、独特的热带亚热带生物资源，同时也是我国最重要的海岛和珊瑚礁、红树林、海草床等热带生态系统分布区。南海北部沿岸海域，特别是河口、海湾海域，是传统经济鱼类的重要产卵场和索饵场。

南海海域要加强海洋资源保护，严格控制北部沿岸海域特别是河口、海湾海域围填海规模，加快以海岛和珊瑚礁为保护对象的保护区建设，加强水生野生动物保护区和水产种质资源保护区建设。加强重要海岛基础设施建设，推进南海渔业发展，开发旅游资源。开展海洋生物、油气矿产资源调查和深海科学技术研究，推进南海海洋资源的开发和利用。开展琼州海峡跨海通道研究。

南海海域包括粤东海域、珠江三角洲海域、粤西海域、桂东海域、桂西海域、海南岛东北部海域、海南岛西南部海域、南海北部海域、南海中部海域和南海南部海域。

（5）台湾以东海域（略）

1.4.1.2 中国近岸海域污染特点

改革开放30年以来，我国经济总量发生了巨大的变化，同时也给近海的海洋环境带来了不可忽视的影响，海洋生态环境问题日益突出。由于海洋的特殊性，海洋污染与大气污染和陆地污染有很多不同，有其突出的特点，和国外海洋污染一样，我国海洋污染除了具有污染物来源广、数量大、持续时间长、危害性大、污染物扩散快、清除难度大及防治难危害大等特点外，其独有的特点主要体现在：

（一）我国近海污染物普遍以氮、磷、油类为主

局部海区以有机氯农药、重金属为主；浓度分布则为河口高于近岸，近岸高于远岸。油类污染在各个海区均有分布，局部区域严重。各海区年变化幅度较大，其中渤海、黄海的油类污染严重，东海、南海则污染较轻。中国近海水体中营养盐含量普遍偏高，超标严重，四海区以东海最为突出。重金属污染较轻。

（二）污染区域主要集中在近岸

近岸以河口、港湾污染最为严重。如长江、珠江口等，其中长江口、珠江口、胶州湾、杭州湾、舟山渔场营养盐含量最高。

（三）近海赤潮绿潮现象严重

我国赤潮的特点是：发生时间不断提早，发生次数不断增多，发生范围不断扩大，危害程度日益严重。近年来，我国黄海中北部夏季持续发生浒苔绿潮灾害，对海水质量、滨海景观和近海活动造成一定影响。

1.4.1.3 渤海石油开发的环境问题

渤海是我国唯一半封闭型内海，具有独特的资源和地缘优势，环渤海地区已成为我国社会经济十分发达的区域。环渤海经济区包括北京、山西、辽宁、河北、山东、内蒙古自治区和天津六省一市，是我国北方经济最发达的地区，其社会经济呈持续快速发展态势，国内生产总值增长迅速。在渤海区域5 800公里的海岸线上，近20个大中城市遥相呼应，包括天津、大连、青岛、秦皇岛等中国重要港口在内的

60 多个大小港口星罗棋布，以天津为中心带动的两侧扇形区域，成为中国乃至世界上城市群、工业群、港口群最为密集的区域之一。渤海作为环渤海经济圈的重要支持系统，其服务功能对该地区经济发展起着决定性作用。

但是，渤海海水交换能力差，海洋生态系统脆弱，黄河、海河、辽河三大流域径流汇入渤海，陆源污染物排海量大。环渤海地区是我国经济发展的热点区域，滨海城市化及临海工业发展迅猛。渤海滨海湿地大面积减少，局部区域海洋资源衰退、海洋功能退化，渤海近岸海域环境污染趋势尚未得到根本遏制。近年来，辽宁省的沿海经济带、河北省的“曹妃甸循环经济示范区”和“沧州渤海新区”、天津的“天津滨海新区”和山东的“山东半岛蓝色经济区”等开发规划将进一步加大渤海环境压力，同时渤海地层的脆弱性，开发的剧烈性，渤海开发与保护的矛盾日益凸显。

1.4.1.4 中国海洋开发与环境保护面临的新形势

当前和今后一个时期，是我国全面建设小康社会的关键时期，也是坚定不移走科学发展道路、切实提高生态文明建设水平的重要阶段，必须深刻认识并全面把握海洋开发利用与环境保护面临的新形势，有效化解由此带来的各种矛盾。

（一）海洋经济发展战略加快实施：党的十七届五中全会提出“科学规划海洋经济发展”，国家“十二五”规划“十三五”规划都对推进海洋经济发展做出战略部署。国务院批准了沿海多个区域规划，启动了海洋经济发展试点。党的十八大提出“建设海洋强国战略”，全力推动海洋经济发展，同时，海洋生态文明建设也成为建设海洋强国的重要内容；

（二）沿海地区工业化、城镇化进程加快：能源、重化工业向沿海地区集聚，滨海城镇和交通、能源等基础设施在沿海布局，各类海洋工程建设规模不断扩大，海洋新兴产业迅速发展，建设用海需求旺盛；

（三）陆源和海上污染物排海总量快速增长，重大海洋污染事件频发：气候变化导致了海平面上升、极端天气与气候事件频发等，海洋自然灾害损失倍增，海洋防灾减灾和处置环境突发事件的形势严峻；

（四）涉海行业用海矛盾突出，渔业资源和生态环境损害严重，统筹协调海洋开发利用的任务艰巨：近岸海域渔业用海进一步被挤占，稳定海水养殖面积、促进海洋渔业发展、维护渔民权益的任务艰巨；

（五）沿海地区人民群众的环境意识不断增强：对清洁的海洋环境、优美的滨海生活空间和亲水岸线的要求不断提高，对健康、安全的海洋食品需求不断增加，对核电、危险化学品生产安全高度关注；

（六）海洋权益斗争趋于复杂：沿海国家制定和实施海洋战略，围绕控制海洋空间、争夺海洋资源、保护海洋环境等方面，加强对海洋的控制、占有和利用。

1.4.2 海上油田溢油应急计划

1.4.2.1 国外海洋溢油污染的管理模式

（一）美国

美国于1979年成立的联邦应急管理署（FEMA），集成了从中央到地方的救灾体系，建立了一个集军警、消防、医疗、民间救难组织等为一体的指挥调度体系。一旦发生重大灾害事故，即可迅速动员一切资源，在第一时间内进行救援工作。而且美国实行了联邦和州的两级防灾体系，当灾害等级达到重大灾害级别且不在地方处理能力范围之内时，州向联邦请求支援，联邦应急管理署对灾情进行评估，根据灾情级别提供特别经费，然后各部门之间再进行组织协调，尤其是联邦救援力量，协同开展救灾工作；

（二）日本

日本的全民防灾体系是由上而下，从中央到地方的，以《灾难对策基本法》为基础分成中央和地方两个部分。首先在总理府设置中央防灾委员会，由各个部门的主管组成，其中包括：总理、内阁、银行、红十字会、电信和铁路等防灾首要部门。其次由海洋石油污染的相关专家和学者组成灾害委员会，共同商讨减灾对策。最后，由地方政府建立地区级别的防灾会议。一般灾害属地方管理，各级政府自动转换为本行政部的灾害对策本部，重大灾害发生时，由内阁总理大臣征询中央防灾委员会意见，并经内阁会议通过，在总理府设立临时的重大灾害对策本部，针对灾害发挥协调统筹的应变指挥和调度；

（三）澳大利亚

澳大利亚1974年成立了隶属于国防部的国家救灾组织，履行应对自然灾害和突发事故的职能，该组织对各州应急管理局实施指导和支援，负责全国的抢险救灾工作，各州在自己的立法和计划框架内工作，首都设有国家应急协调中心，通过国家应急行动支援系统建立联网的综合计算机数据库，用于保障联邦资源的需求和监督州应急管理局的工作；

上述各国政府机构制定的海洋溢油污染管理模式具有以下共同特点：

（一）建立海洋溢油污染的管理机制，并以相关法律赋予赈灾机构责任和权利；

（二）制定法律及法规，作为防治海洋溢油污染的政策依据；

（三）实行国家统一管理的一元化领导，使其管理机构更具组织性和纪律性，以此确保其综合治理的作用和协调各部门的职能；

（四）在一元化的领导基础上，建设多元化的地方防灾管理机构，并调动不同层次的救助力量；

（五）根据溢油污染的种类、规模及对社会、生态环境的影响程度，实行有重点、有层次的分级灾害管理模式，规定相应级别的机构，启动指挥系统实施协同救灾。

1.4.2.2 国外海洋溢油污染应急管理经验

早在20世纪70年代末80年代初，美国和一些发达国家就开始制定海洋石油污染的应急政策、建立溢油应急防备系统，并对溢油应急技术进行研究和开发，陆续建立和完善了各自的海洋石油污染事故管理模式。其中，美国、日本和澳大利亚在处理溢油污染事故方面有着非常丰富的经验。

（一）美国

在美国陆续发生了几起重大海洋石油污染事故之后，引起了美国各界的强烈反应，在保护海洋环境的强大压力下，美国两院通过了《1990油污法》。在其制定的过程中，他们不仅认识到建立本国应急防备系统、制定溢油应急计划及相关反映程序的重要性，同时，也进一步认识到对抗大型事故的应急防备和反应有进行国际间合作的必要性。

目前，美国的海上溢油应急组织分为国家、地区与地方三种等级，且每级溢油应急组织都有符合其自身的应急计划。国家级应急组织在海洋溢油灾害发生时，给予防灾机构和组织相关的政策指导和协调相关部门关系，但不直接参与溢油的应急处理，可以看作是国家计划和政策的实体，由环保局、海岸警卫队和具有海洋环境管理责任的相关部门组成。和国家级应急组织一样，地方级应急组织也不直接参与溢油的应急处理，只负责地区性应急计划的制定，并协调地方组织进行救灾。这种地方性应急组织在全美共有13个。地方性溢油应急组织在环保局和海岸警卫队指挥和协调下直接参与救灾活动，具有一定的实体性。海洋石油污染的治理还可以以承包的形式分配给各地区承包商并适当调动国家级的突击力量协助完成。在遇到大规模溢油污染的情况下，可以调动配备有大型防污设备的太平洋和墨西哥沿岸的海洋警卫队开展清除工作。

（二）日本

日本在海洋石油污染事故的防污体制方面采用政府多数参与，防治海洋污染的工作则由运输省及海上保安厅负责，针对海域的溢油事故由运输省制订有关的排除规定，对海运业进行指导、对船舶进行检查以及管道的废油进行处理，受运输省管辖的海上保安厅负责在海域进行监视、执法及具体实施溢油的处理措施。与此同时，民间机构与海上防灾中心也积极配合政府部门在海洋石油污染的应急行动，实施溢油污染的防治及灭火行动。海上防灾中心还周期性的开展海上防灾训练，推动有关海洋石油污染防治的国际协作，进行海上防灾工作的调查、研究等。

在执行防灾措施时，按运输省与防灾中心签订的防灾措施合约进行，同时日本也制定了比较完善的法律与法规，为溢油应急体系的制定提供了法律依据，推动了它的实施，并且在体制上规定了海上保安厅和海上灾害防止中心的核心作用。为了协调二者关系，特设立了有关溢油防治工作的联席会议。

日本也非常重视在保护海洋环境方面的国际合作，积极支持国际海事组织（IMO）推行的国际性保护海洋环境协定。

（三）澳大利亚

澳大利亚的溢油污染事故管理部门由联邦政府、州政府和石油资源工业界组成，各有关部门都有明确的分工：港口和码头管理部门负责港口和码头以内的海域、州政府负责海岸和海滩、联邦政府公共资源部门负责近海海域、联邦政府和州政府公共资源管理部门共同管理深水区域。在每个州都设立了溢油污染事故管理委员会，由地方官员、环保局、警察、溢油服务部门及石油工业部门组成。

整个澳大利亚在战略地区建立了九个溢油设备仓库，每个仓库包括有100吨消油剂、8个喷洒设备、回收设备、围油栏、收油器和必要的通讯设备。

上述国家的溢油污染应急管理均是以国家级应急计划为龙头，设有国家和地区等多级应急指挥协调机构，根据事故规模和涉及范围划定各级机构的职责。机构分为管理层和操作层，管理层在污染事故的防治中进行指挥和协调，操作层负责现场的清理工作。

1.4.2.3 中国溢油应急计划现状

中国政府非常重视海洋环境保护和海上溢油污染的防治工作，并于1998年3月31日加入了《1990年国际油污防备、反应和合作公约》，该公约将对发生重大溢油事故的国家提供技术援助和咨询。

目前，我国已有各主管部门和地方政府发布的海上溢油应急预案，包括交通运输部和环境保护部联合发布的《中国海上船舶溢油应急计划》、《北方海区溢油应急计划》、《东海海区溢油应急计划》、《南海海区溢油应急计划》和国家海洋局发布的《海洋石油勘探开发溢油事故应急预案》等。

《海洋石油勘探开发溢油事故应急预案》以《中华人民共和国海洋环境保护法》、《中华人民共和国突发事件应对法》、《中华人民共和国海洋石油勘探开发环境保护管理条例》等法律、行政法规为编制依据，协调相关部门的溢油事故应急响应行动，整合现有的溢油应急资源，充分发挥石油公司的自救、互救作用，并依靠科学进一步规范了应急处置行动。目前中国已掌握了物理法、化学法和生物法海上溢油常规治理手段。中国海油、中国石油和中国石化等大型国企也成立了各自负责溢油应急响应的专门机构。但从溢油监测技术和近年来我国发生的几起较大溢油事故处理来看，目前的各级应急中心普遍存在规模小、协同化作战程度不高等问题。

1.4.3　海上油田开采环保法律法规

1.4.3.1　涉及海上石油污染的全球性公约

（一）《大陆架公约》

法律上的大陆架是沿海国的陆地在领海以外延伸到包括大陆边的海底区域，占海洋总面积的25%、占陆地面积的70%，这部分最具石油开采潜力，目前的海洋石油勘探与开发活动主要集中在大陆架上。

1958年的《大陆架公约》是确立大陆架法律制度的国际公约，由开发北海大陆架石油资源的欧洲国家所促成。公约第五条第一款规定："探测大陆架及开发其天然资源不得使航行、捕鱼或海中生物资源之养护受到任何不当之妨害"，第七款规定："沿岸国负有在安全区内采取一切适当办法以保护海洋生物资源免遭有害物剂损害之义务"。

法律认同大陆架为近海管辖区域，自然就必须严格遵守《大陆架公约》的规定。

（二）《联合国海洋公约》

1982年的《联合国海洋公约》是一个全面规划有关处理海洋事务国际规则的公约，被誉为"真正的海洋宪法"。本公约在近海活动的污染控制方面包括两部分：一是第80条采纳了《大陆架公约》第5条包含的直接或间接与防止石油污染相关的条款，二是第十二部分专章规定了海洋环境的保护与保全。

公约第十二部分首先对各国保护和保全海洋环境的义务、基本权利和责任作了一般性的规定，为构筑海洋环境保护的法律框架提供了基础和依据。其中公约第192条最为重要，第一次明确规定了"各国有保护和保全海洋环境的义务"，并将该义务作为各国行使开发其自然资源主权权利的前提条件。根据这种义务的设定，公约第194条和195条分别对作了具体的规定，要求采取的措施应针对来自勘探或开发海床及底土自然资源所导致的污染。

对于国家管辖的海底活动所造成的污染，公约第208条规定了防止、减少和控制海洋环境污染的国际规则，该条款明确了沿海国有防止、减少和控制石油勘探开发所造成污染的义务。为了确保这些规则的执行，公约第214条和第235条规定了具体的执行规则。

（三）《1990年国际油污防备、反应与合作公约》

《1990年国际油污防备、反应与合作公约》是于1990年11月在国际海事组织召开的外交大会上通过的，并于1994年5月13日生效。公约旨在为防范海洋污染事件或威胁，建立一个全球性或区域性合作机制以防止和减少海洋污染。该公约的主要适用对象是船舶、近海设施、海港及石油处理设施引起的油污损害事故。公约中规定了各个缔约国有义务按照公约的有关规定采取所有适当的反应措施和防备，公约强调了缔约国应迅速采取有效措施来减轻因为近海设施的污染对环境的损害。

1.4.3.2 涉及海上石油污染的区域性公约

同全球性公约一样，区域性公约所规定的义务也是一般性的。然而，这些公约通过新公约或议定书逐渐得到了更详尽的拓展。

（一）《保护波罗的海区域海洋环境公约》（赫尔辛基公约）

1974 年，波罗的海几个沿岸国签署了《保护波罗的海海洋环境的公约》，它是最早的一个区域性公约，也是这类公约中规定一般性义务的典型。对由海底矿物开发所引起的污染，进行了规定，在经过一系列修改之后，于 1992 年形成了新的《保护波罗的海区域海洋环境公约》。公约设立了波罗的海海上环境保护委员会来负责波罗的海地区海洋保护的区域性合作。它规定了勘探和开发海底及其底土所造成污染的防治。新公约的附件还针对防止近海石油作业及其近海设施所引起的污染作了专门的详尽规定。据此附件，各个缔约国需要对近海石油作业所造成的污染进行预防并负责消除，在近海作业前，首先要进行环境影响评价。这个新公约对各缔约国在勘探阶段、开发阶段排放污染物的标准都给出了具体的规定。

（二）《保护地中海免受污染公约》（巴塞罗那公约）

1976 年 2 月 16 日，地中海沿岸国签订了《保护地中海免受污染公约》。公约对倾倒废弃物，勘探、开发大陆架和船舶造成的污染以及陆源污染作了原则性的概述。公约的第二部分及附件规定了海洋环境保护的特殊规则和解决具体污染形式所需的技术条款。经过修改，于 1995 年诞生的新公约继承了原有公约的体制，全面、详细地明确了污染源，指出对大陆架、海床及其底土的勘探和开发的污染是主要的污染源。公约规定的合作领域也比较全面，指出在污染应急情况下，应开展海洋污染检测和科技方面的合作。

（三）《关于保护海洋环境防止污染的科威特区域合作公约》

1978 年，海湾 22 地区的国家通过了《关于保护海洋环境防止污染的科威特区域合作公约》。签署公约的原因在公约的引言中提及：相关国家已经认识到“因为人类陆上和海上的活动所造成的石油等有毒物质对海湾地区造成的污染，尤其是通过这些物质不加区分、不受控制的排放而造成的污染，已经对海洋环境造成严重的威胁”。公约将污染源分为：倾废污染、陆源污染、船舶污染、领海及其底土和大陆架勘探开发造成的污染以及其他人类活动造成的污染。该公约是在“全面注意到这一地区海洋环境独特的水文和生态特点及脆弱性”的基础上，通过综合治理的方法来保护和开发利用海洋资源。

（四）《勘探开发海底矿产资源引起油污损害的民事责任公约》

1977年，在伦敦签署的《勘探开发海底矿产资源引起油污损害的民事责任公约》是一个专门处理海上石油开发利用活动导致油污损害事故的国际公约，更是唯一一个在油污造成损害后，为追究责任而做出具体规定的区域性公约。可惜的是该公约没有生效。公约规定了操作者的责任、严格责任、有限责任、强制保险、赔偿程序等五个方面。这个公约虽然在责任限制上存在一定的缺点，但事实上是在油污损害中，平衡了潜在受害者与石油公司他们二者的利益。公约所体现的密切合作精神对其他区域的国家在此方面的合作无疑是一种鼓励，同时公约为其他区域的国家制定类似协定提供了有价值的参考范例。

1.4.3.3 涉及海上石油污染的国外法律法规

国际法赋予了沿海国勘探开发海洋石油资源可以对大陆架和专属经济区行使主权的权利，这种主权权利使得海洋石油勘探开发活动处在沿海国的管辖之下。因此，近海石油作业在法律性质上是国内的。为养护近海石油资源，管理、控制近海底石油勘探开发活动，沿海国往往制定一系列法律和规章。

（一）美国的《1990年油污法》

作为海上石油运输大国，美国频发溢油事故。随着溢油危害的加剧，美国在应对海上溢油的立法上也下足了功夫。美国通过预防、应急处理、恢复重建等措施，建立起全方位应对海上溢油的立法。

1989年美国埃克森石油公司的油轮在威廉王子海湾搁浅造成的事故。这次溢油事故溢油面积大，遭受污染的海岸线范围广。油轮的船东为清除油污和赔偿总共损失高达80亿美元。这个事故发生十几个月后，美国两院即通过了《1990年油污法》（简称OPA90），并由总统签署而成为美国法律。OPA90的“责任方”指拥有、经营或租赁该船的人，同样也包括沿海设施、近海设施和管道等的所有人和经营人。

虽然美国没有加入《1969年责任公约》和《1971年基金公约》，但通过OPA90建立了自己国内的油污损害赔偿机制。这部法律的责任制度比较严格，油污损害规定了严格责任，设定了很高的赔偿限额，除此之外，还建立了健全的赔偿范围制度以防责任人因为赔偿不起而破产。

（二）美国的《国家环境政策法》

首次以类似基本法的形式，规定了立法的目标、原则。规定联邦政府各机构的环境管理权限，包括机构、职能、经费和人员以及联邦政府与各州政府在环境管理与保护上的分工。最为重要的是，这部法律确立其在环境法律体系中的最高位置。该法第二条规定：美国的各项政策、条例和公法的各种解释与执行，均应与本法规定的政策相一致；

（三）美国有关石油污染法规的特点

（1）预防为主

预防，是美国应对海上溢油的重点。通过技术和政策的预防性规定，旨在提高石油作业者的环保意识和安全生产的自觉性，尽量减少海上溢油发生的可能性。

1）技术上：《美国法规汇编》第112.3条规定，所有石油作业者须拟定并经有关主管批准和专业人员认定后，执行一个适当的预防计划。该计划涉及准备并实施有关溢油的预防、控制和应对行动。这里的石油作业者是指所有可能或者已经对美国领土造成环境污染的石油勘探设备或者运输设备的所有者或者操作者。在技术层面上的具体措施包括：设置排水设施、大容量设施、传输设备和抽气泵等处理油污设施。

2）政策上：《美国法典》第33篇40章要求相应机构制定预防性应对计划，并安排相应的培训课程来对石油作业者进行预防性培训和指导。

（2）完备的应急处理系统

应急处理是美国防治海上溢油的核心与关键。美国建立起溢油应急系统，通过各级政府部门统一协调，集中处理海上溢油事故。《美国法规汇编》第40篇300章“国家石油与有毒有害物质污染应急计划”的附录E中，规定美国溢油应急系统分为国家应急系统、区域应急系统、地方应急系统。

1）应急组织系统：国家应急系统包括国家应急小组、国家突击力量协调中心、国家响应中心；区域应急系统包括区域响应小组；地方应急系统包括现场协调者、专门小组和地区委员会。在各应急系统内，首先由各级别应急委员会制定应急计划，其次由各自的应急计划统筹应急措施的实施，最后由相应的应急小组执行计划内容。

2）应急资金：是处理海上溢油的保障。美国处理石油泄漏所需费用主要由石油作业者或者第三方责任人的罚金、国家专项救助基金以及来自美国联邦政府以及地方政府的补偿所组成。《美国法典》第2702条规定“在适航水域或者临近海岸线及专属经济区造成溢油事故或重大溢油威胁的油轮以及设施的主体，负责承担由事故引起的处理费用”。

除此之外，其他任何人造成溢油事故及威胁都要为其造成的损失以及处理所产生的费用负责。美国《1986年国内税收法规》第9509条规定建立石油泄漏责任信托基金，美国政府通过财政来支持基金。基金用于支持美国海岸警卫队、美国海洋和大气管理局、国家应急系统、石油污染研究和开发项目的运行。《美国法规汇编》第40篇310章“发放给对有毒有害物质采取应急反应措施的当地政府补偿的规定”中规定当地政府有责任对有毒有害物质泄漏地的应急计划小组发放补偿。

（四）国外法规关于船舶运输的相关规定

港口国、沿海国、尤其是西方发达国家，已对生活污水和垃圾等污染物的排放制定了相关的国内法规，提出了严格要求。例如，美国的旧金山、奥克兰、波特兰等港口，美国海岸警卫队除了严格检查船上所有安全设施外，对于船舶塑料制品垃圾的回收管理尤为严格。对于航行于欧美发达国家的船舶，必须备有专门塑料垃圾存放设备，与别的生活垃圾分类存放；到港后，将由港口人员回收。“1990 年美国油污染法”大幅度提高了船东油污责任赔偿的限额，对船员提出更严格的要求，对船舶结构也提出了新的要求，对不符合规定的运输工具将严禁驶入美国海域。虽然 MEPC 第 31 届会议上拟定了“关于防止随船压载水及其沉淀物的排放而带入有害生物及病菌准则的决议”，但澳大利亚、加拿大、新西兰和美国为保护本国水域不受外来压载水的污染，自行制定了更加严格的压载水排放规则。

1.4.3.4 我国海洋环保法规现状

目前，我国已形成了以《宪法》为根本，以《环境保护法》为基础，以《海洋环境保护法》为核心，由《海洋倾废管理条件》、《海洋石油勘探开发环境保护管理条例》、《防治海洋工程建设项目污染损害海洋环境管理条例》等行政法规和地方性法规，以及《海洋自然保护区管理办法》、《海洋倾废条例实施办法》等规章、规范性文件、海洋环境技术标准规范为配套及与相关国际公约相衔接的相对完善的海洋环境保护法律体系。《海洋环境保护法》明确规定了环境影响评价制度、三同时制度、排污申报制度，排污收废制度、海洋污染限期治理制度、重点海域排污总量控制制度、海洋功能区划制度、海洋环境监测监视信息管理制度、污染事故预防报告和处理制度，这些制度的建立为海洋环境管理奠定了坚实的法律基础。但是，相对于环保发达国家，我国的海洋环保法规还存在诸多不尽如人意的地方：

（一）责任的确认依据不合理

我国环保法规中规定了造成海洋污染事故应承担刑事责任，但并不是以保护海洋生态系统的健康完整性和预防海洋生态损害的发生为目的的刑事责任。

《海洋环境保护法》法第 91 条第 3 款规定，污染者承担刑事责任的条件是“造成重大海洋环境污染事故，致使公私财产遭受重大损失或者人身伤亡严重后果”，这与我国刑法的相关规定类似，刑法中规定的有关环境资源犯罪绝大多数都以“造成重大环境污染事故，致使公私财产遭受重大损失或者人身伤亡的严重后果”、“国家重点保护的珍贵、濒危野生动植物”、“情节严重”或“数量较大”为处罚标准的。生态损害是生态系统的结构遭受破坏性改变，从而使生态系统的各种功能急剧衰退。某一局部的生态系统具有相对的独立性和完整性，其完整性的改变会造成局部的生态损害。然而，这种生态损害并不一定必然造成人身伤亡与财产损失，破坏情节不严重或破坏的数量较小也可以造成生态损害的发生。上述规定表明，假如没有“造成人身财产损害的严重后果”，即使“污染了环境”，造成了生态损害的后果，也未必适用刑罚手段，这显然是为了保护人身和财产，而不是保护海洋生态。如果保护的不是生态系统本身，如此规定也难以起到保护生态系统的作用。

（二）处罚赔偿依据不合理

对污染事故责任人的处罚赔偿金数额裁定并未考虑生态危害。《海洋环境保护法》第90条确立了海洋环境监督管理部门对破坏海洋生态、海洋水产资源、海洋保护区，并给国家造成重大损失的责任者“提出损害赔偿要求”的权利，其中第87条中规定了最高数额为100万元的行政罚款，但只适用于“将中华人民共和国境外废弃物运进中华人民共和国管辖海域倾倒”的情形，并不适用于对溢油污染行为的处罚[9]。2011年6月的康菲蓬莱19－3溢油事故中，国家海洋局行政处罚的最高额仅为20万元。虽然2010年6月山东省出台《海洋生态损害赔偿费和损失补偿费管理暂行办法》明确了对海洋溢油等污染事故的损害评估标准，最高索赔额可达2亿元人民币，但由于该办法属于地方规范性文件，其法律位阶低，影响力仅限于山东省境内，不适用于跨地区的污染事件。

（三）处罚金额不合理

《海洋环境保护法》中对海洋污染事故责任人的行政责任认定较轻，由于该法规是2000年修订颁布的，规定的罚款数额也已不符合现今经济发展的基本状况；

（四）难以认定当事人

《海洋环境法》第41条规定了环境污染可以进行民事诉讼，并且要求当事人必须与污染具有直接利害关系，但我国民事诉讼法并未对公益诉讼做出具体规定，往往难以对侵犯海洋生态环境这类公共利益的事件确定合适的当事人，因此难以实际地进行海洋污染事故的民事赔偿诉讼；

（五）缺乏监督

《海洋环境保护法》在第5条规定了实施海洋环境管理的行政主体，但并没有对行政主体实施行政行为而规定具体的监督程序。对违法行为做出行政处罚决定的过程还需要进一步透明化，以满足和谐社会背景下公众的知情权要求。

基于以上阐述，我们可以看出，要想拥有一套高效的溢油应急计划，其法律依托是必不可少的，我们在制定了完备的海上溢油应急计划之后，能否确保其顺利高效的实施，还要依托我国环保法规的补充和完善。

2　地下原油的形态及地质溢油过程

2.1　油气资源的形成

石油，堪称是地球上最宝贵的资源，被人们冠以“黑色金子”的美誉，那么在海底地下岩层中，储集油气的油气藏究竟是怎么形成的呢?

2.1.1　石油的有机成因学说

现代石油，又称原油，是存在于地下深处岩石微细孔道内的可燃黏稠液体，是各种烷烃、环烷烃、芳香烃的混合物，颜色从无色透明至棕黑色及不同的粘度主要取决于组分。是古代海洋或湖泊中的生物经过漫长的演化形成的混合物，与煤一样属于化石燃料[10]。学术界对石油的来源存在有机成因和无机成因两种观点，经过几个世纪的科学研究和生产实践，人们发现，世界上99%的油气田都储集在沉积岩地区，而且总是和富含有机质成分的泥质岩和碳酸盐岩关系密切。根据对石油成分的分析，证明了石油中的一些化合物和生物有关，通过科学实验，发现一些有机物能够形成和石油组成类似的碳氢化合物，表明有机物能够转化为石油，从而证实了有机物与石油的生成具有密切关系。目前最被广泛认可的观点是：石油是由各种生物残体的腐泥演变而来的。

当代石油地质学界普遍认为，石油和天然气的生源物是生物，特别是低等动植物。它们死后遗体聚集在海洋或湖泊沼泽的黏土底质中[11]。如果生源物的来源主要是在海洋中的生物，就称之为海相生油；若生源物的来源主要是湖泊沼泽的生物，就称之为陆相生油。中国绝大部分石油属于陆相生油。最早的玉门油矿就是在陆相沉积盆地中发现并投入开发的，现在松辽盆地的大庆油田也是陆相生油所致。海相和陆相都具有大量生成油气的适宜环境和条件，都能形成良好的生油区。但是，由于地质条件的差异，它们的生油条件也有较大的不同。

2.1.2　生成油气的原始物质

在漫长的地质年代里，随着地表的沉降，死亡的动植物遗体和其他沉积物一起被埋藏，从而形成了生成油气的原始物质，也称生油母质。海底石油的生油母质主要是浮游生物、细菌等，天然气的生油母质主要为树脂质和木质素。生油母质的主要成分称之为干酪根。

根据沉积物中有机质的 H/C 原子比和 O/C 原子比，干酪根被分为 I 型、II 型和 III 型。富含生油母质的岩石也称烃源岩，其岩性主要包括泥岩和碳酸盐岩。烃源岩的品质取决于所含有机质的数量及有机质的类型。统计分析表明，若泥岩中有机质丰度大于 0.5%，碳酸盐岩中的有机质丰度大于 0.1%，均可被认为是有效烃源岩[12]。盆地内烃源岩的有机质丰度和品质是决定该盆地油气资源潜力的关键因素。

2.1.3　烃源岩的沉积环境

石油的生成必须具备两方面的条件：一是要有丰富的有机质来源，二是要有利于有机质堆积、储存并使之转变成为石油的还原环境[12]。

从有机质到石油，经历了一个不断失氧、增氢、富碳的过程，属于还原反应。烃源岩的沉积环境一方面要有丰富的有机质沉积，沉积下来的有机质又不能遭受氧化，这样沉积物中的有机质在进一步的埋藏演化过程中才能形成大量的油气。

烃源岩往往是富含有机质的暗色泥岩或碳酸盐岩。浅海、海湾、泻湖、三角洲等海相沉积环境和水体较深的湖泊、沼泽陆相环境等都是烃源岩有利的沉积环境：水面平静、年均温度较高、日照充足、适宜生物生存，特别是微生物的繁殖，再加上这些沉积环境受陆源物质供应影响大，沉积速率、埋藏速率快，有利于生物遗体的保存，免遭氧化。

2.1.4　油气的生成过程

生成石油和天然气的原始物质以低等微生物为主，也包括动物和植物。在远古时代，浅海、内海、湖泊等水域生长着大量的动植物，尤其是大量浮游微生物，其生长繁殖极快。这些水生和陆生生物死后，遗体随同泥沙一起沉向湖海盆底，成为有机淤泥。

由于持续的沉积作用，富含有机质的沉积物埋藏深度逐渐加大，沉积物一层一层加厚，使有机淤泥与空气隔绝，所承受的压力和温度不断地增大。矿物颗粒经过压实和固结作用逐渐变成沉积岩石，而在厌氧细菌、压力、温度和其他因素的作用下，处在还原环境中的有机质转变为油气，储存于岩石中，形成生油岩层。沉积物中的有机质在成岩阶段中经历了复杂的生物及化学变化，逐渐失去 CO_2、H_2O、NH_3 等，余下的有机质在缩合作用和聚合作用下，通过腐泥化和腐殖化过程形成干酪根，即生成大量石油和天然气的前身。这也是被现今业界普遍接受的石油有机成因晚期成油说（或称干酪根说）。

随着埋藏深度的加大，温度压力逐渐升高，沉积物及其中所含的有机质发

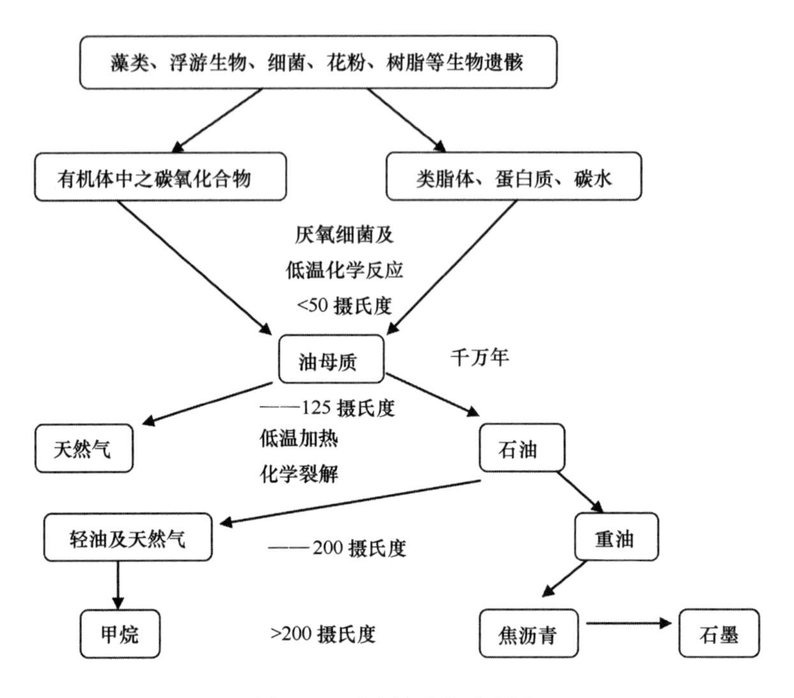

图 2.1　石油的形成示意图

生复杂的物理化学变化。有机质的热演化达到一定的成熟度即形成油气，有机质大量生成油气的埋藏深度称为“生油门限深度”，相应的温度称为“生油门限温度”。

不同的盆地，地温梯度不同，导致烃源岩进入大量成油期（门限深度）的早晚也不同。法国石油研究院 P. Albrecht（1969）研究了喀麦隆杜阿拉盆地上白垩统洛格巴巴页岩中烃类生成与地下温度、埋藏深度的关系，结果表明，在深达 1 370 米时，有机质开始大量转化为石油，成熟温度为 65℃，地层时代距今约 70 百万年；在深度达到 2 200 米时，生油量达最高峰，即为主要生油期或生油窗，地温 90℃；至 3 000 米后，生油作用趋于停止[12]。

在不同地区、不同层系中，由于地质条件的差异，成熟点的成熟温度有所区别。一般而言，在地温梯度分别为 2、3、4℃/100 米的地区，其成熟点相应约在 3 000、1 800、1 300 米深处。可见，在地温梯度较高的地区，有机质不需埋藏太深就能成熟并生成油气[12]。

成岩阶段中，由于温度的升高，有机质发生热催化作用，大量转化成石油和天然气，通常情况下，石油和天然气伴生。在后生阶段中，温度进一步升高，于是发生了裂解，使得干酪根主要转化为天然气，或已生成的石油在裂解作用下逐渐变轻，也大量地转为天然气。到后生阶段的后期，绝大部分石油都将转化为天然气。

2.2 油气的运移成藏过程

2.2.1 成藏要素

油气资源指的是油气藏中的油气。石油和天然气生成后，呈分散状态存在于生油和生气层中，要成为当今具有工业开采价值的油气藏，还需要经过一个由分散向集中的富集过程，才能使油气聚集在储集层中。

形成油气藏的前提条件包括：烃源岩层中足够的油气（生），能够聚集油气的储集层或储集体（储）、具有良好封闭性的盖层及圈闭条件（盖）以及促使油气富集的运移过程（运）。这几个条件缺一不可。把“储集层”、“盖层”和“圈闭”称为形成油气藏的静态要素，把“生成”、“运移”、“聚集”和“保存”称为油气藏形成的动态要素。

油气从生成到形成矿藏通常需要经过两次大的运移：第一次是从生油层向储集层里的运移，称为“初次运移”；第二次是在储集层内的运移，叫做“二次运移”[13]。

油气均是流体，且密度小于水，油气运移的动力包括：由于油、气、水之间密度差产生的浮力，分子浓度差产生的扩散作用以及地质运动产生的局部压力。

大型油气藏的形成往往是良好的静态要素在空间上有效匹配，以及各种动态要素在时间和空间上完美组合的结果。

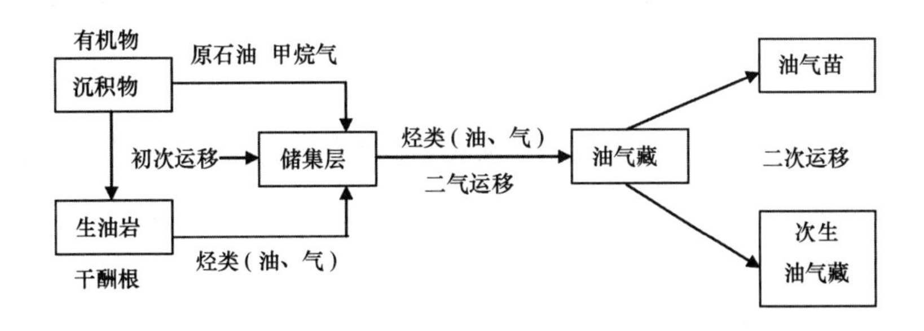

图 2.2　油气运移聚集过程示意图

2.2.2 油气初次运移

初次运移理论是有机成因说的重要组成部分，主要涉及初次运移时油气的物理状态和初次运移的动力两方面的问题

2.2.2.1 初次运移的物理状态

油气在初次运移中的物理状态是目前石油地质学尚未解决的难题之一。很多学者曾做过大量的实验和推断，归纳起来可分为两类认识，即油气以溶解于水的状态运移和油气以自身的相态为存在形式并随水一起运移[13]。两种物理状态都与水有密切关系。

生油层中的水，主要来源于沉积水和粘土矿物脱水。沉积水是与沉积物一起埋藏下来的原生水，在沉积压实作用下，随着埋藏深度的加大，将逐渐被排出。当埋藏深度达到生油门限深度后，泥质生油岩中未被排出的剩余沉积水，大部分已成为束缚水，可流动性很差，不能成为初次运移的媒介。粘土矿物的脱水是在成岩过程中，在热力作用下蒙脱石转变为伊利石，同时排出层间结合水，这种水可能是初次运移过程中的主要水源。

（一）溶解态

在常温下液态烃在水中的溶解度很低，而且不同组分及碳原子数的烃类在水中的溶解度又有很大差别：芳香烃溶解度大于环烷烃，环烷烃溶解度又大于烷烃；当非烃化合物含量比较高时，其溶解度将大大增加；烃在水中的溶解度随温度升高而增加。因此，在油气初次运移时，部分油气将以溶解态，借助于水的流动而发生运移；

（二）游离态

随着烃类的大量生成，生油层中的油气饱和度逐渐增大，逐渐呈现局部的连片分布，在运移动力作用下，随地层中的原生水从生油层连续运移到储集层。

2.2.2.2 初次运移的动力

初次运移的动力比较多，主要有压实作用、水热增压作用、粘土矿物脱水作用、甲烷气的作用等[13]。

（一）压实作用

生成油气的沉积物在上浮地层重量的压实作用下，孔隙不断缩小，沉积物的体积密度不断增加，而其中的流体逐渐被排出。

压实作用又可分为正常压实和欠压实两类。如果孔隙度随上覆载荷的增加而减少，孔隙流体基本保持静水压力，称之为正常压实。如果孔隙中流体在排出过程中受阻，孔隙度不能随上覆载荷的增加而相应减少，孔隙中的流体将具有高于静水压力的异常压力，则称之为欠压实。在压实作用下，油气将从盆地中心向盆地边缘运移；

（二）水热增压作用

在漫长的地质年代中，随着埋深的增加，温度升高、水体膨胀、压力增加，从而加剧了地层流体的运移；

（三）粘土矿物脱水作用

沉积盆地内常含有大量的粘土矿物，主要成分是蒙脱石、伊利石、高岭石和绿泥石，它们都不同程度地含水，尤其是蒙脱石含水最多。在一定深度范围内，由于热力作用，蒙脱石将失水而转化为伊利石。脱出的水一方面为生油层中烃类的运移提供了深部水源，另一方面由于结合水变成了自由水，体积膨胀，使得生油层的孔隙压力增加，形成异常高压带，成为烃类初次运移的动力；

（四）甲烷气的作用

沉积有机质向烃类转化的整个过程中，都伴随有甲烷气的产生，这些甲烷气一部分可溶于孔隙水，另一部分则保持游离态。随着埋藏深度和温度的增加，生油层中甲烷气的数量不断增多，由于压实作用使生油岩的孔隙变小，渗透性变差，已生成的甲烷气和其他流体不能及时排出，使层内压力不断增加，形成局部高压异常带，一定条件下使生油层产生微裂缝，为油气运移提供了通道和动力。同时，饱和甲烷气的孔隙水在一定压力和温度条件下，可以溶解更多的烃类，溶解的烃类可与游离状态的地层水一起进入储集层。

（五）其它动力

包括渗透压力作用、扩散作用、毛细管力作用等因素。

2.2.3 油气二次运移

油气在储集层内沿断层、裂缝和不整合面的运移以及由于油气藏破坏而使油气重新分布的运移均可称为油气的二次运移[13]。在二次运移中，油气与水共存，除了少量的油气以溶解状态运移外，绝大部分油气均以本身的相态运移。

2.2.3.1 二次运移的动力和阻力

油气的二次运移主要受地壳运动所控制，包括自然界的地质构造运动以及开采过程中人为因素导致的局部地层变形。地壳运动不仅能形成油气运移的各种通道，而且还影响着二次运移的主要动力，如：浮力、水动力。

（一）浮力

油气进入原始饱含水的储集层之后，由于密度差的原因，油气将受到向上的浮力作用。浮力的大小主要取决于连续油块的高度和油水密度差。

（二）水动力

来自于沉积盆地中的压实水流和重力水流。

（1）压实水流：在盆地处于持续下沉、大量接受沉积物的年轻时期，由不均匀的沉积负荷和差异压实作用而产生的水流。水流方向呈离心状，主要是由盆地的中心流向盆地边缘，由深处流向浅处；

（2）重力水流：当储集层露出地表且与大气水相通时，由供水区流到泄水区的水流称为重力水流。水流方向呈向心状，一般由盆地边缘流向盆地中心。

无论是溶解于水的油气，还是游离相态的油气，在水动力作用下都可能发生运移，在不考虑其他因素的情况下，运移方向与水流方向一致。

（三）毛细管力

储层岩石的孔径大多介于0.2～500 μm，属毛细管孔道，因此可把储层岩石内的孔隙系统视为一个毛细管网络。该网络内的孔隙空间最初被水所饱和，二次运移主要是非润湿相烃类排驱储层岩石孔道中的润湿相水的过程，通常毛细管力是油气运移的阻力。

2.2.3.2 二次运移的方向和距离

（一）运移方向

油气二次运移的方向与最小阻力方向一致，运移方向受多种因素控制，如区域构造背景、储集层的岩性、岩相变化、地层不整合、断层、水动力条件等。其中最重要的是区域构造背景，即凹陷与隆起区的相对位置及其发展历史。通常位于凹陷附近的隆起斜坡带易成为油气运移的主要方向，特别是其中的长期继承性隆起带最为有利。

（二）运移距离

油气运移的距离是生油凹陷到油气藏之间的距离。该距离主要受其地质条件控制。如果储集层的岩性、岩相变化小，横向分布稳定，储集层物性好，均质性强或具有不整合面、断裂带等有利于油气运移的通道，同时有充足的促使油气运移的动力条件，则油气可以远距离运移，目前发现的最大距离可达百余公里。否则，运移距离较短，只有几公里。一般情况下，海相盆地中的油气运移距离较大，而陆相盆地中的油气运移距离较小。

2.2.4 油气富集的基本条件

油气富集的基本条件包括：油气来源、生储盖组合、圈闭及保存条件[14]。

2.2.4.1　充足的油气来源

充足的油气来源是形成较大储量油气藏的物质基础。油气来源的丰富程度，取决于盆地内烃源岩的发育程度及有机质的丰度、类型和热演化程度。生油凹陷面积越大、沉降持续时间越长，则可形成巨厚的多旋回性烃源岩和多生油气期，从而具备丰富的油气来源。国内外大型及特大型油气田均分布在面积大、沉积岩厚度大的盆地中。

2.2.4.2　有利的生储盖组合

油气田的勘探实践证明，生油层、储集层、盖层的有效配合，是形成丰富油气聚集，特别是形成巨大油气藏必不可少的条件。有利的生、储、盖组合是指生油层中生成的丰富油气能及时地运移到良好的储层中，同时盖层的封闭质量和厚度又能确保运移至储集层中的油气不会逸散。不同的生储盖组合，其输送油气的通道及输导能力均不相同，因此其油气富集的条件就不同。

例如，当生油层和储集层为互层状的组合形式，由于生油层与储集层的接触面积大，储集层的上、下生油层中生成的油气可以及时向储集层输送，对油气的生成和富集都最为有利。当储集层中有背斜存在时，则油气可从四周向背斜聚集，从而形成丰富的油气聚集。当生油层和储集层呈指状交叉组合时，生油层与储集层的接触仅局限于指状交叉地带，在这一地带的输导条件好，有利于排烃和聚集，与互层相似，而在储集层的另一侧，则只有储集层，缺乏生油层，缺乏油气来源，故其油气富集条件都较互层差。

2.2.4.3　有效的圈闭

在有油气来源的前提下，并非所有的圈闭都能聚集油气。有的圈闭聚集油气，有的圈闭则只含水，属于所谓的“空”圈闭，这样的圈闭对油气聚集而言是无效的。影响圈闭有效性的因素很多，有圈闭形成时间的早晚、圈闭相对位置的远近和水动力影响因素等等。

有效圈闭是指那些圈闭形成不晚于油气区域性运移时间的、位于油源区较近且水动力冲刷影响不大的圈闭。他们不仅具有聚集油气的能力，而且有条件形成油气藏。

2.2.4.4　良好的保存条件

在漫长的地质时代，地壳运动为油气藏的形成创造了很多有利条件。然而，油气藏形成以后能否保存至今，还取决于油气藏是否遭到各种因素的破坏及其破坏的程度。

良好的保存条件包括：地壳运动对油气藏的破坏性不大、岩浆活动对油气藏的保存没有影响、水动力冲刷也没有破坏油气藏的保存。

2.3 油气藏的类型及开发措施

2.3.1 油气藏类型的划分

油气藏是地壳上油气聚集的基本单元，是油气在单一圈闭中的聚集，通常具有统一的压力系统和统一的油水界面[15]。通俗地说，就是“一定数量运移着的油气，由于遮挡物的作用，阻止了它们的继续运移，从而在储层中聚集起来，就形成了油气藏”。

油气藏的分类有若干标准[15]。从开发的角度，有如下分类依据及油气藏类型：

（一）储层孔隙结构：孔隙型、裂缝型、溶洞型及复合型油气藏；

（二）储层岩石类型：砂岩、碳酸盐、岩浆岩和变质岩油气藏；

（三）渗透率：高渗藏、低渗和特低渗油气藏；

（四）油气水分布：带气顶油藏、边水油气藏、底水油气藏；

（五）储层流体性质：藏、凝析气藏、轻质油藏、油藏、重质油藏和高凝油藏。

（六）储层产状：厚油气藏、块状油气藏和层状油气藏；

（七）地层压力系数：异常高压油气藏、异常低压油气藏、正常压力系统油气藏。

2.3.2 不同类型油藏的开发措施

不同类型的油藏，其开发时的设计原则和应采取的主要措施也各不相同[15]。

（一）中高渗大中型砂岩油藏

通常不具备充足的天然水驱条件，必须适时注水，保持地层能量开采，不允许油藏压力低于饱和压力，对稳产期采出程度有较高要求；

（二）低渗砂岩油藏

采取低污染钻井、完井措施。油井完成后，进行早期压裂改造，以提高单井产量。具备注水、注气的油藏，要保持油藏压力开采；

（三）气顶油藏

考虑天然气顶能量的利用。在充分论证的前提下实施气驱开采；不具备气驱条件的宜油气同采，或保护气顶开采。必须严格控制油气互窜，造成资源损失。完井时论证射孔顶界的合理位置；

（四）边底水油藏

若边底水能量充足，则应采用天然能量开采；论证合理的采油速度及生产压差，计算形成水锥的极限生产压差和极限产能，完井时论证射孔底界位置；

（五）裂缝性层状砂岩油藏

掌握裂缝的发育规律，实施人工注水前先模拟研究最佳的井排方向，考虑沿裂缝走向部署注水井，并论证合理的注水强度，防止水窜；

（六）砾岩油藏

通常带有闭合裂缝，在选择注水方式时，应将注水井的井底压力控制在油层破裂压力之下。考虑到注水易发生外溢，要适当增加注采井数比；

（七）高凝油、高含蜡及析蜡温度高的油藏

开发过程中须保持油层温度和井筒温度。注水井应在投注前采取加热措施，防止井筒附近油层析蜡，采油井应控制井底压力，防止井底附近大量脱气，并在井筒采取防蜡、降凝措施；

（八）凝析气藏

当凝析油含量大于200克/方时，须采取保压开采，使地层压力高于露点压力，降低凝析油的地层损失。循环注气时，当采出气体中的凝析油含量低于经济极限时，可转为降压开采；

（九）碳酸盐岩及变质岩、岩浆岩油藏

通常具有双重孔隙介质，且储集层多呈块状分布。要注意控制底水的锥进，制定合理采速实现最大的水淹体积和驱油效率；

（十）稠油

首先论证开发的可行性，筛选开采方法。在条件允许的情况下，尽量采用热采；对于普通稠油油藏，可选择人工注水方式开采。

2.4 地下油气的渗流规律

油气埋藏在地下岩石的微细孔道内，油气的储集空间和渗流通道包括孔隙、裂缝和溶洞。在多孔介质内的流动称之为“渗流”，渗流的特性与自然界江河湖海内的流动及供水和输油管道内的管流均存在较大的差异。

2.4.1 地下油气水的分布

大多数油藏在未开发以前，其中的油气水都处于相对静止的平衡状态，储集层中的油气水分布与岩石及流体性质有关。如果同时存在油气水，由于气最轻，在重力分异的作用下，将占据构造的顶部，称之为气顶，原油则聚集在稍低的翼部，而更重的水则位于油层的下部。由于毛管力的作用，微观上大小不均、润湿性不同的毛细管使得各相的接触面实际上呈现出一种宏观的饱和度过渡接触带。如果油藏外围和地层中的天然水源相连通，则称之为敞开式油藏，天然水体可向油藏供液；如果外围封闭，则称之为封闭式油藏。

根据油气水的分布特征，把位于含油边缘以外的天然水体称为边水，而位于油藏下部的天然水体称之为底水。实际中几乎没有单一油层的油藏，往往是多层油藏，层与层之间的岩性可能存在较大差异，油水、油气界面可能在各层都不一样，因此，在开发油田时，首先应了解油气水的分布状况及其特点。

2.4.2 油藏中的压力

压力是衡量地层能量大小的标志。在石油开发工程上有不同的压力概念。

2.4.2.1 原始地层压力

油藏在投入开发之前，流体通常处于相对静止的平衡状态，此时油藏中的流体所承受的压力称为原始地层压力。若油层倾角较大，平面上展布的各油井的油层中部深度往往各不相同，因此统一油藏内各井点的原始地层压力也存在一定差异。

在第一口探井见到工业油流后，立即关井，测其稳定后的油层中部地层压力，后续每一口探井在正式投产之前都要测试其井点产层中部的地层压力。对于一个油藏，只要其中有一口井投产，原始的平衡状态就被打破，以后测试的地层压力就不是原始地层压力了。实际测试时，压力计往往不能下到油层中部，这时需要根据测点压力及地层压力梯度通过折算得到地层压力。

2.4.2.2 目前地层压力

在开发过程中，将某一油井停产，而周围其它油井继续保持生产，停产井的井底压力将会逐渐升高，并逐渐趋于稳定。此时测得该井油层中部深度的地层压力，称为该井的目前地层压力，习惯上也称为地层静压，简称静压。

2.4.2.3 供给压力

若油藏存在边水供给区，在供给边缘上的地层压力称为供给压力。

2.4.2.4 井底流压

油井在生产过程中所测得的井底油藏中部压力称为井底流动压力，简称流压。

2.4.3 油藏中的驱油动力

油井是油藏中的油气产出到地面的流经通道，原油从地层进入井底的动力是地层到井底的压力梯度，而从井底流出到地面的动力则是井底与进口之间的压力梯度。增大上游压力，例如注水增加地层压力，人工举升增加井底压力，都能增加油井的产量。

2.4.3.1 地层流体流动的驱动力

油藏中的流体在下列驱动力的作用下进入井底：

(一) 外部供给压力

若油藏周围存在与含油区连通的供水区，例如边水或底水，当油藏压力下降后，供水区的压力会以水侵的形式传递到含油区。但地层流体的流动速度很慢，因此对于具有边水的大型油藏，如果仅仅依靠边部水侵补充能量，含油区内部的压力衰竭往往得不到压力补充，导致内部脱气、产量递减等后果，因此会采用人工注水主动补充地层能量。

(二) 岩石及流体的弹性

油藏投产以后，随着地层压力的下降，地层中处于压缩状态的流体会膨胀，在有限孔隙空间内将额外的流体“挤出”到压力较低处，即油井井底。地层岩石及流体弹性释放所导致地层流体的流动称为弹性驱动。研究表明，弹性驱动对油藏采收率的贡献低于10%。

(三) 溶解气的弹性

地层原油中都溶有大量天然气，当地层压力低于饱和压力时，原先溶解的天然气就会从原油中逸出而形成自由气，自由气的弹性膨胀会把油从地层驱向井底，依靠分离出的溶解气的膨胀作用驱油的方式，叫溶解气驱。

(四) 气顶的弹性

对于存在气顶的饱和油藏，油井投产后，地层压力的下降必然会引起气顶压力的下降，从而导致气顶中的天然气膨胀驱动原油流向井底。

(五) 重力作用

在重力作用下，地层流体会从构造高部位流向构造低部位，自油层顶部流向底部。

2.4.3.2 油藏开发的驱动方式

在大部分油藏开发过程中，都同时存在几种驱油动力的作用，只不过在不同的生产阶段，起主导作用的驱动力将会有所不同。在生产过程中主要依靠的驱动力称之为油藏的驱动方式。根据主要驱动力的类型，油藏的驱动方式可分为水压驱动、弹性驱动、溶解气驱动、气顶驱动和重力驱动。

驱动方式也并非一成不变的，在一定条件下可以由一种驱动方式转化为另一种驱动方式。例如：对于存在边水的油藏，若油藏内部的产油量过大，边水的能量补充就有可能跟不上油藏内部的能量消耗，导致油藏内部地层压力迅速下降，低于饱和压力，则该油藏就由高效率的水压驱动转化为低效的溶解气驱动；对于没有天然供水区的封闭油藏，如果采用人工注水开采方式，就可以使弹性驱动或溶解气驱动转化为高效的水压驱动。

2.4.3.3 驱油阻力

储层岩石内部流体的流动主要发生在极微细的孔道和裂缝网络中，流动阻力包括粘滞阻力、惯性阻力和毛管力。由于孔道的微观结构复杂，各处孔道粗细不均，孔道表面粗糙且存在润湿性不同的矿物，因此流动阻力的成因极其复杂、多变。

2.4.4 地下流体的渗流规律

2.4.4.1 地层的渗流能力

储层岩石属于多孔介质，流体在多孔介质内的流动称之为渗流，渗流的规律主要表现为流速与驱动压力梯度之间的关系，而对渗流能力的评价，则主要通过渗透率来表征。

1856 年法国水力工程师达西利用实验装置对填砂管进行了大量渗流实验，得出了在层流条件下多孔介质中的流体渗流速度与能量损失之间的关系，即著名的达西定律[16]，也称为达西线性流方程。实验发现，流量的大小与管子截面积及进出口压差成正比，与填砂管长度成反比，比例系数称为岩石的渗透率。

达西定律发表后不久，人们通过大量的实验研究又发现，当渗流速度较高或较低时，流速与压差之间不再满足线性关系，表明达西线性渗流定律是存在一定适用范围的。

近几十年来，借助微观可视化技术，人们可以通过多种途径观察岩石内部的微观孔道结构，并逐渐开始从微观毛管网络流动的角度研究储层岩石内的流体微观流动规律。

宏观上，通常采用岩石的有效渗透率来描述储层岩石的渗流能力，渗透率高表示渗流能力强，反之则表示渗流能力弱。由于油藏存在显著的宏观非均质性，包括大尺度下能够探测到的和不能探测到的构造裂缝及溶蚀缝、长期冲刷形成的优势通道等，并存在小尺度下的微观非均质性，即孔道内的复杂微观流动环境，因此仅仅通过储层岩石有限取芯的渗透率测试来研究地层的流动阻力是远远不够的，岩心测试只能非常有限地帮助人们认识油藏局部地层内流体的流动能力，但对于一个真实的油藏或一组油水井附近地层内流体的流动规律的认识，还必须结合其他因素及数据进行综合分析，目前大部分油田开发设计与开发实践之间的差距也正是由于对特定油藏地下流体流动规律认识不全面所造成的。

2.4.4.2　水驱油过程

由于自然和人工因素，油藏内总会发生油水两相或油气水三相流动。世界上许多油藏具有天然水驱能力，更多的油藏则是利用人工注水开采。在我国，所有主要的大油田均采用了人工注水保持地层压力的方式开发，油藏中发生了水驱油的过程。

水驱开始后，水逐渐进入含油区，在驱油的同时也向生产井井底逼近。由于储层岩石微观孔隙结构的高度非均质性，水不能完全波及它经过的所有微观孔道，也不能完全将所经过区域的油驱扫干净，而残留剩余油。剩余油的数量和存在的位置取决于地层的水驱非均质性、油水粘度比、水驱油时的压力梯度等因素。

2.5　地质溢油

2.5.1　地质溢油的概念

指以深埋海底储层岩石内的原油为溢油污染源的溢油事故。溢油动力、溢油通道、溢油阶段是地质溢油的三要素。

2.5.2　地质溢油发生的条件

油藏在原始地层条件下，地层压力处于平衡状态，流体处于相对静止状态，不会发生溢油。从水动力学分析，地质溢油的发生必须具备两大条件，即：溢油动力和溢油通道。

（一）溢油动力

封闭水动力学体系内的超压（超过静水柱压力）是地质溢油的动力。超压由地层的压实、过量的注入所导致

（二）溢油通道

对于断块油藏，指的是裂缝或断层的开启，这些通道沟通了油藏与上覆的海底软地层，开发过程中导致通道开启的原因包括钻井泥浆的侵入、钻屑的超压回注及超压注水。

仅有动力，没有通道，则只能继续憋压；而只存在通道，没有动力，油藏内的流体也无法完成流动。油藏内的憋压，是溢油通道开启的诱因和开启的动力，也是地质溢油能够发生和得以持续的动力，而通道内的溢油，又起到了缓解油藏憋压、消耗溢油动力的作用，通过溢油的泄压作用，溢油量将逐渐减弱，甚至使开启的通道重新闭合，溢油过程终止。

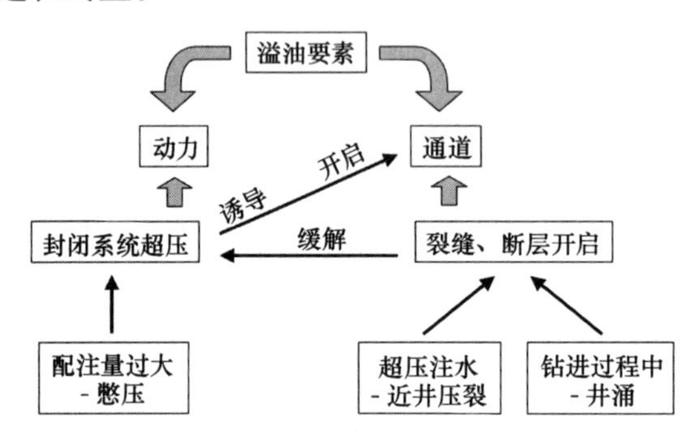

图2－3　溢油的要素分析

岩石多孔介质和流体均具有一定的弹性，使得地层压力的传播过程具有延时性，即所谓的不稳定流动过程。加上地下流体的渗流速度慢、压力响应滞后，将导致超压溢油不易监测和预测，一旦溢油事故发生，其治理效果的响应也会比较慢。地质溢油过程十分复杂，事后处理也非常困难，因此要尽量避免地质溢油事故的发生。

2.5.3　地质溢油的通道

2.5.3.1　溢油通道的类型

（一）地质通道

由于海底地震等剧烈构造运动产生了贯穿或沟通油藏到海底的地质断面；

（二）二次开启通道

过渡注入导致局部憋压，撑开了已经闭合或充填的断层裂缝，从而形成溢油通道；

（三）钻井通道

由于岩石变形及套管破坏，在油井套管与井壁岩石之间产生的缝隙形成了溢油通道。

2.5.3.2　溢油的路径

溢油期间，原油流动的完整路径是：油藏→油藏岩石破裂处→断层通道→海底软地层→海底淤泥→水体→水面→空气。溢油过程中，原油可能会扩散到相邻低压地层中，如果这一过程的泄压导致溢油通道闭合，则最终地质溢油不会进入海洋水体导致污染事故。造成海洋石油污染的地质溢油指的是溢出原油渗入到海底软地层和上覆淤泥层中，并扩散到海洋水体，漂浮到海面形成油膜，最终挥发到空气中。

从地层岩石体溢出的原油最先接触到软地层，在软底层内滞留一定量的油污后，在溢油动力的推动下，继续进入到覆盖海底软地层的淤泥中，随着原油的不断涌出，软地层及海底淤泥中的原油聚集体逐渐扩大。一些重质油污（如沥青质）将附着在海底淤泥和动植物上，另一部分轻质组分则在浮力作用下进入水体，并向海面飘去。深水具有很大的压强及较低的水温，溢出的气体将转化为水合物。

溢油在海洋水体中的上浮运动受潮流速度影响很大。当潮流速度较小时，油滴迅速上浮至海面形成油膜，初始油膜距溢油口水平距离较短，此时浮力对油滴上浮运动的影响处于主导地位；当潮流速度较大时，溢油在上浮过程中将在水体中随水流漂移一段距离，潮流的影响处于主导地位。潮流速度越大，油滴漂移距离越长，在海面形成油膜的位置距离溢油口的水平距离就越远，形成的污染带范围越宽，溢油的控制回收工作难度也越大。

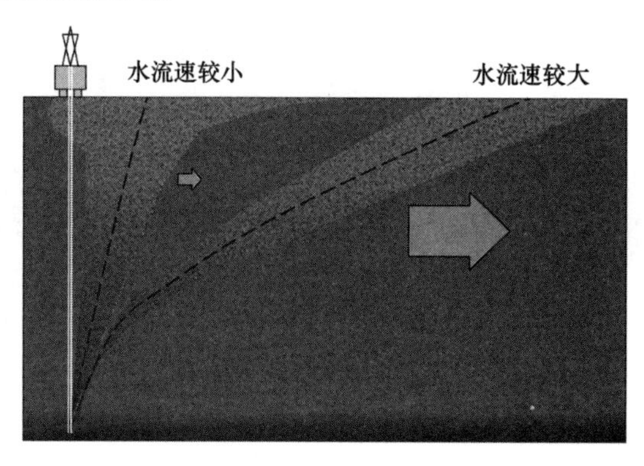

图 2.4　水下溢油形成的羽流

地质溢油在水体中上浮规律的主要影响因素包括：溢油点、油水密度差、海水的盐度、海水温度、不同水深的潮流速流、水面的波动情况、海面风向及风速等。

2.5.4　地质溢油的阶段划分

根据溢油动力的特征，地质溢油过程可分为压力泄油阶段和浮力泄油阶段。

2.5.4.1　压力泄油阶段

地质溢油发生时，在溢油的同时也消耗了油藏的压力。根据力学原理，随着油藏压力的下降，地层岩石受到的地层挤压作用会逐渐增大，当溢油源泄压到一定程度，泄油通道会在压实作用下逐渐关闭，压力泄油的持续时间及溢出原油总量取决于溢油前地层的憋压水平、地层岩石的弹性、泄油通道的形态、泄油通道内的连通性、溢出原油的流动能力等；

油藏从初始状态到发生压力泄油共经历以下3个过程：

（一）原始状态

地层压力处于静平衡状态，断层处于压实封闭或充填封闭状态；

（二）平衡或欠平衡状态

油藏投入开发以后，在未注水或累积注采比不大于1的前提下，油藏处于压力平衡或欠平衡状态，没有出现憋压，断层依然能够密封原油；但对于地层流动性较差的油藏，过快的注入速度可能导致局部区域憋压，增加开启断层缝的风险；

（三）过平衡状态

当油藏累积注采比大于1，地层出现憋压，断层面临被开启的风险；当憋压达到断层的开启压力，断层被撑开，成为泄油（或泄水）的通道。

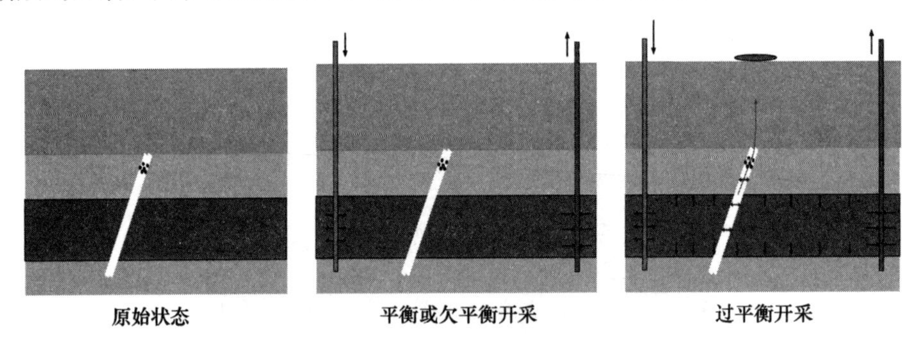

图2.5　地质溢油的压力泄油类型

2.5.4.2　浮力泄油阶段

溢油动力是油水密度差产生的浮力，溢油速度和溢油量取决于压力泄出原油的存在位置、存在形式以及油水密度差异。

压力泄油阶段时间较短，而浮力泄油阶段时间长。相对于海面及水体漏油事故，地质溢油过程因其具有长期性和隐蔽性的特点，在预防、监测和治理方面都存在着更大的困难。

2.5.5　地质溢油的防治对策

从海上石油开采工程的角度，总是希望具有较高的开采速度，以实现海上平台较短的投资回收期和较高的经济效益，要求油藏能够具有并保持较高的地层压力，从而使单井能够达到较高的产油量，因此会采用注水保持地层压力的开发方式。但从地质溢油的角度分析，较高的地层压力正是地质溢油发生的重要前提之一。

当代海上石油的高效开发总是与地质溢油隐患共存，必须加强对地质溢油事故风险因素的重视程度，充分论证开采过程中地质溢油的各项成因及其风险水平，并从预防地质溢油的角度，对开发过程和各项生产措施进行充分的论证，提出安全原则及建议，从而最大限度减小地质溢油带来的生态危害风险。

3 海洋油气开发的溢油风险分析

3.1 海洋油气开发的特点

由于海洋环境的特殊性，海上石油开采具有环境恶劣、空间狭小、技术密集、投资大、周期短、风险高等特点。

3.1.1 自然环境恶劣

海浪、海冰与台风、季风的综合作用对油气开采设施将产生巨大的破坏力，以致影响海上正常作业和油气井的正常生产。很多自然灾害至今也无法抗拒，只能通过加强气象预报的准确性，做好积极的防范工作。危及海洋石油开发的主要自然灾害包括：

（一）海冰：推倒平台

（二）海浪：导致构建物疲劳损害，减少构建物的寿命

（三）潮汐：导致钢结构腐蚀严重，影响运输

（四）海流：导致海底管线的弯曲

（五）热带气旋：造成人工岛大面积进水

恶劣的自然环境可以造成非人为因素的溢油事故，如：1974 年密西西比河口附近发生两座石油钻塔的颠覆事故，导致石油的溢油，事故起因正是飓风导致的海底滑坡。

3.1.2 平台空间有限

海上平台空间狭小，油井作业困难。工程设施小而全，除了与陆上油气田开发生产相同的必需设施外，还增加了生活设施和自救设施，给方案设计增加了难度；而且由于空间狭小，设备布置紧凑，作业的风险也更大，有时会因为一些很小的事故而带来严重的后果，当发生溢油事故后，对溢油的处理能力非常有限。

3.1.3 工具装备技术要求高

平台空间狭小要求油气田的设备必须集中布置，地面和水下装备、工具、井下

设施必须考虑防风浪、防雷电、防溢油、防火、防爆、防腐蚀、防冰、防撞击等。

3.1.4 不确定性因素多

由于海洋地域广阔，人类对海洋的认识非常有限，对海洋气候的综合影响作用、海底地貌、地质环境及其变化规律等的认识还非常不足，给油气田的安全生产带来很大的不确定性。例如，上海东海平湖油管线在岱山登陆段受海底地貌变化和海流的影响出现断裂，对油气田的生产产生巨大损失，也给海洋环境造成污染。由于对海底地质不了解，钻井船和平台的就位和安装等也面临诸多设计风险，例如泥底钻井平台容易移位。

3.1.5 降低成本和技术创新带来高风险

从生产管理和开发效益的角度，需要促进石油企业的技术创新，并不断降低成本。但在技术和安全存在许多不确定因素的前提下，也会给海上油气开采带来较高的事故风险。

3.1.6 人员素质要求高

在前期论证阶段，地质油藏人员需要比较准确的地质油藏描述，并判断其风险程度，钻完井和工程设计人员要结合地质油藏的需要，优化出经济可行且安全的工程方案；

在建设阶段，工程人员要进行严格的项目管理，保证按时、按质完成任务。因此需要各方面人员具有丰富的知识和经验；

在生产阶段，由于平台空间有限，技术和操作员的数量受到限制，需要人员技术全面。

3.1.7 开采周期短

海洋环境对钢材有严重的腐蚀作用，海水中生存的大量生物和微生物，通过侵蚀或附着作用，会对钢结构平台的使用寿命产生影响，间接造成平台坍塌及溢油事故。

3.1.8 对交通运输有特殊要求

一支海上钻探队伍，需要配备一支能满足各方面需要的船队，包括具有输水、输油、运废物能力和载运钻井器材物资的三用工作船，保障海上安全作业的守护船、消防船以及人员往返所需要的直升机和客轮。在运输过程中也存在船舶溢油的风险。

3.1.9 需要陆地基地的支持保障及海上应急救助

海上救援涉及的方面多，从平台的防范，险情出现之前的预报，到险情发生后的及时救援，都是一个不可分割的系统工程。同时还需要得到社会诸多部门的帮助，彼此协同工作，形成整体力量。当溢油事故发生时才能有效做出反应，及时控制溢油事故的扩大。

3.1.10 安全管理和环境保护要求高

海上溢油后污染面积大，污染作用时间长，清理困难，对生态破坏非常严重，因此要求有更高的生产管理和环境保护措施。

3.2 油气勘探阶段的溢油风险及防治

3.2.1 勘探井钻井

油气勘探阶段能引起溢油的环节主要集中在勘探井钻井过程中。

勘探井钻井过程中，由于还没有积累该区块的地层资料和钻井经验，在钻遇高压地层和储层发育裂缝时，容易使井底压力系统失衡，导致溢流、井涌甚至井喷等溢油事故发生。另外，在中途测试时，也要注意防止分隔器失效造成的溢油。

3.2.1.1 钻遇异常高压地层导致溢油

（一）异常高压地层的定义

地层压力是指岩石孔隙中流体的压力，亦称地层孔隙压力。正常的地层压力等于从地表到地下某处连续地层水的静液柱压力：

$$p_h = 0.00981\rho H$$

式中：

p_h—静液柱压力，MPa

ρ—液体密度，g/cm3

H—液柱垂直高度，m

由于地质因素，地层压力高于正常地层静水压力趋势线的地层流体压力，这样的地层被称作异常高压地层。

（二）异常高压地层的形成机理

（1）欠压实作用导致的超压

主要存在于持续埋深的沉积盆地中；在正常压实作用过程中，随着孔隙容积的减小，地层中多余的流体将被排出，压实与流体排出达到平衡，不会形成异常高压。但在快速沉积过程中，上覆负荷急剧增加，孔隙容积趋向于快速减小，流体的排出速度无法平衡孔隙容积的减少，部分流体将滞留于孔隙中。当继续埋深时，上覆地层载荷增加，地层中的流体将承担一部分负荷压力，岩石颗粒有效应力减小，从而流体压力高于静水压力形成超压。

（2）油气生成作用导致的超压

主要存在于密闭良好的油气储层；干酪根生烃过程实际上是一个有机质总体积增加的过程。所以，在密闭体系中，烃类的形成对增压极为有利。干酪根在向液态、气体、残留物和副产品的转变过程中，伴随的体积膨胀达25%。当温度升高时，由于气体的膨胀，将使生油层中的异常高压进一步提高。

（3）流体热膨胀作导致的超压

主要分布在地温较高的地层深处；地层各种流体在热力作用下均有膨胀的性质。在孔隙容积不变时，温度提高必然导致孔隙压力增大，形成异常高压。在地质历史过程中。随着埋深的增加。流体的温度将增大。如果孔隙空间处于封闭状态。则在更高的温度下。必然造成孔隙流体压力的升高。

（4）矿物成岩作用导致的超压

主要分布于粘土矿物大量发育的地层；在成岩作用过程中，有些矿物会脱出层间水和析出结晶水，增加储层流体的数量，引起压力升高。如黏土矿物常常含有大量的蒙脱石，而这些蒙脱石则含有大量的晶格层间水和吸附水，随着沉积物不断地增加，埋深不断加大，地层温度也不断升高，当温度达到蒙脱石的脱水门限时，蒙脱石将释放大量的晶格层间水和吸附水，并向伊利石转化。石膏向硬石膏转化时也排出多余水。如果这种排水被限制在一个封闭的体系内，必然造成孔隙压力的升高，形成异常高压。

（5）构造作用导致的超压

主要分布于区域性的抬升和隆起；由于某一深度下的正常压力系统整体抬升，而压力保持原状或由于温度降低引起的压力下降速率低于静水压力梯度，则在相对浅层造成超压系统。

（6）流体渗透作用导致的超压

半渗透性的页岩与含盐度较高的储层接触带；渗透作用是由于2种不同矿化度的地层水之间在进行离子迁移平衡过程中所产生的压差而引起的。如果孔隙水中的离子被起半渗透膜作用的黏土所滤出，那么当达到平衡时，在膜的流入侧，其孔隙压力一定非常高。

（三）异常高压地层的钻井安全对策

（1）建立本区块较为精确的压力剖面，特别是对异常高压层应有明确的提示，井身结构的设计应有针对性，确保钻遇异常高压层时的压井泥浆密度与裸眼井段的漏失当量密度之间有较大的窗口，避免压井时井喷的出现。

（2）新探区在缺少相关资料的前提下，钻进中要跟踪检测地层压力的实时变化并根据跟踪结果及时调整钻井液密度以保证井下钻井的安全。

（3）根据地层压实程度、渗透率、孔隙度等参数研发与地层配伍的高密度随钻堵漏钻井技术。

（4）发现异常高压地层的不确定因素

对于预探区，由于几乎没有测井、录井、测试资料，所以只能依靠地震层速度来进行地层压力的预测而钻前预测的主要方法是地震。

1）中频地震的分辨率为 20 m 左右，对于薄的砂泥岩互层则无法分辨。因此，用地震层速度预测地下异常地层压力，实际上是对一个异常压力段的预测；

2）利用地震层速度计算地层压力时，在上覆压力及孔隙度计算中引用了经验算法，对孔隙流体和岩石骨架密度、速度以及岩石骨架泊松比都进行了近似取值，加上地震层速度获取过程中由于资料质量、求取方法及人为因素带来的误差对压力预测的可靠程度都会造成比较大的影响，其综合误差是不可忽视的；因此需要利用钻井试油过程中获得的实测压力资料对对预测结果进行校正，比较合理的做法是收集尽可能多的实测压力资料，在全区建立平面上的误差分布区面进行整体校正。

3）利用地震手段进行压力预测的理论基础是欠压实理论，但欠压实并不是异常压力的唯一成因同时，层速度的低异常，也并非只有异常高压所能致另外，地层压力的计算模式也往往具有区域性。对于深井、超深井，由于埋深大、地下地质条件复杂如火成岩的屏蔽、盐膏层的影响等，会造成地震资料信噪比低，难以获取准确的层速度。

3.2.1.2 钻遇裂缝性地层导致溢油

（一）钻遇裂缝的地质溢油过程

不论是钻遇裂缝时，出现钻井液漏失，还是气液密度差异的存在，气体不断侵入井筒，出现诸如置换性漏失的储层漏失，都会使钻井液柱有效压力降低，不足以平衡地层压力。当钻井液柱压力下降到一定程度时，地层油气就会沿井眼喷成，导致溢油。

（二）裂缝的地质成因类型

在勘探、开发初期，地层没有受到人为应力作用或者诱导，地层发育的裂缝为天然裂缝。从地质的角度分析，裂缝的形成收到各种地质作用的控制，如局部构造作用、区域应力作用、成岩收缩作用、卸载作用、风化作用，甚至沉积作用，在不同的地区，可能有不同的控制因素。裂缝类型可以分为构造裂缝和非构造裂缝。

（1）构造裂缝

构造裂缝是指局部构造作用所形成或局部构造作用相伴生的裂缝，主要是讨厌断层和褶皱有关的裂缝。

1）褶皱构造的成因随褶皱演化过程而演化并与褶皱构造的部位有关。不同构造部位受力性质不同，形成的裂缝类型也不同。构造曲率变化大的部位，是裂缝发育的最佳部位。

2）断层与裂缝在成因上关系密切。断层形成时，在其两侧产生大量裂缝而形成断裂带，这是因为在断层附近地应力集中分布的结果。

（2）非构造裂缝

地层沉积以后经历各种成岩过程，有些成岩作用到时地层裂缝形成：

1）压实－压溶裂缝：在上覆岩压作用下，脆性岩石大多会形成高角度或垂直的张性裂缝；受岩石岩性和组构的影响，有时会形成一些低角度或水平的隐性裂缝；碳酸盐岩的缝合线，经常会转化为裂缝，碎屑颗粒被压裂形成粒内缝。

2）收缩裂缝：收缩裂缝是岩石总体积减小相伴生的张性裂缝的总称。这些裂缝的形成与构造作用无关，为成岩收缩缝。形成这些缝的主要原因有：干缩（形成干缩裂缝，即泥裂），脱水作用（形成脱水收缩裂缝），矿物相变（形成矿物相变裂缝）和热力收缩作用（形成热力收缩裂缝）。

3）层理缝：层理缝主要为具剥离线理的平行纹理层间裂缝，由沉积作用和构造应力综合作用形成。这类平行层理为强水动力条件的产物。

4）卸载裂缝：卸载裂缝是由于上覆地层侵蚀而诱导的裂缝。

5）岩溶裂缝：溶洞发育过程中或溶洞形成以后，由于上覆地层自身重力作用，通常在溶洞的顶部发生坍塌，同时形成裂缝。

另外，裂缝形成后，溶解流体可沿裂缝发生选择性溶蚀作用。从而使裂缝宽度加大而且形状很不规则，这类裂缝可称作溶蚀裂缝。

（三）钻遇裂缝的地面监测

由于各个裂缝的发育程度、连接程度及裂缝充填物性质等不同，在地层内形成了错综复杂的漏失通道，在钻进过程中会出现不同情况的钻井液漏失。在地面监测会出现以下现象：

（1）正常循环情况下，钻井液由井口返出的数量减少，严重时井口不返钻井液。泥浆池的液面逐渐下降甚至很快抽干而中断循环。

（2）有时会发生钻速突然变快或钻具突然放空。

（3）泵压明显下降。漏失越严重，泵压降低越显著。

（四）发现裂缝的不确定因素

（1）由于裂缝的成因复杂，所以导致了裂缝分布复杂、规律性差，难以准确掌握地层裂缝的分布情况。

(2) 受到观测、探测手段以及研究方法的限制，现有的储层裂缝识别与预测方法和手段存在不足：

在裂缝识别的方法中，目前还没有一种方法能单独有效地用于裂缝预测。由于地质因素变化的多样性，用于裂缝预测的理论都存在简单化、理想化的特点。几乎都是定性的预测。所谓的定量，也只不过是用一个简单的数据对一个区域的裂缝发育程度进行分区而已。

3.2.1.3 钻进过程中气侵导致的溢油

(一) 气侵的途经与方式

气侵的途经和方式主要有如下四种：

(1) 直接侵入

指随着岩石破碎，与钻头直接接触的岩石孔隙中的气体进入井筒；

(2) 扩散侵入

由于地层中气体浓度和井筒中气体浓度的梯度差引起，是气体分子的随机热运动导致的传质过程；

(3) 置换侵入

钻遇大裂缝或溶洞时发生，由于气体流动阻力小，储层中的气体会迅速地涌入井筒；

(4) 负压侵入

当井底压力小于地层压力时，气体由气层以气态或溶解气大量地流入或侵入钻井液。

(二) 气侵导致溢油的过程

除置换侵入，会出现大量气体突入侵入，形成溢油，并发生井涌甚至井喷外，气体侵入钻井液，通常是以微小气泡吸附在钻井液颗粒表面，随着钻井液翻出地面。

由于气体是可压缩的，气泡在上升过程中所处的压力不断减小，体积就不断的膨胀增大，所以气侵钻井液密度在不同深度是不同的。即使反至地面的钻井液气侵非常严重，密度下降很多，而井内钻井液柱压力减小却不会很大。

如果采取及时有效的除气措施，保证泵入的钻井液维持原有密度，就不会发生井涌和井喷。如果未采取及时有效的初期措施，让气侵钻井液泵入井内，在负压作用下，环空钻井液会不断的受到气侵，则井内钻井液密度不断减小，最后失去平衡，导致井涌和井喷。

(三) 气侵的早期监测

由于气体侵入井筒后沿井筒滑脱、运移呈现的早期缓胀、后期快胀的特征。气侵早期泥浆池液面、返出流量均达不到设定的预警水平而检测不到。泵压受仪表量程精度限制，也很难看出变化。

所以目前采用井下随钻测量技术，即实时采集随钻测井（LWD）、随钻压力测井（PWD）随钻测量参数，将其绘制成曲线，对比正常趋势线，结合录井参数，辨别岩层、流体、地层压力情况。当井下压力变化特征符合气侵特征，则进入气侵的预警状态。

3.2.1.4 起下钻过程导致溢油

（一）起下钻过程中导致溢油的机理

（1）影响井筒压力系统平衡导致溢油

管柱在充满钻井液的井内运动时，由于钻井液的粘滞作用，会使钻井液在井内的运动速度小于钻柱的运动速度，从而会产生附加压力。

起钻过程中产生的附加压力称为抽汲压力，是向井口方向作用的力。抽汲压力的产生会减小井内液柱压力，而破坏井底的压力平衡，导致溢油的发生。

下钻过程中产生的附加压力称为激动压力，是向井底方向作用的力。激动压力产生会使井底压力增大，当大于地层破裂压力时，会压漏地层。

钻井液进入地层，导致液柱压力减小，从而引起溢流。所以，要避免起下钻过程中导致的溢油，首先是要控制井筒中，钻井液的液柱有效压力必须不小于地层压力，防止井喷；且必须小于地层破裂压力，防止压裂地层发生井漏。

（2）井底形成气柱导致溢油

由于起钻时的抽汲作用和起钻后长时间停止循环，天然气在井底聚集形成气柱，气柱在井中上行，或者被循环钻井液推着上行，这是气柱体积就会不断膨胀，井底压力逐渐降低。气体上行至井口附近，气柱膨胀压力足以把上部钻井液顶出时，气柱上部钻井液及气体全部喷出井外，产生钻井液自动外溢，这是常造成井喷的重要原因。

（3）灌注泥浆不及时导致溢油

起钻时，由于井内钻具的起出而使钻井液面下降，如不及时灌注钻井液，就会由于井筒内液柱压力的降低而引起溢流。

（二）起下钻过程中的钻井液柱有效压力计算

起钻的同时关泵，钻井液停止循环，失去循环压力，此时井内钻井液动压力的值就是钻井液静液柱压力与抽汲压力之和。

管柱起钻引起的环空流速计算公式为：

$$\overline{V_{起}} = \left(\frac{d^2}{D^2 - d^2} + K_c\right)V_p$$

式中：

$\overline{V_{起}}$—起钻时，环空钻井液流速，m/s

V_p—钻柱运动速度，m/s

K_c—流体粘附系数，无量纲

Q_p—钻井泵体积流量，L/s

抽汲压力压力计算公式

$$p_{sw} = \frac{0.196 f \rho_m \overline{V_{起}} L}{D - d}$$

式中：

p_{sw}—抽汲压力，MPa

f—摩阻系数，无量纲

L—运动管柱长度，m

D—井眼直径，m

d—管柱外径，m

所以，起钻关泵时，钻井液柱有效压力为：

$$p_{m起} = \rho_m g h + p_{sw}$$

式中：

$p_{m起}$—起钻时钻井液柱有效压力，MPa

下钻时采用开泵的假设条件，此时井内钻井液动压力的值就是钻井液静液柱压力与激动压力之和。其计算过程和起钻工况下井内钻井液动压力的计算过程相同，只是钻柱运动引起的环空流速计算公式有差别，下钻开泵时环空流速表达式为：

$$\overline{V_{下}} = \left(\frac{d^2}{D^2 - d^2} + K_c\right) V_p + \frac{4Q_p}{\pi(D^2 - d^2)}$$

式中：

$\overline{V_{下}}$—下钻开泵时环空流速，m/s

所以下钻开泵时井内钻井液动压力为：

$$p_{m下} = \rho_m g h + p_{sg}$$

式中：

$p_{m下}$—下钻时，井内钻井液柱有效压力，MPa

p_{sg}—激动压力，MPa

影响波动压力的众多因素中，重要的是控制起下钻速度。在已知地层压力、地层破裂压力的条件下，可以求得起下钻时所允许产生的最大波动压力，进而反推到得许用的最大起下钻速度。

3.2.1.5 勘探井钻井溢油预防措施

（一）钻开油气层前

作业者应在平台上储备 100～150 吨钻井液加重材料，做好防喷压井准备工作。守护船也应储备 100～150 吨钻井液加重材料，以便在应急情况下补充给平台。

（二）钻开油气层前 100 米

通过钻井循环通道作一次低泵速试验，以后每班都应做循环通道的低泵速试验，取得压井的有关数据，并记录在日报表和监督日志上。浮式钻井船在低泵速试验时，要考虑阻流管汇压力损失对压井的影响。

（三）注意监测溢油信号。

3.2.2 勘探井试油

钻井完井后，对可能出现油气的地层射孔，利用一套专门设备和方法，降低井内液柱压力，诱导地层中的流体流入井内，对流体和顶层进行测定的工艺过程称为试油。探井试油作业一般采用分层测试，从下到上，试完一层封闭一层。试油工作包括诱导油流和取得试油资料两个步骤，对于射孔完井的井要先射孔，然后再进行试油。试油层位主要根据钻井地质资料确定，对于一些多油层的井要分层进行试油，每试一层时，用封隔器将其他的油气层隔开。

试油是认识油、气层的基本手段，是对钻井地质录井、地球物理测井的解释确认，是评价油、气层的关键环节。探井试油的主要目的是了解地层的真实生产能力。

在试油过程中，可能导致溢油的原因有射孔作业，封隔器失效，诱导油流。

3.2.2.1 封隔器失效导致溢油

（一）封隔器的功能

封隔器主要用于封隔产层或者施工目的层，防止层间流体和压力相互干扰；隔绝层间液体和压力，以保护套管免受影响，从而改善套管工作条件；保存并充分利用底层能量，提高油井生产效率。所以，当封隔器失效，就会影响套管，在封隔器与管柱之间会形成溢油通道，封隔器底层流体在压差作用下通过溢油通道流出，导致溢油。

（二）封隔器失效的原因

（1）管柱抽汲蠕动的影响

当泵下带有封隔器时，泵的位移会发生上下移动，由于管柱两头被锚定，其振幅相对变小而已，当生产参数不变时其蠕动距离是个固定值。泵封之间距离越小则管柱蠕动时作用在封隔器上的力越大，又由于平常封隔器多为单向卡瓦封隔器，久而久之，导致卡瓦位置滑动，封隔器胶皮失效；

（2）卡封层段的影响

若油井生产层与卡封层之间经多次重力作业座封，则套管易受到损伤变形。卡封使得局部套管内径变大，形状由原来的圆形变为不规则形状，当封隔器胶皮胀开后胶皮与套管之间存在间隙，不能有效的封堵油套空间，导致卡封失效；

（3）层间压差效应的影响

当下部卡封层为高压层而上部生产层为低压层时，由于层间压差过大，在下部高压层的顶托力的作用下，封隔器卡瓦牙易向上滑动，从而导致封隔器失效。

（三）封隔器失效的预防措施

（1）采用泵上管柱锚定技术消除蠕动效应

由于泵上油管的伸长与泵下油管的压缩量相同，若在紧接泵上位置下入油管锚定装置，使泵的运动造成的管柱伸缩被套管承担，能在一定程度上消除了管柱伸缩造成的封隔器蠕动；

（2）采用丢手管柱技术消除蠕动效应

针对泵靠近封隔器的井，将封隔器丢在井内，并将泵上油管在拉伸状态下锚定；

（3）应用耐高压封隔器解决压差效应。

3.2.2.2 诱导油流导致溢油

（一）诱导油流的目的

当油气层被钻穿以后，并非所有的油井都能立刻见到油流，甚至有些高压油气层，油气也很难畅流入井。其主要原因是：井内液注压力大于油层压力，或在钻井和固井（射孔完井法）过程中，油层被钻井液和水泥浆污染和堵塞，渗透率被严重破坏，或油层原始渗透率很低。因此，与取得试油资料，首先要把油气诱导至井底。

（二）诱导油流的方法

（1）降低井内液注压力

属于这一类的方法有：替喷法、气举法、抽汲法、提捞法。替喷法和气举法得实质是降低井内流体比重，从而达到降低井内液注压力的目的。而抽汲法和提捞法则是直接降低井内液注高度。

（2）增大油流通道，改善油气层渗透率

属于这方面的渗流方法有：地层酸处理法、地层水力压裂和井下爆炸等。

（三）油流诱导应该遵循的原则

（1）缓慢而均匀的降低井底压力，以防止压力波动破坏油层结构而造成油层出砂及油、气层坍塌；

（2）有排出井底和井底周围的赃物，解除近井地带的污染，以利于排液；

（3）最大掏空深度应小于套管的抗外挤强度；

（4）建立足够大的井底压差。

（四）诱导油流导致溢油的机理

由于油流诱导要使井底压力低于油层压力，才能使油气从地层流入井中，若诱导操作使井筒平衡变化太快，易造成溢油，特别是含有高导流裂缝时，试油时易造成井喷。

3.2.2.3　射孔作业导致溢油

（一）射孔作业的定义

射孔作业是指利用炸药的聚能效应，使用特定的爆炸方式在套管和水泥环上穿孔已形成油气储层与油气井间的流动通道。

（二）射孔作业导致溢油的机理

射孔后，套管内的应力随射孔孔径、射孔密度的增加而增大，并使套管的抗拉、抗压强度降低，容易造成套管损坏，进而形成溢油通道。

（三）射孔井控要求

（1）设空前在四通上安装射孔防喷器并安设计进行试压合格；

（2）射孔前要灌注符合设计的压井液，确保液柱压力不低于生产层与拟射地层压力；

（3）应密切观察井口油气显示，发现有井喷预兆，应根据实际情况采取果断措施；

（4）射孔过程中，发现溢流，立即停止射孔，采取相应措施；

（5）射孔作业时，若井漏失严重，必须停止射孔作业，起出枪身。

3.3　生产井钻完井阶段溢油风险及防治

钻完井作业是通过专门的装备和工艺技术，开凿一条由地面管线处理设备连接油藏或水层的通道，将钢管作为通道下入井眼，并用水泥将钢管与地层之间空隙进行凝固封堵，在对拟开采的油气层射孔将地层的一种工程行为。

依据钻完井工作状况可以将其大致分为钻井、起下钻、测井、中途测试、固井、完井测试等阶段。在这些阶段，都有可能发生溢油。

3.3.1 生产井钻井

与勘探井钻井相同，生产井钻井过程中的油气水侵、起下钻过程也会导致溢油。此外，由于已经积累了该区块的地层资料和钻井经验，不易钻遇高压地层和裂缝性储层。但是在注水开发过程中，由于开发区注水是的局部压力升高，从而造成地层压力的分布不确定。海上石油井一般采用丛式井，井间距小，密度高，一定程度上增加了井眼交碰的可能性。

3.3.1.1 钻遇异常高压地层导致溢油

（一）注水诱发压力异常的机理

（1）层间差异

由于产层的物性条件（产层厚度、渗透率等）不同，产层注采平衡程度、井网控制程度不同，导致注入水在各渗透层的推进速度产生差异。注采平衡的产层形成常压层；注少采多的产层形成欠压层；注多采少或只注不采的产层形成高压层或憋压层。这样，在同一井眼系统内则有可能形成多套压力层系；

（2）层内差异

在同一砂层内部，纵向上的渗透率和孔隙度不同，水淹程度和驱油效果亦不相同。注水初期，渗透率高的水层水线推进速度快；随着时间的推移，注水量增加，水层中水线推进速度越来越快，压力愈来愈高，形成异常高压区，造成同一砂层内部孔隙压力产生差异；

（3）平面差异

在同一单层内，由于砂层在平面上的非均质性及井网对产层的控制和适应情况不同，导致注入水在平面上不能均匀推进，引起同一单层内各井点之间发生差异。在注水井端，注入水沿高渗透带形成局部突进，在低渗透区则绕行，使高渗透区水驱程度高，开发效果好，而低渗透区水驱程度低，开发效果差。不同水淹程度的交叉分布，造成了高压区和低压区在相同层位不同平面井点的压力异常。

（二）形成异常高压地层的预防和处理

形成异常高压的原因有多种，因此必须综合分析调整井所钻区块的地层特征、周边注水井的注水参数等，针对不同情况采取相应的技术措施。

（1）注水井提前关井停注

在调整井钻井过程中，相应注水井提前关井停注泄压，可合理调整注水层地层孔隙压力，避免钻井过程中出现井涌、井漏等现象。

（2）注水井关井泄压

包括：在调整井钻达注水层位前，有影响的相邻注水井关井停注，通过自然方式或井口回水管线泄压；在调整井钻进中发生严重出水外溢现象时，停注部分注水井，调整井停钻关井，等待地层泄压。

（3）开展邻井资料研究

在施钻前，综合分析邻井的钻井资料、测井资料、注采生产动态资料、邻井生产套管腐蚀情况、固井情况等，尽可能对调整井的地层压力分布、地质变化等做出较为准确的预测，以便合理地确定钻井液密度。

3.3.1.2 井眼交碰导致溢油

（一）井眼交碰导致溢油的机理

在丛式井钻井过程中，井眼交碰是丛式井钻井过程中最为突出的问题。井眼交碰是指新钻井眼轨迹与已钻井眼轨迹在空间发生相交汇于一点或多点的现象。井眼交碰会造成套管破损、钻井液漏失；如果钻入的邻井正在生产过程中，则会导致原油从新钻井眼中溢流。

（二）导致井眼交碰的风险因素分析

（1）测量误差

在小井距条件下，测量误差是防碰技术中不可忽视的因素。井眼轨迹的误差主要来自于测量误差。对于确定的测量类型，其误差主要是系统误差。深度测量误差会影响到角度测量的误差。由于深度测量误差本身是属于系统性误差，因此，所造成的角度测量上的误差（井斜角、方位角和工具面角）也相应地表现出系统性；

（2）计算误差

井眼的空间位置确定需要根据测斜数据采用某种测斜计算方法得到，但是目前的测斜计算方法都是建立在一定的假设模型基础上推导得到的，在多数情况下并不能符合实际的井眼轨迹形状。这种近似造成了计算误差，确定这种误差的分布特征对于井眼轨迹误差的整体分析是十分必要的。

（3）钻井技术水平

即使在钻井设计中考虑了各种防碰措施，仍然存在技术难以控制的因素。比如直井段防斜措施并不一定完全有效。即使井斜很小，但在一个方向，在井深达到一定程度时，井眼位移也会偏差很多，远远超出了井口之间的距离。

（三）防止井眼交碰的措施

（1）造斜点应里深外浅，错开 30 m 以上，位移大的井应在外围，位移小的在里排；

（2）根据方位依次布井，避免井眼轨迹的交叉吗，如果技术需要，可以设计预定向方法在条件允许的情况下，造斜率也应当由外向内适当减小提示与邻井可能交碰的最小距离和可能位置，做好各种防碰绕障的施工预案

3.3.2 固井作业

固井作业是为了加固井壁，保证继续钻进，封隔油、气和水层，保证整个开采中合理的油气生产，为此下入优质钢管，并在井筒和钢管环空之间填好水泥。

固井作业涉及套管、水泥浆浆体性能设计、注水泥现场施工、水泥胶结质量等方面。

3.3.2.1 下套管过程导致溢油

下套管就是将单根套管及固井所需附件逐一连接下入井内的作业。

（一）套管的作用

（1）防止井塌，防止钻井液与井壁的过度冲蚀；

（2）防止淡水层、低压力层被污染；

（3）防止油气泄漏；

（4）控制油气入井量；

（5）为控制井内压力提供条件；

（6）以便安装采油人工举升装置；

（7）为油气流动提供通道。

由套管的作用可知，如果在下套管的过程中，套管出现了断裂、挤毁等复杂情况，便会产生溢油通道，导致原油溢出。

（二）下套管前的准备

（1）下套管前，必须下钻通井，下钻到底循环钻井液不低于两周，充分活动钻具，将井底钻屑携带干净，钻井液以维护为主，一般不做大幅度的调整，起钻时控制起钻速度，确保井下安全，并连续向井内灌满钻井液。

（2）通井时，如果发生井下漏失，必须先采取措施堵漏，井底试压正常后再进行起钻下套管作业。

（3）通井时，如果油气上返速度大于 5 米/小时，必须先采取措施加重，井下恢复正常后再进行起钻下套管作业。

（三）下套管的复杂情况

（1）套管断裂

1）套管断裂的原因及影响因素

① 套管设计时安全系数设计偏低，没有考虑如温度变化、套管弯曲等因素对套管强度的影响，造成套管强度不够而发生套管断裂；

② 套管本身质量问题，特别是丝扣加工质量不过关，造成丝扣处脱落；

③ 套管浮箍以上由于没有对套管丝扣联接处固定，在钻水泥塞时造成套管

脱落；

④ 钻遇硫化氢气层，钻井液中含有硫化氢而产生 氢脆作用，造成套管断裂；

⑤ 在技术套管中钻进，没有采取有效的防护措施，钻杆接头将套管磨穿，造成套管断裂；

⑥ 地层水含有腐蚀性物质，如水泥环封固质量不好，易造成套管腐蚀破坏断裂；

⑦ 套管遇卡后，施加拉力太大，造成套管脱落；

⑧ 在压裂和注水泥施工时，由于施工压力太高，超过了套管的抗压强度，造成套管断裂破坏。

2）防止套管断裂的技术措施

① 下套管时防止套管错扣，不允许在错扣焊接；

② 套管遇阻后，不能强拉强提，上提拉力不能大于套管本体和丝扣抗拉强度的80%；

③ 表层套管和技术套管下部的留水泥塞套管应用防止螺纹松扣脂或在松扣处采用铆钉固定，防止在钻水泥塞或下部钻进过程中造成套管脱落；

④ 对于含有硫化氢的井，下套管前必须充分循环钻井液，压稳产层，清除钻井液中的硫化氢。同时，应采用访硫套管和井口装置；

⑤ 应尽可能提高表层和技术套管鞋处的固井质量；

⑥ 在已下套管的井内钻进，要控制转盘的转速。钻铤未出套管鞋时，转速不大于60 r/min，钻铤出套管鞋后也不要超过150 r/min. 对于深井和复杂井，钻井周期长，对套管要采取相应的保护措施。

（2）套管挤毁

1）管挤毁的原因及影响因素

① 套管强度设计不合理，造成套管挤毁；

② 灌钻井液不及时，造成在下套管过程中掏空太长，引起套管挤毁；

③ 套管加工质量不好，如壁厚不均匀或椭圆度太长或钢材性能达不到标准；

④ 在挤水泥时，没有下挤水泥封隔器，挤水泥施工压力超过上部套管的抗内压强度，造成上部大直径套管挤毁；

⑤ 存在特殊地层，如岩盐层，由于岩盐层蠕动，蠕变压力大于套管的抗外挤强度，就会造成套管挤毁。

2）防止套管挤毁的技术对策

① 下套管时要及时灌浆，控制套管掏空深度；

② 在岩盐层等蠕动性特殊地层段套管强度设计应采用蠕变压力设计，并考虑不均匀载荷的影响；

③ 挤水泥作业设计时要考虑套管抗压和抗外挤强度的影响；

④ 控制下如套管的质量，防止不合格的套管入井；

⑤ 尽可能提高封固段的水泥石胶结质量，尤其是蠕动性特殊地层，提高套管抗外挤能力。

3.3.2.2 注水泥过程导致溢油

（一）注水泥的定义及目的

在套管下人油井之后，必须要用水泥车将水泥浆自套管泵入井内，使其从套管鞋返回到套管与井壁之间的环状空间，并达到一定高度。这种作业即为“注水泥”。注水泥的目的是保证套管与井壁之间的固定，隔绝油、气层和水层，或者隔绝易坍及易漏地层。需要开采时，则通过在预定层位射孔将套管和水泥穿透，打开油气层，诱导出油气流。

（二）水泥浆性能指标

为了保证施工安全并提高固井质量，水泥浆以及最终所形成的水泥石必须要满足一定的要求。在固井过程，由于水泥浆性能设计不当或水泥浆性能发生变化，会造成水泥浆闪凝、水泥浆过度缓凝、水泥石强度衰退等复杂情况，影响固井质量，使环控水泥不能有效封隔油气层，阻止油气上窜。

现场常测定的水泥浆性能指标有：水泥浆密度、水泥浆稠化时间、水泥浆流变性、水泥浆失水量、水泥浆稳定性、水泥石抗压强度等。

（1）水泥浆密度

水泥浆密度是指单位体积内所含水泥浆的质量，通常用钻井液密度计进行测定。在注水泥的过程中，要保证井内的压力平衡（既不井涌，也不井漏），同时还要兼顾水泥浆的其他性能，既要保证水泥石的强度，又要保证水泥浆的流动性，同时水泥浆的其他性能容易调节。

（2）水泥浆稠化时间

用加压稠度计模拟井下温度压力条件，从给水泥浆加温加压时起至水泥浆稠度达 100Bc 所经历的时间。水泥浆的稠化时间采用加压稠度计测定，该仪器能模拟井下的温度和压力条件。注水泥施工作业能在稠化时间内完成，并包含较大的安全系数（如附加 1 h）。

（3）水泥浆流变性

指水泥浆在外加剪切力作用下流动变形的特性，用流变参数衡量（与流变模式有关）。水泥浆的流变性采用旋转粘度计测定，对于深井，应采用专用的水泥浆高温高压流变仪模拟井下的温度、压力条件。对水泥浆流变性的要求是有利于提高水泥浆对钻井液的顶替效率（水泥浆顶替钻井液的程度）。另外，水泥浆的流变性能还要用来计算注水泥过程中的循环摩擦损失，以防止井眼憋漏，合理选择施工装置和设备。

（4）水泥浆失水量

水泥浆中的自有水通过井壁渗入地层的现象称为水泥浆失水。水泥浆大量失水将造成水泥浆急剧变稠，大大影响流动性，从而不利于水泥浆对钻井液的顶替。水泥浆的失水量指的是水泥浆失水的快慢程度，用30 min内的失水总体积表示。水泥浆的失水量采用失水仪测定。原则上说，水泥浆失水量越小越好，但是控制水泥浆失水的外加剂通常会对水泥浆的流变性、稠化时间、抗压强度等有影响，因此应权衡考虑。

（5）水泥浆稳定性

水泥浆稳定性包括水泥浆的自由水含量和沉降稳定性。在静止过程中，水泥浆中析出而形成连续水相的现象叫做析水。单位体积的水泥浆所析出的自由水体积即为水泥浆自由水含水量。水泥浆沉降稳定性指的是在精致状态下，由于颗粒沉降导致水泥浆上下密度不一致的现象。原则上，析水越小，则水泥浆的稳定性越好。

（6）水泥石抗压强度

指水泥石在压力作用下达到破坏前单位面积上所受能承受的力。从工程角度而言，水泥石的强度应满足以下要求：能支撑井内套管；能承受住钻进时的冲击载荷；能承受压裂酸化。

（三）注水泥的过程

在注水泥过程中，按时间的先后顺序分为以大致分为两个过程。首先，必须用水泥浆将环形空间的钻屑及钻井液全部替出，即顶替过程；然后，水泥浆经历水化作用，由液态变为固态，阻止地层流体流动且支撑套管，即候凝过程。

顶替过程主要看水泥浆是否把钻井液顶替干净。如果驱替泥浆不彻底，将会在封固井段形成连续的钻井液窜槽，从而使产层间窜通。顶替过程对固并质量的影响可用顶替效果来衡量，良好的顶替效果无疑是形成优质、完整的水泥环，获得优良固井质量和层间封隔效果的重要前提。

同样，在候凝过程中，主要看是否发生窜流和水泥浆的凝固质量，因此，可以用候凝效果来反映候凝过程对固井质量的影响。

（四）注水泥的基本要求

（1）水泥返高和陶罐内水泥塞高度必须符合地质和工程设计的要求，注水泥段环形空间的钻井液应全部被水泥浆顶替干净；

（2）水泥环应该有足够的强度；

（3）水泥石应具有良好的密封性能和低渗透性能。

（五）注水泥过程导致溢油的事故分析

（1）注水泥漏失

注水泥漏失是指在注水泥或替浆过程中，由于环空液柱压力和环空摩阻之和超过地层破漏压力，水泥浆漏失到地层，造成水泥浆返高不够、油气水层漏封和水泥胶结质量差。

1）注水泥漏失的原因

① 地层方面的原因有地层渗透率高，发生水泥浆渗漏；地层胶结差，地层承压能力低，破漏压力低；地层裂隙、断层发育，造成水泥浆漏失；

② 套管与井眼环空间隙小，循环摩阻大，造成注水泥漏失；

③ 水泥浆密度设计高、水泥浆封固段长，造成环空液柱压力高，易发生注水泥漏失；

④ 钻井液密度、粘度大，循环摩阻大，造成注水泥漏失；

⑤ 注水泥和替浆排量大，循环摩阻大。

2）防止注水泥漏失的技术措施

① 适当加入堵漏材料，提高地层承压能力；

② 按照固井设计要求的液柱压力，在下套管前进行地层承压试验；

③ 采用低密度水泥浆固井，降低环空液柱压力；

④ 采用双级固井或尾管固井，减少一次封固段长；

⑤ 改变注水泥浆体结构，采用低密度前置液，降低环空液柱压力；

⑥ 采用扩孔工艺技术，增加套管与井眼环空间隙；

⑦ 采用分散剂改善水泥浆流变性能；

⑧ 调整钻井液粘度并充分循环钻井液，减少循环摩阻；

⑨ 采用低返速固井工艺技术，控制注水泥和替浆排量，减少循环摩阻。

3）注水泥漏失后的处理办法

注水泥漏失后要根据现场漏失情况并结合地层漏失原因，分析其可能对固井质量造成的影响及后果，采用相应的技术措施。如发生在注水泥过程中，可根据已入井的水泥浆量结合要封固的油气水层位置，可适当少注入水泥浆；如发生在替浆过程中，应根据水泥浆稠化时间和施工时间情况，采用低返速固井技术。

（2）注水泥替空

注水泥替空是指在注水泥替浆过程中，由于替钻井液量超过设计量（一般为套管内容积），造成套管下部环空没有水泥浆。

1）注水泥替空的原因

① 替浆量计算错误或计算不准确；

② 替浆量计量发生错误或误差大；

③ 固井胶塞未装，或胶塞与塞座密封不严；

④ 替浆碰压排量太大，造成承托环损坏，无法碰压引起替空；

⑤ 套管有破损或上扣不紧，造成替空。

2）防止注水泥替空的技术措施

① 替浆量要计算准确并准确计量；

② 按规范质量可靠的胶塞；

③ 替浆快结束时，要降低排量碰压，防止造成承托环损坏引起替空；

④ 使用合格套管并按规定扭矩上扣，不合格的套管不允许入井。

3）发生注水泥替空的处理办法

水泥浆发生替空事故后要立即停泵，后根据测井曲线用挤水泥办法补救。

3.3.3　完井作业

完井衔接采油工程与钻井工程，同时也是相对独立的一门技术工程。具体地讲，是从钻开油气层开始，到完井方法的选优、完井工艺实施作业、下生产管柱、排液直至投产的一向系统工程。

（一）完井作业的目的

钻进时对地层的损害主要表现为钻井液侵入地层，泥浆滤液渗入使生产层中的粘土成分产生膨胀形成水锁效应；滤液中的化学处理剂与生产层的矿物成分产生胶状物或沉淀物；泥浆中的粘土的侵入，这些都会堵塞生产层的孔隙，影响产率。因此，在钻开低压或某些不明情况的生产层以前，必须更换洗井液，使用保护生产层的专门完井液。油气井完井的目的是要最大限度地沟通地层间的通道，从而保证油气井获得最高的产率。

（二）基本的完井工艺

根据生产层的地质特点，采用不同的完井工艺：

（1）射孔完井法。即钻穿油、气层，下入油层套管，固井后对生产层射孔，此法采用最为广泛。

（2）裸眼完井法。即套管下至生产层顶部进行固井，生产层段裸露的完井方法。此法多用于碳酸盐岩、硬砂岩和胶结比较好、层位比较简单的油层。优点是生产层裸露面积大，油、气流入井内的阻力小，但不适于有不同性质、不同压力的多油层。根据钻开生产层和下入套管的时间先后，裸眼完井法又分为先期裸眼完井法和后期裸眼完井法。

（3）衬管完井法。即把油层套管下至生产层顶部进行固井，然后钻开生产层，下入带孔眼的衬管进行生产，此种完井法具有防砂作用。

（4）砾石充填完井法。在衬管和井壁之间充填一定尺寸和数量的砾石。

（三）海洋石油钻井后的完井方式

海洋石油完井与陆地上的完井方式有一定区别，根据平台不同，可分为：

（1）用得最多的主要是先用自升式或半潜式平台通过海底基盘预钻井，完钻后建立导管架平台，进行导管和各层套管回接，在平台上进行完井；

(2) 直接在导管架平台或其他固定式平台钻井，完钻后直接在平台上进行完井；

(3) 用自升式平台的悬臂，骑在井口平台上钻生产井或在井口平台上仅装钻机，其余的泥浆系统等均置于辅助平台（船）上钻生产井；

(4) 浮式钻井（用半潜式平台或钻井船），完钻后进行海底完井作业；

(5) 近水面钻井和完井。

(四) 完井方式的选择及原则

合理的完井方式应该力求满足以下要求：

(1) 油、气层和井筒之间保持最佳的连通条件，油、气层所受的损害最小；

(2) 油、气层和井筒之间应具有尽可能大的渗流面积，油、气入井的阻力最小；

(3) 应能有效地封隔油、气、水层，防止气窜或水窜，防止层间的相互干扰；

(4) 应能有效地控制油层出砂，防止井壁坍塌，确保油井长期生产；

(5) 应具备进行分层注水、注气、分层压裂、酸化等分层措施以及便于人工举升和井下作业等条件；

(6) 稠油开采能达到注蒸汽热采的要求；

(7) 油田开发后期具备侧钻的条件；

(8) 施工工艺简便，成本较低。

(五) 完井作业溢油风险分析

(1) 过大或过小均会导致井漏或压井失败而导致井喷，合理的压井液密度应使井底压力稍大于井底流压。

(2) 射孔完井过程中，射孔作业不当，导致套管挤毁，形成溢油通道，从而造成溢油。

(3) 下入生产管柱速度控制不当，产生井内波动压力。

(六) 完井作业溢油风险的防治措施

(1) 在打开油气层水泥塞前或射孔前，作业者应在平台上准备足够的完井液加重材料，做好井喷压井工作。

(2) 严格按照射孔作业的井控要求操作，防止射孔作业操作不当导致的溢油风险。

(3) 需要谨慎控制下方管柱，以防止产生井内压力波动，导致井喷失控。

3.3.4 生产井钻完井阶段溢油事故的原因分析

钻进时要把泥浆注入井管以平衡井底地层的压力。钻进过程中，由于地层对泥浆的吸入或地层油气进入井筒泥浆系统，会随时改变井筒及泥浆液柱的压力，因此井筒液柱的压力并不是一个固定不变的值，将随钻进过程不断发生变化。当井眼内泥浆液柱压力小于地层压力时，就会发生井涌溢流或井喷。

井喷溢油事故的原因分析如下：

3.3.4.1 钻井液柱压力不足

（一）钻井液密度设计不合理

钻调整井时，由于开发区注水使得地层局部压力升高，从而造成地层压力的分布不确定，如果预测的地层压力较实际地层压力偏低，按照预测地层压力设计的钻井液密度将导致井筒内液柱压力低于实际地层压力，造成溢流甚至井喷；

（二）钻进过程中的油气水侵

钻遇高压层，或为了获得较高的机械钻速、降低钻井成本及保护油气层而采用较低钻井液密度时，若地层压力高于钻井液静液柱压力，将发生泥浆系统的地层流体侵入，造成钻井液密度下降，随着钻井液沿井筒环空上返，气体不断膨胀，使井筒中的液柱压力从井底到井口逐渐减小。如果地层流体循环至地面未能及时清除，被污染的钻井液又被继续注入井筒，将使钻井液密度进一步降低，从而导致钻井液密度不能有效平衡地层压力，当液柱压力降低到小于地层压力，就可能引发井喷，造成溢油污染；

（三）井漏

钻进过程中一旦发生井漏，将导致井筒液柱压力降低，造成溢油及井喷事故。导致井漏的可能原因包括：

（1）地层性质：在压力衰竭、疏松砂岩及裂缝性碳酸岩中钻井液经常漏失；

（2）钻井液密度过大：地层岩石存在破裂压力。在井眼未形成前，地下环境应力处于相对稳定状态，在井眼成形的过程中，井壁应力状态发生改变，产生应力集中的现象，因此地层破裂往往是由井壁上的应力状态决定的。地层破裂导致井漏发生后，井内液面下降，井内液柱压力不能平衡地层压力，造成地层中的油气进入井筒，发生溢油或井喷；

（三）下钻激动压力

钻井作业中，当钻柱快速向下运动时，会对井底产生一个附加压力（激动压力），从而增加井底压力，可能导致压漏地层，泥浆的外溢使液柱压力减小，引起溢流；

（四）起钻过程的欠平衡现象

起钻过程中，不合理的操作易导致井筒液柱压力下降，增大溢流和井喷的风险。

（1）起钻时，由于井内钻具的起出而使钻井液面下降，如不及时灌注钻井液，就会由于井筒内液柱压力的降低而引起溢流；

（2）起钻时钻井液停止循环，失去循环压力，使钻井液无法平衡地层压力；

（3）起钻的抽汲作用：如果起钻太快，由于钻井液的粘滞作用，使得钻井液在井内的下落速度小于钻柱的上提速度，就会产生抽汲现象，使井内液柱压力减小而引起溢流；

（4）钻井平台的不稳定：浮式钻井平台的升降幅度会影响钻具的抽汲或激动，在起钻前要认真校核，考虑影响程度。一般情况下升沉幅度不能超过4 m，否则就不能起钻。另外，还要考虑海况和天气的影响，天气恶劣或台风季节要考虑起钻安全时间，要在发生溢流前完成起下钻作业。

3.3.4.2 地层压力高于预测值

（一）钻遇异常高压地层

钻到未预测准确的异常高压层，导致此段地层压力偏高，易造成溢油事故；

（二）钻入邻近油气井

钻入邻近油气井或正在生产的油气井，会导致溢流或井喷，丛式井易出现这类事故。

3.3.5 试油阶段溢油风险与防治

与勘探井试油注意事项相同，对于生产井，要严格按开发方案的试油程序进行。

试油阶段的溢油风险主要是射孔和诱导油流的操作。若储层发育高导流裂缝或储层高压异常，则在试油时易发生溢油。作业时必须加强监测溢流信号，包括：泥浆池液面变化、气测值变化、d_c 指数变化。

3.3.6 固井阶段的溢油风险与防治

固井是长期维持井眼、构建地层流体流动通道的基本手段。固井作业分为套管固井、尾管固井、挤水泥固井和打水泥塞固井等步骤，其目的是封隔油、气、水层，阻止地层间流体的相互窜流，保护生产层；封隔严重漏失或坍塌等复杂地层；支撑套管和防止地下流体对套管的腐蚀。固井作业可以控制钻进过程中遇到的高压油气水层，巩固疏松井段，隔离复杂地层，封隔地下油气水层，防止上下窜通等。因此固井作业不仅是油气井建井过程的一个重要环节，也是衔接钻井和采油工程且相对独立的一项系统工程。

3.3.6.1 海上固井质量的要求与特点

（一）套管强度足够大，能承受井下各种外力作用，抗腐蚀、不断、不裂、不变形；

（二）固井水泥能够可靠密封，环空的封隔不窜、不漏，能经受高压挤注的考验；

（三）固井作业时间短；

（四）作业属于一次性工程，质量要求高，事后难补救；

（五）材料用量大，成本高。

3.3.6.2 固井工艺介绍

（一）一次开钻和表层套管固井

钻井设备安装工作完成后，要进行第一次开钻，步骤是：

（1）钻开表层，起出钻头，下表层套管，套管下完后，做好注水泥前的准备工作；

（2）开泵循环钻井液，因套管与井壁的间隙较小，可以利用钻井液上返速度较高的特点冲击井壁上的泥饼，同时调整钻井液的性能，直到循环泵压稳定。在这期间，注水泥的准备工作都应就绪，混和好的水泥浆需满足设计要求，以保证注水泥施工的顺利进行；

（3）在水泥浆注入套管之前，要泵入一定量的前置液，前置液包括隔离液和清洗液。隔离液用来隔离钻井液和水泥浆，以避免混浆；清洗液起到清洗环空的作用，冲洗掉井壁上的泥饼，提高固井质量；

（4）当注入完计量的水泥以后，释放胶塞，开始水泥浆的顶替；

（5）当泵压突然增大，表示胶塞到达井底，又称碰压，停泵；

（6）按照推荐的养护时间进行候凝；

（7）经测试，固井质量全部指标合格后，即进入下一个作业程序。

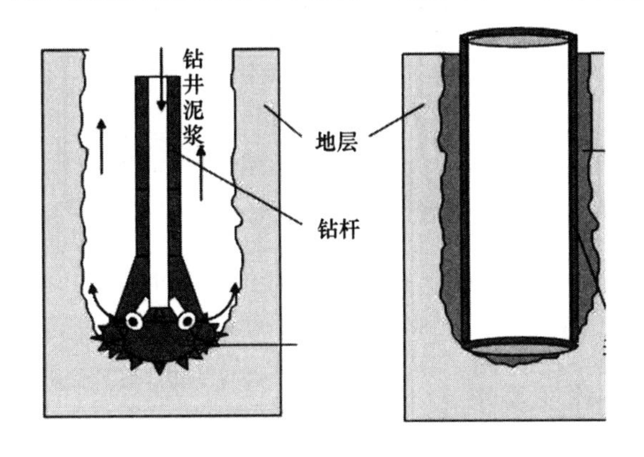

图 3.1 一次开钻及表层套管封固

（二）二次开钻和技术套管固井

二次开钻是在钻井完成一次开钻进尺，下完表层套管固井后，钻井施工工作的继续。固井工艺同表层套管固井工艺类似；

（三）三次开钻和生产套管固井

三次开钻是在钻井完成二次开钻进尺，下完技术套管固井后，钻井施工工作的继续，生产套管的固井工艺同表层套管和技术套管的固井工艺类似。

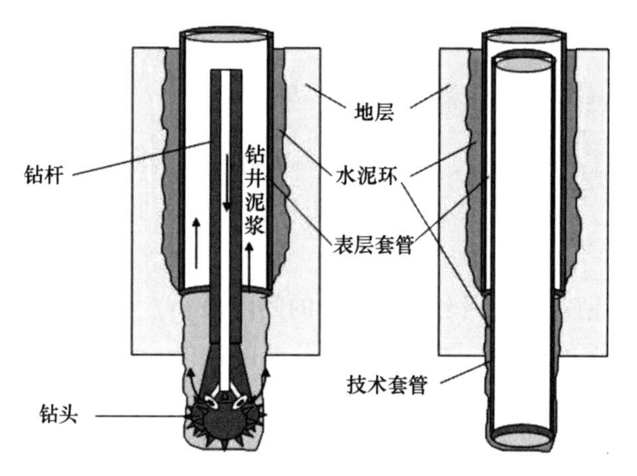

图 3.2　二次开钻及技术套管封固

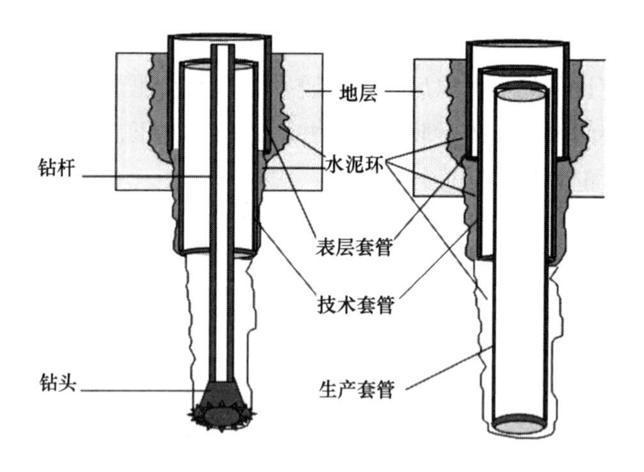

图 3.3　三次开钻及生产套管封固

3.3.6.3　海上固井作业要求

海上作业区天气和海况复杂，因此对固井作业的质量控制和安全措施要求更高。

（一）根据注水泥设计和计算参数作出符合井况和钻井作业要求的固井设计；

（二）井眼准备必须达到以下条件：

（1）井壁稳定、不垮塌、不漏失；

（2）通过循环和处理后钻井液性能稳定，井眼畅通无阻卡；

（3）岩屑清除彻底；

（4）地层孔隙压力，薄弱地层破裂压力准确；

（5）通过循环建立正确的循环压力。

为此，要求在完钻后彻底通井划眼，大排量循环，彻底清除岩屑。大斜度井采用尾管固井，在电测后至下套管（尾管）前循环不少于 2 ~ 3 次，通井至少 1 ~ 2 次。

（三）套管程序必须符合地层情况，同一井段不得出现两套以上的地层压力，套管鞋一定要坐在坚硬地层；

（四）浮箍至浮鞋之间不得少于两根套管；

（五）浮箍位于油气层底界以下不少于 25 米；

（六）水泥返高面必须满足产层和复杂地层的封固要求，应根据目的层性质确定水泥返高面：

（1）常压油气层固井：水泥返到油气层顶界以上至少 150 m；

（2）高压油气层固井：水泥返到油气层顶界以上至少 300 m；

（3）隔水套管、表层套管固井：水泥必须返到泥面；

（4）技术套管固井：水泥返到上层套管鞋以上 100 米；

（5）尾管固井：水泥返到尾管顶部。

（七）根据油田经验，确定裸眼容积附加数，保证产层封固要求。规定如下：

（1）隔水套管固井：按钻头直径计算的环空容积附加数为 200%；

（2）表层套管固井：按钻头直径计算的环空容积附加数为 100%；

（3）技术套管和油层套管：按钻头直径计算的环空容积附加数为 50%；

（4）尾管固井：按钻头直径计算的环空容积附加数为 30% ~75%；

（5）如果采用电测环形容积：南海西部附加数取 5% ~10%，渤海地区取 30% 左右。

（八）保证水泥浆质量

（1）根据井温和地层液体性质选择水泥类别。如果地层液体中含有硫酸盐溶液，必须选择高抗硫酸盐型油井水泥；

（2）根据井底静止温度，确定是否使用防止水泥强度衰退的添加剂。例如井底静止温度达到 110℃时会导致水泥石强度的热衰退，因此超过 110℃时的井必须在水泥中加入水泥重量的 35%—40% 的硅粉；

（3）根据井底循环温度选用缓凝剂和其他添加剂。井底循环温度预测不准会导致添加剂的错误选择，以致造成水泥浆闪凝或超缓凝；

（4）重视水质检查是保证水泥浆质量的关键因素之一。例如用淡水配水泥浆，钻井平台的钻井水应作氯根检验，凡氯根含量超过500PPm，必须更换钻井水。海上用泥浆池配混合水时，一定要将泥浆池清洗干净，否则会因钻井液材料而影响水泥浆质量；

（5）必须保证现场材料与化验用材料性能和质量的一致性。

（九）水泥浆体系必须符合地层和施工要求。

海上固井作业常用的水泥浆体系有如下几种：

（1）普通海水水泥浆体系：适用于无特殊要求的导管固井和作表层套管尾随水泥浆；

（2）低失水水泥浆体系：适用于技术套管固井作尾随水泥浆；

（3）低密度、高早期强度水泥浆体系：适用于大斜度井固井，全面提高水泥石强度；

（4）触变水泥浆体系：适用于漏失层固井。当触变水泥浆进入漏失层时，前缘的流速减慢并开始形成一种胶凝结构。最后由于流动阻力增加，漏失层被堵塞。一旦水泥浆凝固，漏失层将被有效地封堵；

（5）延迟胶凝强度水泥浆体系：适用于气层固井。

（十）套管注水泥，打水泥塞或挤水泥，都必须进行水泥浆性能试验。

（十一）水泥浆主要性能必须满足地层和作业要求：

（1）水泥浆密度必须大于钻井液密度。在地层承受能力较大的情况下，对于大斜度井固井，应尽量提高水泥浆密度。

（2）根据地层渗透率和套管程序设计水泥浆失水量，规定如下：

1）油层井段固井，水泥浆失水量控制在100～300毫升/30分·7兆帕；

2）高压气层井段固井，水泥浆失水量控制在20～50毫升/30分·7兆帕；

3）尾管固井，水泥浆自由水为零，失水量控制在50毫升/30分·7兆帕；

4）大斜度固井，水泥浆自由水为零，失水量控制在100～300毫升/30分·7兆帕；

（3）套管附件必须配套使用，规定如下：

1）为提高套管在井眼中的居中度，必须使用扶正器，这有利于提高固井质量；

2）为减少钻井液对水泥浆的污染，必须使用双胶塞固井；

3）为保证下套管安全及固井后水泥浆不回流，必须同时使用浮箍和浮鞋。

（十二）应根据钻井液类型选择和使用有效的前置液类型

前置液类型分水基型和油基型两类，分别适用于水基钻井液和油基钻井液。前置液中一般有清洗液和隔离液组成，可以单独使用也可以配合使用。常用前置液是由表面活性剂、清水、海水和硅酸钠与纤维素组成的化学物；隔离液有高粘型隔离液，例如，用海泡石水化后通过重晶石调节密度的液体；多功能隔离液，它既可用于水基钻井液也可用于油基钻井液；低密度水泥浆也被用作隔离液，广泛用于大斜度井固井。

3.3.6.4 固井作业的溢油风险因素

注水泥作业不当可导致井漏，进而诱发溢流井喷。BP墨西哥湾溢油事件被认为是美国历史上最严重的灾难，给墨西哥湾的生态带来了“灭顶之灾”。经分析，环空水泥未能封隔地层油气层和套管鞋处的水泥塞、单流阀未能阻挡油气上窜，是其中的两个重要原因。

（一）水泥浆设计缺陷

水泥浆是固井作业的关键之一，在进行水泥浆设计时，应充分考虑各种因素，防止井筒不完整造成油气上窜等事故的发生；

（二）固井工具及附件质量不合格

固井作业施工时间短、工序内容多、作业量大，是技术性很强的工程。固井工具及附件不合格会直接影响固井完成的质量。

（三）扶正器数量及放置位置不合理

放置管道时，扶正器会作用于周围井壁以产生反作用力，将管道扶正，保持其在井筒中的中心位置。如果没有扶正器，管道就会倾斜并靠向井筒的某一侧内壁，水泥流入就会受阻，可能形成一些薄弱之处甚至开口，石油可能从此喷出；或者固井作业失误导致胶结水泥不够坚固，并且存在较软物质如软泥、沙石松岩或类似物质，石油可能通过这些薄弱部分泄露出来，从而导致溢油污染。优化扶正器数量及放置位置可以有效防止钻井液窜槽的发生。

（四）完成固井作业后，对固井质量评估不重视

完成固井作业后，应及时进行正、负压力测试，以判断井筒的完整性。对固井质量不好的井段加以补救，避免日后发生严重事故。

3.3.7 海上完井作业溢油风险

3.3.7.1 海上完井工艺

完井是海上油气田开发中的一个重要环节，它是衔接海上钻井、工程和采油采气工艺，而又相对独立的一项系统工程。完井是生产井钻井完钻后，为开采该井中的油气，采用将井中替换为完井液、射孔、下入井内生产管柱（或安装电潜泵等）以及安装井口采油树，开启采油树阀门后，即可采出石油天然气的整个过程。

3.3.7.2 完井作业溢油风险及防治

（一）压井液密度

过大或过小均会导致井漏或压井失败而导致井喷，合理的压井液密度应使井底压力稍大于井底流压，所以在打开油气层水泥塞前或射孔前，作业者应在平台上准备足够的完井液加重材料，做好井喷压井工作。

（二）起下钻速度

需要谨慎控制，以防止产生井内压力波动，导致井喷失控。

3.4 生产阶段的溢油风险及防治

主要讨论海上石油开采的注水、注聚、热采及气举过程的溢油风险因素及防治对策。

3.4.1 注水阶段的溢油风险及防治

3.4.1.1 注水开发的目的

油井投产后，随着地层流体源源不断的被采出，地层压力就会不断下降，使地层原油开始大量脱气，粘度增加，从而大大降低油井产量，甚至会出现油井的停躺，造成地下残留大量剩余油，降低油田开发效益。为了弥补地层流体的产出所造成的地下亏空或提高地层压力，实现油田的高产稳产，并获得较高的采收率，必须对油田进行注水。

3.4.1.2 注水开发的方式

（一）按照注采井网的类型分类

（1）边缘注水：细分为缘外注水、缘上注水和边内注水三种；

（2）切割注水

（3）面积注水：细分为四点法、五点法、七点法、反七点法及九点法注水等。

（二）按照注水工艺类型分类

（1）正注：从油管向井内注水；

（2）反注：从油套管环形空间向井内注水；

（3）合注：从油管和油套管环形空间同时向井内注水。

（三）按照分层模式分类

（1）分层注水：根据各油层吸水能力的差异，在不同油层安装大小不等的水嘴，通过调控各水嘴的给水压力，达到合理分配注水量的目的。

（2）笼统注水：在井口采用同一种压力注水，且不对各注水层进行分置处理，即通过打开各个小层同时注水。

3.4.1.3　注水方式的分层模式

根据吸水层的层间差异，注水方式包括分层注水和笼统注水：

（一）分层注水

根据各油层吸水能力的差异，在不同油层安装大小不等的水嘴，通过调控各水嘴的给水压力，达到合理分配注水量的目的。分层注水的设计与实施原则为：

（1）为便于测试、计量和日常管理，只对日注水量大于20方的井进行分层配注，单层每日的配注水量不得低于10方；

（2）首先划分主力油层与非主力油层，将主力与非主力油层大段卡开进行分层注水；在主力层段内部，对层间差异大的小层再细分单卡，分小层进行配注；

（3）分层配水量时，对油水同层段或产水层段进行控制注水，在油层段加强注水，特别是对物性较好的厚油层要加强注水，使油井尽早见效；

（4）控制见水层段的注水量，而加强连通差、吸水能力低层段的配注水量。

（二）笼统注水

在井口采用同一种压力注水，且不对各注水层进行分置处理，即通过打开各个小层同时注水。该方法的优点是操作简单，成本较低，可满足注水保持地层压力的要求。缺点是对地下各层的压力缺乏控制，常会导致在对一些地层产生驱油作用的同时，对另外一些地层产生了异常高压，破坏断层的封堵性，发生溢油污染。

（三）注水方式选择

分层注水和笼统注水均有各自的优缺点和适用条件。

（1）笼统注水：适用于单层油藏的注水开采，操作相对简单；

（2）分层注水：适用于穿过多油层井及地质结构复杂油藏的注水开采。

分层注水的概念是相对的。如果地层划分过粗，使层内非均质性差异较大，则会出现局部笼统注水的特征，同样会造成注入水沿着高渗透带单层突进，而低渗带、薄层未能发挥应有的潜力，使层内、层间、平面矛盾突出，甚至造成局部的憋压。现场实施的分层注水，准确地表述，应该称之为分段注水。

（四）注水方式的转变

同一区块的最佳注水方式不是一成不变的。根据地层压力和含水率的变化，适时调整注水方式，更有利于实现增产、稳产。调整原则是：

（1）初期对储层物性无法做到精细描述，往往采用笼统注水；

（2）当地层进入高含水期，但未能解决层间吸水不均匀等矛盾时，应改为分层注水；

（3）若开采过程中由于地层亏空过大，地层压力下降明显而吸水层位变化不大时，应改为笼统注水，以尽快提高地层压力。

3.4.1.4 断块油藏的注水开发机理

海洋油田以断块油藏为主，断块油藏的地质特征是断层多，断块小，地质构造条件比较复杂，同时含油层较多，含油井段长，油层厚度变化较大。各断块受构造和储层岩性的影响，均有各自不同的油气水分布规律，形成了具有复杂油水关系的复合油气藏。按照油气水分布及主要驱动方式，断块油藏可分为以下三种主要类型，其注水开发机理各不相同：

（一）活跃边底水油藏

可采用较高的采油速度，无需注水，即可实现稳产；

（二）弹性—溶解气油藏

多为封闭性油藏，受断层遮挡，无天然能量补给。投产后，压力产量均下降较快。该类油藏必须依靠注水保持压力，才能实现稳产；

（三）气顶及边水混合驱动油藏

在油田开采中，随着压力的下降，气窜、水淹比较严重，需要注水以保持均衡开采。

3.4.1.5 影响注水效果的因素

（一）注水时间

（1）早期注水

在开发早期就及时向地层注水。但在实际操作时，一般注水起始时间要比油田投入开发的时间晚一至两年。早期注水及时补充了地层能量，加上注入水的驱替作用，能在一定程度上延长油井的自喷采油期，增加自喷采油量，提高了主要开发阶段的采油速度，并可在很长时间内实现稳产、高产，而且整个注采系统易于调整，目前已成为注水开发的主要方式。但早期注水的注入压力过高，对注水设备的要求较高，此外，早期注水易导致油井过早见水，形成水流优势通道后，降低水驱效率，形成较多水驱残余油；

（2）晚期注水

在油田开发后期，当地层天然能量枯竭或近于枯竭时再开始注水，一般将它称为二次采油。晚期注水对井口注入压力要求角度，且无水采油期和低含水采油期相对较长，在很多情况下能提高最终采收率，多为一些老油田所采用。但如果注水过晚，由于地层压力保持水平太低，不仅油井生产压差得不到保障，导致油井产量较低，而且地层原油可能严重脱气，使原油粘度增加，导致油井产量快速下降。

（二）注水速度

在地质条件相同的情况下，注水压力决定了注水速度，压力高则注水速度高，压力低注水速度则低。选择一个合适的注水压力，不仅要考虑储层物性、驱动类型和采出程度，还要考虑经济发展的需要。

（1）注水速度过低

地层能量补充不及时，造成产量低，采速低，达不到经济要求；

（2）注水速度过高

井底压力过高，易开启地层裂缝，形成水流优势通道，降低注水效果；甚至可能超过地层破裂压力，压破储层，导致石油泄漏。

因此，应在掌握本地区油藏储层物性（包括岩石物性和流体性质）的基础上，结合注采井网井距，制定合理的注水速度；而且还要根据适时的动态监测数据分析注水受效情况，及时进行调整，保持均衡注水，确保油田保持较高的采速和提高最终采收率。

（三）注采比

合理注采比的前提是确保整个油田的注采平衡，制定注采比有以下原则：

（1）对于高渗油藏，由于压力传播迅速，注水受效较快，年注采比控制在1.0左右；

（2）对于严重平面非均质油藏，为了平衡高、低渗区水驱速度的差异，高渗区年注采比控制在1.0左右，低渗区年注采比可控制在1.0~1.5，并根据压力监测适时调整；

（3）对于晚期注水，如果地层已存在较大亏空，则应增加注水量，提高注采比，以恢复提高地层压力；

（4）天然能量较充足的边底水油藏，要根据压力保持水平确定合理的注采比；

（5）达不到注采比要求的层段要采取储层增注改造措施；

（6）超压注水层段要采取控制注水措施。

（四）注水层位

注水层位的划分应根据地层接触关系、沉积层序和旋回组合，细分成不同级次的层组。

对于断块油藏，通常采用分层注水方式，分层注水划分小层的原则是：

（1）上下以非渗透性岩层分隔开的油层划分为一个小层。同一小层内可包含几个单层。小层间应有隔层分隔，其分隔面积应大于其连通面积，小层厚度在5～10 m左右；

（2）常规分层注水的各层之间应具有相对稳定的隔层，隔层厚度一般要求在2 m左右。细分层注水的隔层厚度一般应控制在1.2 m以上；

（3）单卡限制高含水层。细分层注水的首要条件是搞清高含水层位，因此要坚持长期的、制度化的、客观的及时研究油水分布动态，限制高含水层注水强度，同时提高低含水层的注水强度；

（4）尽可能缩小层段内渗透率级差。统计数据表明，渗透率级差大于16倍、吸水厚度不足50%的层段不能合注；渗透率级差小于4倍、吸水厚度达到80%的层段可以合注；介于两者之间的注水井，则视油井产量变化及工作量的状况决定是否细分层注水。

3.4.1.6 注水阶段的溢油风险因素

断块油藏的油井生产常常表现出天然能量不足、产量递减快的特征，因此宜采用早期注水方式。由于储层物性差异较大，渗透率非均质性严重，且地层的总体流动性较差，因此大部分地层吸水能力不足，在吸水能力差的层组会出现注水超压的现象。

注水会使地层压力升高，从补充地层能量和驱替的角度，有利于提高原油采收率，但如果注水方法不正确，注入压力控制不当，则会引起地层压力出现异常，使油层形成局部高压区，造成地层薄弱处破裂或使断层封堵性较差的断层重新开启，引发溢油污染事故。

常见的溢油风险有以下几种类型：

（一）连续注入导致潜在高压区油井的井喷

这种情况多发生在老油田、老油区的调整阶段。由于油区经过多年的开发和注水，地层压力已经不是原始地层压力，尤其是对于高压封闭区块，地层压力往往大大高于原始地层压力。如果没有落实高压封闭区块的位置，顾及到整个断块油藏所有油井的产量，往往不愿意停掉任何一口注水井的注入，则可能造成潜在高压区的井喷溢油事故；

（二）注水压力过大压破地层并沟通和开启断层裂缝

若是填充或压实的闭合断层，则可按照断块的形态设计注采井网，若断层是开启的，则会破坏注水效果；对于闭合断层，如果注水复压程度过高，由于地层变形可能使断层复活，沿断层将会发生水窜，并使断层处井下套管错断、变形。长期的高压注水可能导致地层破裂，直接沟通并开启破裂带附近的封闭断层，使油气沿着这些通道运移，并到达海底浅层地表，进入水体，造成海洋石油污染。

3.4.1.7 注水阶段的溢油动力

注水压力是最主要的溢油动力，注水压力的设计需满足以下几个要求：

（一）不同构造部位往往具有不同的破裂压力；

（二）构造高点是断层和垂直裂缝多发带，附近注水压力须低于垂直缝开启压力。为了增大保险系数，注水井井底压力须低于该处的垂直应力；

（三）垂直裂缝不发育的井区，注水井井底压力可设计高于垂直应力的2/3，但上限不宜超过垂直应力；

（四）对特低吸水能力的层，注水压力可高于垂直应力，但不能高于地层破裂压力；

（五）为在预防地质溢油的前提下最大限度提高注水量，最大注入压力宜逐井设计；

（六）对吸水能力异常高的井或层段要特别注意观察，分析其异常原因

3.4.1.8 注水溢油的通道类型

在漫长地质年代里，由于构造应力的集中而产生了大型岩体的断裂，断裂两边如果没有相对位移，则称之为构造裂缝，反之则称为断层；在发生岩体断裂之前，局部强度较小的小岩块将首先产生破坏，产生一些局部构造裂缝，或者由于水流的侵蚀，溶解了局部胶结物，长期的侵蚀将形成了弯弯曲曲的高渗带，称之为溶蚀缝。因为断层和裂缝都具有一定的延伸范围，且都具有高导流能力，因此断层和缝都可能成为地质溢油的通道，

（一）断层

断层的形成条件需要地应力的长期积累，因此地层中断层出现的概率小于裂缝，但断层的延伸范围更大。由于断层的形成年代久远，由于地应力的重新分布或流经流体的物理化学作用，断层可能会在地应力的作用下闭合，或由于胶结物的充填而失去高导流能力，当然，也可能仍然保持开启和高导流能力。受断层开启或封闭的控制，断层面可作为油气纵向运移（包括溢油）的通道或油气运移的遮挡面。在漫长的地质年代里，断层的开启和闭合是交替进行的，并共同控制了油气的分布和聚集，并将可能在超压注水的动力下重新开启，形成地质溢油的主要通道；

（二）裂缝

依据造缝的成因，裂缝的尺度跨度较大，有数公里的构造裂缝，也有几微米的溶蚀缝。地层内裂缝的出现频率更高，分布范围也会更广。从成因上，主要包括天

然的构造缝、溶蚀缝以及后天形成的人工裂缝，包括压裂缝、酸蚀缝。按照裂缝的开启程度分为3种：

（1）闭合裂缝：在地应力压实作用下处于闭合状态的裂缝以及被充填而实际处于不连通状态的闭合缝，这种裂缝虽然存在，但不能给地层流体的流动提供通道。但在注水复压的情况下，如果恢复的压力足够高，则有可能重新开启，但其延伸的范围很小，难以成为地质溢油的主要通道；

（2）局部开启裂缝：部分充填的裂缝在地下水流的长期溶蚀作用下，其充填物被溶解带走，使具有微弱流动能力的充填缝局部重新开启，但这类缝的重新连通通常波及范围很小，因此也难以和外界沟通，不会成为地质溢油的主要通道；

（3）开启裂缝：未充填、未压实的天然开启缝，具有超高的流动能力。在油藏的边部不可能存在这样的缝，否则无法形成现今油气的聚集，在油藏的内部或许存在，但其延伸范围应该不大，否则也会破坏油藏的聚集。但这类缝至今的存在反映出地应力的薄弱环节，在高压注水下极易形成这类缝沿着地应力最弱的方向劈开，如果沟通了通向海底软地层的大断层，甚至可能直接沟通海底，则成为了溢油的主要通道。

3.4.1.9 注水超压区的成因分析

（一）地质因素分析

地质因素是形成注水超压区的物质基础。

（1）构造因素：大部分开发方案中，油井生产段均处于构造高点，注水井则处于相对的构造低点，这样有助于利用重力形成均衡的水驱油前沿，但从另外一个角度讲，则存在泄压慢的特征，导致注水井容易憋压；

（2）断层因素：在注水井排与上升盘断层夹角的锐角三角区，注采系统不协调，注采井数比大，易于形成超压注水高压区；此外，在断层附近，单层注采关系一般也不完善，易于形成注水超压区；

（3）平面非均质性因素：砂体形态越复杂，平面非均质性越严重，油水井间渗流特性差异越大，越有利于形成局部的注水超压区；

（4）单砂体注采关系的完善程度：从单层平面相带图上分析注采井组或区块油水井射孔的对应状况，分析是否注大于采或有注无采，分析射孔层位是否存在厚注薄采或高注低采，流体物性的差异使得注入端和采出端的地层有效流动能力差异较大，导致注入量大，采出量少，在较大注采压差时，随着注水时间的延长，油层压力降逐渐升高而形成高压区；

（5）注采井距与砂体配置关系的适应性分析：注采井距大，则水驱阻力大，压力传导慢。良好的储量动用程度及微观波及效率所需的注采压差大，导致注水井附近区域易于形成注水超压区。

（二）开发因素

油藏投产投注后，注采井之间的压力及注入和采出流体的差异更加剧了地层的非均质性，使得平面及纵向上生产井导致的地层压力衰竭和注水井导致的地层压力恢复之间的平衡关系随时间和空间具有了更多的不确定性变化。特别是当油田开发进入了中后期的注采调整阶段，随着加密井及注采井数量的增减、调层、关控，导致高压层、高压区和低压层、低压区的重新分布，需要结合地质研究和油田的整个开发历程，不断追踪注水憋压的高压层、高压区的发展规律和转移方向机位置。

开发指标对超压注水和超压导致溢油通常具有以下反映：

（1）早期指标：投注初期及分层注水的早期是否超压，是形成高压层的关键因素；

（2）注水量的变化：在注水压力不变的情况下，如果吸水量逐渐降低，则表示地层压力在逐渐升高；若吸水量急剧增大，而注水压力却下降，则表示可能已经窜槽或外溢；

（3）注水压力的变化：若注水量变化不大或逐渐下降，但对应的注水压力在逐渐增大，则表示地层压力在升高，将导致超压注水；反过如果注入量不变而注入压力在逐渐下降，则表示可能已经发生了窜槽或外溢。

3.4.1.10 注入水引起断层失稳导致溢油

（一）断层封闭性的影响因素

（1）深度

对于挤压性盆地，随着深度的增加，封闭系数反而减小；而对于伸展性盆地，断层封闭系数则随深度增加而增加。由于在盆地内超过一定的深度时，张应力就不可能存在，即使张性盆地也是如此。断层要保持开启必须有流体压力的支撑，因此在一定程度上流体压力决定着断层的开启与封闭。

（2）断层的走向与倾角

断层的倾角与断层的封闭性关系密切：张性盆地，断层的封闭性随倾角的减小而增大；挤压性盆地，断层的封闭性随倾角的减小而减小；扭性盆地介于压性盆地和张性盆地之间。

（3）构造应力的大小和方向

构造应力对断层封闭性的影响主要表现为两项，一项为平均构造应力，另一项为差应力。平均构造应力与盆地的性质和活动强度相关，压性盆地比张性盆地更容易形成异常超压。差应力主要与盆地的活动性有关，也与盆地的性质有一定的关系。它主要使盆地内不同走向的断层的封闭性表现为各向异性，差应力越大，各向异性程度就越高。

（4）岩石物性

岩石物性对断层封闭性的影响表现为两个方面：一是不同岩石（如砂岩和泥岩）力学性质的差异；二是断层作用导致物质迁移出现渗透率的差异。这两方面对断层的封闭性都有非常大的影响。一般情况下，泥岩情况下断层的封闭系数比都为砂岩要大很多。

（二）断层封闭性的分析步骤

断层封闭性的分析步骤可概括为以下几个方面：

（1）断层的几何要素的确定，包括断层的走向，断层的剖面形态；

（2）不同演化阶段的构造应力场的定量模拟计算；

（3）断层两侧岩性分布的确定、物性参数的测量；

（4）目的层流体压力系数的确定。

（三）断层失稳导致溢油的机理

常规注水压力一般设定为不高于地层破裂压力，避免对底层造成破坏。而提高注水压力，使注水压力超过地层破裂压力后，注水压力可能导致地层产生裂缝或者使原有裂缝延伸。

在注水井附近存在断层的情况下，裂缝可延伸至断层，使注水井与断层联通，注水压力将直接作用在断层上，导致注水井周边断层开启或活动，此时断层面成为了油水混合物向上延伸的通道。油水混合物沿断层向上移动，在压力足够大，时间足够长的情况下，会上窜至海床，导致海床溢油事故的发生。

（四）断层失稳的防治措施

（1）一旦出现断层失稳，应立即关闭对应注水井，必要时停止生产作业。

（2）进行返排泄压，确保不存在地层超压的状况。

3.4.1.11 注入水突破盖层导致溢油

（一）盖层突破压力的定义

盖层的突破压力是指流体开始穿越、突破盖层时的排替压力。盖层的排替压力是指岩石中润湿相流体被非润湿相流体排驱所需的最小压力。

（二）盖层突破压力影响因素

突破压力是反映盖层封闭能力最根本、最直接的评价参数，影响突破压力的因素除泥质含量、成岩作用、裂缝等因素外，主要是以下因素：

（1）渗透率

突破压力主要受控于渗透率，随着渗透率的减小而增大。

（2）介质

同一块岩芯样品，依饱含的介质由气→油→水，突破压力逐次成倍增加。样品渗透率越大，增 加的倍数越大（表1）。实验近千块样品，都说明这 种规律性很强。由此说明同一岩性的封盖层所处的地质环境不同，其封闭能力差异巨大。

（3）孔隙度

盖层突破压力与孔隙度关系的一般规律是，孔隙度越大，突破压力越小。

（三）注入水突破盖层的防治措施

（1）合理控制注水量，确保作业过程中注采平衡；

（2）保证注水井的水质，避免造成堵塞，导致地层憋压而破裂，注入水上窜至盖层发生破坏；

（3）控制注入压力。注入压力在满足注水量的同时不得超过极限注入压力，否则需要减注降压。长期超过，存在风险，关井测压。

3.4.1.12 注入水突破固井水泥环导致溢油

（一）水泥环失效的力学分析

（1）水泥环的载荷类型

固井水泥环在后期过程要受到各种载荷的作用，如：经套管传递的内压力的作用、地层岩石围压的作用、井眼温度变化引起的温度应力的作用等。

而在整个的油气井寿命周期内，这三种载荷往往同时作用并发生变化。这些载荷的作用与变化，会导致水泥环受力状态的变化，严重时造成水泥环破坏，封隔失效，出现环空冒油冒气，地层流体互窜；水泥环失去对套管的保护作用，使得套管载荷不均匀，加速套管损坏，降低油井寿命，给油田生产产生较大影响。

（2）水泥环失效的力学分析

1）套管在井内一般不易居中，所以形成的水泥环周向上是不均匀的。其次，井眼几何形状可能不规则，使得水泥环的几何形状也不规则。在油气井钻井生产过程中，各种钻井完井施工、增产作业等可能会使套管内压力发生变化，进而影响水泥环内部的应力、应变分布，严重时可能导致封隔失效或水泥环破坏。

2）蠕变地应力作用下水泥环的失效方式为屈服破坏，地层弹性模量越大、泊松比越小，水泥环承受外载的能力越强。反之，水泥环的承受外载能力越弱。因此，在其它条件相同时，对于相对较软的地层，对水泥环的抗压强度要求应更高。

3）井下温度升高时水泥环的失效方式为屈服破坏，井下温度降低时水泥环的失效方式为界面挤压应力降低或界面剥离。

4）在一些情况下，井下作业会破坏套管外水泥环，特别是在管外水泥环无围压时，套管内施加很小的压力，即会导致水泥环产生裂纹而破坏。

（二）水泥环常见的失效方式及原因

（1）第一界面产生脱离：产生脱离的原因主要是套管内温度降低导致套管收缩，使套管和水泥环之前产生缝隙。

（2）第二界面产生脱离：产生脱离的主要原因是非均匀地应力，非均匀地应力导致水泥环周围剪切力过大，导致水泥环损坏。

（3）水泥环产生塑性屈服：水泥环在高应力作用下可能产生塑性屈服。

（4）水泥环产生拉伸破坏：拉伸破坏主要原因为套管内温度过高，压力过大，水泥坏弹性模量过大，导致产生拉伸破坏。

（三）水泥环失效的防治措施

（1）如没有发生溢油，

1）对于套管－水泥环界面产生脱离的情况，应选择适当升高注水温度，阻止套管过分收缩；

2）对于水泥环－地层界面产生脱离，由于是地应力造成，在选择井位时应尽量避免在该位置进行注水；

3）对于水泥环产生塑性屈服的情况，应当适当降低配注量，减小井底压力，避免对水泥环造成塑性破坏；

4）对于水泥环产生拉伸破坏的情况，应适当降低注水温度，避免套管过度膨胀，适当减小配注量，减小套管对水泥环的作用力。

5）水泥环弹性模量过大也是造成水泥环拉伸破坏的原因。对于水泥坏界面产生滑移的情况，由于是套管和地应力的双重作用，所以在关注套管内温度和压力的情况下，也应当对地层地应力状况进行足够的了解。对于未发生溢油的水泥环破坏，可以选择挤水泥技术修补完井注水泥缺陷。

（2）如已经发生溢油，应当立即对注水井进行排采泄压后挤水泥封堵或直接及水泥进行封堵。

3.4.1.13 注水阶段溢油事故的预防

根据对注水阶段溢油风险要素的分析可以看出，注水压力的保守设计是该阶段预防溢油事故发生的重要原则，应遵守以下步骤设计最大注水压力：

（一）基于区域构造地质背景和沉积过程的研究，确定断层和溶蚀缝的高发区域；

（二）根据地应力和岩石强度分布，确定储层内各个区域的最大破裂压力；

（三）参考地层破裂压力的分布及沟通溢油断裂带的距离，确定符合安全保守原则的最大注水压力，并以此为约束条件，制定油田的注采方案；

（四）注水生产过程中，必须通过多种途径实时监测地层压力及注水压力的变化。若出现地层憋压之后的突然泄压、注入压力突然变小等显现，应首先预警是否发生地质溢油。

3.4.1.14 注水超压后的泄压措施

（一）超压严重的注水层段坚决停注，但要尽量减少陪停层；

（二）单层砂体上有注无采形成高压层时，若在注采井组范围内，纵向上高压层数较少，油井不具备补孔条件时，油水井应尽量单卡停注；反之，若在注采井组范围内，纵向上高压层层数较多时，在注水井调控的同时，可采取油井补孔泄压；

（三）如果单层砂体由于注大于采已经形成了高压层，注水井要采取停、控结合，采油井采取合理放大生产压差或采取一些改善油层渗流条件的措施加速泄压；

（四）如果单层砂体由于厚注薄采或高注低采形成了高压层时，注水井先停注，油井正常开采，待压力降下来后再控制注水，保持合理的注采强度平衡；

（五）由于注采井距与砂体不匹配而造成注水井附近憋压时，应选择在注水井排两侧的采油井进行补孔泄压，或采用重射孔、酸化等措施，改善油层的渗流条件，加速泄压。

（六）由于注采系统严重不协调而形成高压区时，只能采取补钻泄压井或对该区注采系统进行调整，在进一步完善注采系统的基础上，完善单层砂体注采关系。此时采取水井控制注水或油井增产措施均不能从根本上改善注采不平衡的矛盾。

3.4.1.15 地层动态监测方案

注入水朝哪个方向推进、主力注水方位如何、注水前缘位于何处，这些问题只有结合该区块的生产测井、示踪剂和生产井资料，根据动态监测数据，应用油藏数值模拟技术和油藏工程方法，分析该注水井的水驱前缘、注入水波及范围、优势注水方向，落实油藏区块内的注水波及区和未波及区，评价注采的欠平衡区、平衡区和过平衡区，包括对应的油藏层段，找到注水超压的潜在危险区域，为合理布置注采井网、设计分区及分层段的注采参数提供依据，最终为挖掘剩余油、提高采收率提供可靠的技术依据。

动态监测数据最能真实和及时反映当前的地层压力及流体分布的变化规律。所以，完备的动态监测方案是溢油风险分析合理性和准确性的重要保障。

（一）地层静压

（1）测试方法

1）直接测量：关井后测量恢复到稳定的压力值，该方法测量结果较为准确，但由于恢复到稳定的地层压力需要较长的时间，会影响该井的正常产量，所以，现场通常测量的是未达到稳定状态的压力恢复过程数据，再经过处理得到地层静压；

2）间接测量：利用压力恢复数据或井筒液面资料计算地层静压；

3）油井生产资料计算：利用在两种工作制度下的油井产量和流压数据，或根据油井生产指示曲线计算地层压力；

（2）压力监测数据的分析及运用

1）评价油藏的注水效果：为避免原油中的溶解气在地层中脱出而导致气体的流动抑制了油的流动，因此在开采过程中，要求地层压力始终高于原油的泡点压力，或者为了保持足够的驱油动力，需要使油层压力保持在原始地层压力附近。而注水可以补充由于油层开采所消耗的地层压力。采用地层压力保持水平评价油藏的注水效果；

2）评价单井及井组的开发效果：通过监测单井及井组剖面的地层压力，获得油各层的压力、井底流压等随时间的变化，并结合油井工作制度、油水产量和含水率等数据，综合分析及实时掌握单层及多层油藏的压力及其分层动用规律；

3）评价区块地层能量的变化规律，分析油藏内流体的运动特征：根据各个区块油层压力的监测资料，绘制等压图，分析各区块不同地质特征对开发动态的影响；进而计算整个油藏的平均地层压力，以此表征油藏的压力水平，间接分析油层内流体的运动特征；

（二）吸水剖面监测

（1）测试方法

注水油藏的吸水剖面反映的是注入水在各层的吸水量，常采用放射性同位素载体法进行测量：把活性炭载体、放射性同位素和水按一定比例，混合到活化悬浮液中并倒入泥浆液。由于放射性同位素与吸水量成正比，从而通过附着在井壁上放射性测量吸水量；

（2）吸水剖面分析

1）分析层间差异，了解油层吸水状况，提出改善措施：吸水剖面资料明确指出了注水井中的吸水层位、各层的吸水能力以及油层的吸水程度。吸水差异越大，吸水剖面越不均匀，越易引起层间干扰，并影响油井中各分层储量的动用情况；

2）评价吸水效果：计算吸水厚度百分数、吸水层数百分数；

3）利用吸水剖面推测产出剖面：注水效果是通过产出剖面体现的，例如，当油层连通性好，注采的小层对比关系清楚，注采层位对应明确时，一般表现为主吸水层也是主产液层，未吸水层厚度对应不出油层厚度，即吸水与产出剖面有大体一致的对应关系。所以，注水井吸水剖面的改善程度也能体现出油井产出剖面的改善效果；

（3）影响油层吸水能力的因素分析

1）有效渗透率：渗透率是影响油层吸水能力的主要因素。油层吸水时存在一个最低渗透率限值，超过这个下限值油层才能吸水。很多油层，其渗透率差别小时，吸水厚度百分数高，吸水层数百分数高。

2）射孔完善程度：油层射孔的密度、射孔类型等都会影响油层的吸水能力，当油层的射孔密度大，射孔类型合理时，油层的吸水能力较高；

3）油层连通性：油层的连通性越好，注入水从注水井进入到油层，进而驱替出油气，使油气沿连通性好的油层从地层对比较好，且注采层位明确的相应采油井流出，油层的吸水能力也越强；

4）注水压力和注采井距：生产井出油靠的是生产压差，注水井吸水靠的是注水压差。提高注水压力，增大注水压差，可以有效增加吸水层数和吸水量，提高水驱储量的动用程度。注水压力也有上限值，不能高于油层破裂压力，否则会引起注入水的层间、井间窜流，单层注入水突进，油井过早暴性水淹，套管损坏和地质溢油等一系列问题。注采井距越小，油水井之间连通程度越高，油层吸水程度越高；

5）注水时间和油层含水饱和度：如果注水层段内存在多个吸水层，随着注水时间的增长，主要吸水层的吸水能力也会越来越高，而吸水能力差的层吸水性能则越来越差，造成吸水剖面愈来愈不均匀。

（三）油水运动状况监测

（1）监测的内容和方法

1）检查井取心（密闭取心）分析油层水淹状况，包括：岩心的油水相对渗透率：如果水淹，则岩芯含水饱和度增加，水相渗透率增大；岩心含油状况；油层水的含盐量；含油饱和度的变化等；

2）示踪剂测试与水淹层测井研究油水运动规律：在注入水中加入某种指示剂，在见水油井中检测该种指示剂，就可根据井与水井的方位关系，确定注入水的水流方向；根据油、水井之间的距离和从投入到检测到指示剂的时间，可确定注入水的推进速度，从而绘出目的层的水流方向图，直观反映地注入水的运动规律；

3）油水井动态监测法分析油水运动规律：观测诸如因水井的投注、增注、停注、注入强度的改变而引起油井产量的减小、见水、含水变化、产出水的矿化度变化等特征，从而分析判断地下油水运动和分布特征；

（2）油层水淹规律监测结果分析与应用

通常可得到以下规律：

1）井网控制不住的地区，水驱控制程度差，油层动用不好，多形成剩余油富集区；

2）条带状砂体的主体部位层厚、渗透率高，往往也是注水优先推进和强水淹地区；

3）断层附近油层动用不好，存在“滞留区”；

4）油层大面积连片分布区，注入水连续，控制强，剩余油较低；

5）油层微型构造中的正向构造，如小高点、小鼻状凸起、小构造阶地等多为水淹程度低的剩余油分布区；负相构造如小沟槽、小凹地等多为水淹程度较高地区。

3.4.2 注聚过程的溢油风险及防治

3.4.2.1 海上油田注聚的目的

近年来，随着海上一大批大、中型稠油油田的发现，聚合物驱油技术已成为海上油田提高采收率的一项重要战略手段。同时，针对海上油田开发受平台寿命限制的特殊性，也需要采用聚合物驱技术在有限的平台寿命期内最大限度的提高原油采收率。

3.4.2.2 聚合物驱油的机理

聚合物驱油的机理主要有：

（一）控制水淹层段中水相流度，改善水油流度比，提高水淹层的波及效率；

（二）降低高渗透率的水淹层段中流体总流度，缩小高、低渗透率层段间的水线推进速度差，调整吸水剖面，提高层间波及效率。

3.4.2.3 影响聚合物驱效果的因素

由聚合物驱替实验可知，在注入能力允许的条件下聚合物溶液粘度是决定其驱油效率高低的主要因素，任何影响聚合物黏度的因素都将影响聚合物的驱油效果。影响聚合物粘度的影响因素主要有一下几点：

（一）相对分子质量

相对分子质量增加，它在溶液里的体积增大，分子运动的内摩擦加剧，溶液黏度增加。

（二）聚合物浓度

由于聚合物浓度的增加，高分子的近程作用和远程作用都增加，高分子相互缠绕的几率增加，分子运动的内摩擦增加，从而引起流动阻力增加，聚合物溶液黏度增加。

（三）矿化度

一般情况下，矿化度越高粘度越低，这是由于无机盐中的阳离子比偶极水分子有更强的亲电性，因此它能优先或取代水分子，与聚合物上的阴离子基团形成反离子对，从而屏蔽了分子链上的负电荷，产生去水化作用，分子有效体积减小，引起溶液黏度下降。

（四）水解度

聚合物的水解度增加，就是聚合物中阴离子的含量增加，使整个高分子所带电荷量和电荷密度增加，从而使得高分子链更趋伸展，溶液中的高分子体积增大，溶液的黏度增大。

3.4.2.4　聚过程的事故风险因素

海上油田注聚所用的聚合物均为疏水缔合聚合物，该聚合物在分子结构中引入了疏水基团[18]，因此不同于陆上油田普遍使用的部分水解聚丙烯酰胺（HPAM）。在近井地带，疏水缔合聚合物在砂岩表面吸附，且由于聚合物存在疏水基团，易在孔喉处发生缔合，与原油中的高黏度沥青质结合，造成一定的储层堵塞，因此会造成注入压力的异常升高，加大了海上平台地层配注系统的负荷。由于长期高压注入，易导致套管强度失效破裂，引发水窜和聚合物从水下井口泄露，增大了海洋污染的风险。

从理论上分析这种注人压力异常增大的原因可能有两方面：一是所选用的聚合物分子量太大，和注人的地层孔隙尺寸不匹配，以致在注人井底附近，形成大量聚合物堵塞，造成注人压力急剧上升；二是所设计的聚合物浓度太高，增大了聚合物在多孔介质中的滞留量，而滞留量的增大又导致聚合物驱时不可注人孔隙体积的增加，最终使得注人压力急剧上升。

由于长期高压注入，易导致套管强度失效破裂，引发水窜和聚合物从水下井口泄露，导致溢油风险。

3.4.2.5　聚合物驱监测

聚合物驱监测的主要目的是在于及时了解聚合物驱油动态，调整聚合物驱方案，保证聚合物驱顺利实施，降低聚合物驱风险和提高聚合物驱效果。

聚合物驱监测对象包括注入井、生产井及油藏内部。监测内容为：

（1）注入井监测：注入压力、注入井吸水剖面、注入聚合物溶液粘度

（2）生产井监测：聚合物浓度、矿化度分析、示踪剂分析、油水产量及含水率

（3）油藏内部监测：压降曲线、注水指示曲线、注入指示曲线、霍尔曲线

3.4.2.6　注聚合物导致溢油的防治措施

（1）聚合物分子量的选择应该以地层岩石孔隙大小分布特征参数为依据，在尽量满足高粘度的情况下，做到与地层岩石相匹配；

（2）对于注入压力异常升高的井，要及时采取合适的解堵措施，降低注入压力，减小配注系统的压力负担，减小流体外溢的风险；

（3）在聚驱过程中，通过向地层注入表面活性剂，从而达到降低或保持注聚井注入压力的目的，减小配注系统的压力负担，减少流体外溢风险。

3.4.3 热力采油过程的溢油风险与防治

3.4.3.1 热采工艺的增产原理

热力采油是指利用热能加热油藏，降低原油粘度，将原油从地下采出的一种提高采收率的方法。目前我国海上稠油油藏主要以蒸汽或者多元热流体吞吐开采为主，二者的区别主要是注入介质和注入工艺不同。前者属于热蒸汽注入，后者是利用火箭发动机的高压燃烧喷射机理，将注入的柴油和空气在燃烧室（热力发生器）内燃烧，依靠产生的高温、高压烟道气及掺入的水，形成二氧化碳、氮气、水蒸气与热水的高压多元热流体，该流体通过井筒管柱注入油层，提高油层温度，降低原油粘度，从而提高单井产量。

3.4.3.2 热采过程的溢油风险因素

（一）冷放空排油

实施热力采油的生产井，在其开井生产的自喷期间，由于初期井口产液量及井口温度很难稳定，需要进行冷放空，此时易造成原油随气体排出，造成环境污染；

（二）热变形套损

（1）热变形套损导致溢油的机理

当套管在热应力的作用下，变形超过其强度范围，就会发生套管的变形、拉伸断裂、错断等严重的热变形套损，损害井身结构，进而形成海底溢油，导致溢油发生。

（2）热变形套损的原因分析

1）蒸气吞吐使套管反复加热、冷却热疲劳损伤套管；

2）钻井完井预拉应力未达热应力要求导致套管变形；

3）固井质量差，有局部空穴，在热应力作用下套管应力集中的薄弱部位发生损坏；

4）注汽参数不合理，热应力导致套管变形损坏；

5）套管接箍外水泥失效，接箍受热应力作用，丝扣密封能力下降，导致套管漏失。

实施热采过程中，由于对套管的加热，致使套管膨胀、增长。对一口井进行实例测算：油层套管全长 3 000 米，套管钢质为 J55（线胀系数为 12×10^{-6}），油藏温度为 100℃，井筒温度按照平均温度计算，冷态参照极端气候温度，采油树温度设

定在 $-16℃$，则套管平均温度为 $42℃$。在注入多元热流体后，井眼平均温度将达到 $180℃$，套管整体温度升至 $138℃$，计算得到管柱升温后的线性膨胀量为 $12\times10^{-6}\times3\ 000\ m\times138℃=4.968\ m$。可见，在热采井升温后，套管的整体伸长量是一个相当可观的数值，但由于套管通过固井的方式坐落在岩石裸眼井眼的中下部，已经变成了一个固定点，顶部被井口装置固定，成为另一个固定点，两个固定点间的距离不变，但是套管要膨胀，因此，套管的两个固定点都要受到破坏，套管也会在膨胀伸缩过程中承受巨大的压缩和拉伸作用。当套管的热应力变形超过其强度范围时，即会发生管柱的错断，从而导致海底溢油事故；

（3）热变形套损的预防措施

1）在最大应力点处选用高强度套管或者厚壁套管，或者设法在此部位对套管进行补强，以控制最大应力点处套管柱上的恶性局部应力，延长注蒸汽热采井套管柱使用寿命；

2）在井身处采用必要的隔热措施，尽可能的降低套管的内外壁处的温度从而降低套管的轴向应力及环向应力，使套管应力总体上控制在许用应力范围内；

3）在满足生产要求的前提下，尽可能地控制注汽温度，可以采用高压低温注汽方式，以避免套管温度过高而超过许用应力；

4）尽可能的避免蒸汽与套管直接接触，在直接接触处可对套管施加一定的预应力以抵消高温蒸汽产生的热应力。

（三）开发方式的调整

对于早期采用常规注水开采，后期决定改用热采工艺的生产井，因为其管柱材质和井下管柱结构的设计并未考虑对热应力变形的适应性，若直接采用热采工艺，更易造成套管及其它井下设施的变形、拉伸断裂、错断等严重热损以及固井的严重破坏；

（四）井下气体爆炸

在实施多元热流体热采工艺时，如果控制不当，易导致大量空气的混合注入，形成井下气体爆炸，损害井身结构，形成海底溢油；

（五）出砂

（1）油井出砂的过程

地层砂可分为两种：充填（松散）砂和骨架砂。当流体的流速达到一定值时，首先使得充填于油层孔道中的未胶结的砂粒发生移动，油井开始出砂，这类充填砂的流出是不可避免的，而且起到疏通地层孔隙通道的作用；反之，如果这些充填砂留在地层中，有可能堵塞地层孔隙，造成渗透率下降，产量降低。因此充填砂不是防治的对象。

当流速和生产压差达到某一数值时，岩石所受的应力达到或超过它的强度，造成岩石结构损坏，使骨架砂变成松散砂，被流体带走，引起油井大量出砂。防砂的主要对象就是骨架砂，上述情况是在生产过程中应尽量避免的。根据以上情况可以把油井出砂过程分为两个阶段：

1）第一阶段：是由骨架砂变成自由砂，这是导致出砂的必要条件；对于出砂的该阶段来说，应力因素：如井眼压力、原地应力状态及岩石强度等是影响出砂的主要因素。

2）第二阶段：是自由砂的运移。要运移由于剪切破坏而形成的松散砂，液力因素是主要影响因素：如流速、渗透率、粘度以及两相或三相流动的相对渗透率等的作用等。生产过程中，只要满足以上两方面条件，油井就会出砂。

（2）油井出砂的危害

1）井下、井口采油设备的磨损和腐蚀产液中带砂使各种采油泵、管线受到磨损，大大缩短了它们的寿命。对于输油管线由于砂粒磨损加快了腐蚀速度；

2）井眼稳定问题：由于出砂使井眼失稳而导致套管挤毁、油井报废。

3）出砂会导致减产或停产作业：油井出砂磨损泵筒与柱塞，降低泵效，甚至损坏采油泵，造成油井减产或停产。

（3）预防油井出砂的技术措施

若井眼出砂，就要采取防砂措施，针对出砂的危害，人们采取了多种防砂方法。可以把这些措施概括为两大类：

1）自然完井法防砂：利用生产参数如压差、生产速率等来控制油井出砂。

2）主动防砂法：包括砾石充填、管柱滤砂、化学固结和地层预强化等方法。

① 砾石填充

A、套管内砾石充填：在下入套管并射孔的井中如有出砂，可在出砂井段下筛管，在筛管与油层套管之间的环空中充填砾石。

B、裸眼砾石充填：裸眼砾石充填是在钻开产层之前下套管封固，再钻开产层，在产层段扩大井眼，下入筛管，在井眼与筛管之间的环形空间中充填砾石。砾石和筛管对地层的出砂起阻挡作用。

② 管柱滤砂：管柱滤砂是在生产管柱上或井筒内封隔管柱上采取防砂滤砂措施，滤砂管防砂有两种用法：一是在泵抽管柱中当筛管，二是用于套管内充填防砂。常用滤砂管有：绕丝筛管、割缝筛管等。

③ 化学固结：是把一种化学物质注入井眼附近，使其强度增大以防止出砂。

④ 地层预强化：此法的原理是向油层提供热能，促使原油在砂粒表面焦化，形成具有胶结力的焦化薄层。主要有热空气固砂和短期火烧油层固砂两种，目前应用较少。

（4）热采过程导致出砂的原因分析

1）高温注入蒸汽加大地层出砂：在高温蒸汽作用下，部分矿物颗粒和胶结物溶解，降低了固结强度。注蒸汽程中蒸汽不断的高温冲刷，易破坏岩石的结构，加剧出砂。

2）高压、高强度注入蒸汽加大地层出砂：随着注汽压力增高，注汽强度的提高，在高于合理注汽压力时，损坏了胶结疏松地层的结构，造成岩层骨架破坏。

3）较高的粘度加大地层出砂：高粘原油在地层中的流动将产生较大的拖曳力和冲刷力，流动阻力大，对砂粒的摩擦携带作用大。当生产压差越大、原油流动速度越高时，流体对岩石产生的拖曳力越大，出砂越剧烈。

4）较高的流速加大地层出砂：在热采放喷及转入生产初期，压力快速释放，打破了地层平衡状态，流体对岩石产生的拖曳力加大，流速急剧放大，远超过临界出砂速度，即最容易发生出砂的时段是注热转生产的初始阶段。

5）防砂筛管防砂失效加大地层出砂：注热过程中，随着温度的升高，防砂筛管轴向膨胀变形显著增加，由于筛管的基管底部引鞋被完全固定，热变形将全部体现在孔眼处，导致孔眼半径轴向伸长变形随着注热轮次的增加，筛管和孔眼发生屈服和应力疲劳，更易出现防砂失败。

海上疏松砂岩稠油油田通常采用裸眼优质筛管简易防砂或管外砾石充填防砂两种完井方式，筛管的弹性模量、膨胀系数及屈服强度等都会显著受温度变化的影响[19]，如果采用热采方式，必然影响井下防砂筛管的防砂效果。注热过程中，随着温度的升高，防砂筛管轴向膨胀变形显著增加，资料显示，长度为 200 m 的防砂筛管在 120、250 和 350℃时，其轴向伸长率分别为 0.13%、0.30% 和 0.43%，由于筛管的基管底部引鞋被完全固定，热变形将全部体现在孔眼处，导致孔眼半径轴向伸长变形，对于防砂精度要求较高的海上油井来说，无疑增大了出砂风险。随着注热轮次的增加，筛管和孔眼发生屈服和应力疲劳，更易出现防砂失败，使得大量积砂堵塞井底，造成井口憋压，破坏管道，出现油气外溢。

（5）出砂导致溢油的机理

在热采过程中，如果大量积砂堵塞井底，会造成井口憋压，破坏管道。尤其是坍塌性地层出砂后，地下形成质量亏空会引起地层下沉也会使套管受挤错位，出现油气外溢。

3.4.3.3 热采溢油事故的防治对策

（一）对于热采井，在设计管柱和选用管材时，考虑实施热采阶段的最大温度变化幅度，准确测算出变形量，在管柱结构设计中充分考虑对热变形的补偿；

（二）对于实施裸眼优质筛管的简易防砂井，可增加定向井的沉砂口袋长度或增大水平井人工井底与引鞋的空间，可有效缓解防砂筛管轴向热膨胀，增强稳定性；

（三）对于实施管外砾石充填的防砂井，在注热过程中筛管热变形屈服的风险较大，可合理采用热应力补偿器进行补救。

3.5 增产阶段的溢油风险及防治

增产阶段的作业主要包括修井、压裂和酸化

3.5.1 修井作业的溢油风险因素与防治

3.5.1.1 修井作业概述

海上油井在自喷、抽油或注水、注气生产过程中，井下设备可能发生故障，或由于生产油层的枯竭，造成了油井的减产，甚至停产。为了恢复油井的正常生产，需要进行修井。修井包括起下作业，例如对发生故障或损坏的井下设备提出修理、更换，以及旋转作业，例如钻砂堵、射孔、扩孔、重钻、加探井孔和修补套管等。

修井作业是通过提升设备更换井下管柱、管件和设备的方式消除井下设备的故障，并对油层和水层的物性采取优化措施，恢复或提升井的采液能力和注入能力，从而恢复产能的一种做法。修井工艺包括：清腊、冲砂、检泵、井口故障处理、射孔打捞落物、找漏、堵漏及套管维修。

海上石油修井作业完全区别于陆地修井作业，它是即为复杂的一项工艺过程；不同性质的修井作业其基本流程不一样，即使同一类作业在不同的地质状况下，工艺过程也不一样，应区别对待；所有作业都要预先编制 HSE 施工方案；即使在施工过程中，根据井下的实际情况，应在修井工艺上作出调整。

海上修井作业一般的过程是：作业现场条件准备，谨慎压井（安装）抬换井口，起吊管柱（或卡在井里的管柱）下完井管柱，替喷，交井投产。

修井作业的一个中心任务是防井喷，所有作业措施都要配合这个中心原则来运行。

3.5.1.2 修井作业所需设备

目前在我国的石油修井作业中所需要的设备设施分为以下四个类型：

（1）地表作业设备，如起重机、井架，天车等；

（2）井口设备，如转盘，泥浆泵等；

（3）井下设备，如井钻等；

（4）入井流体设备，井泵、潜水电机等；

3.5.1.3 修井作业溢油原因分析

（一）修井期间地层压力难以量化，为修井参数选择及工艺措施增加了困难。

（二）修井作业属于连续作业，压井装备相对简单，压井工作量非常大，易出现溢流井喷的风险。

（三）起出管柱过程中携带出的泥砂较多，容易造成甲板落液累积造成飘落入海污染。

（四）井下循环和压井不彻底，在拆采油树防喷器间隙，容易造成井涌。

（五）下管柱造成的导流管喇叭口的压井液溢流，容易导致海洋污染。

（六）套铣过程中，容易伤及造斜段套管，形成井眼力学完整性变差。

（七）从原井中起出的管柱内的油泥砂处置不规范会造成溢油污染。

（八）对于老化的井口，防喷器有压断井口的风险。

（九）防喷器内部出现堵塞，或不按照程序检验防喷器，可能造成失效，造成严重的污染事故。

（十）作业全过程循环洗井管线为高压胶管，在压力冲击下会出现晃动磨损，造成溢油污染事故。

（十一）与修井目的层相关的层位的邻井进行的注水作业，可能会诱发在修井的井涌。

（十二）安装液压防喷器的过程中，有液压洒落污染海洋的风险。

（十三）即使因等料等工艺等原因，造成作业中断，也要不断补充压井液，但海上平台配置压井液有限，如果耗尽有造成意外井喷的风险。

3.5.1.4 修井作业溢油风险的防治对策

（一）加强作业人员环保培训工作；

（二）修井的邻近注水井停注以稳定注水压力；

（三）严格按照作业规程进行操作，避免认为操作错误导致事故发生；

（四）对于地层压力大，产量高的油井更应该注意溢油的发生；

（五）严格按照规定充分洗井循环，压井作业达到规定效果；

（六）井口平台的临近高压管线做好捆绑；

（七）停工待料过程关闭防喷器，井内需预留尽可能长的压井管柱；

（八）对钻井平台的泥砂进行及时清理，对出井管柱表面计算进行清理；

（九）及时地清扫收集井口甲板污液，避免造成污染；

（十）制定预测方法，监视周边井情况，正确预测地层压力。

3.5.2 压裂和酸化作业的溢油风险及防治

水力压裂和酸化是油田增产增注的主要措施。

3.5.2.1 水力压裂的过程

水力压裂就是利用地面高压泵，以超过油层的吸收能力的速度向油层挤注具有较高粘度的压裂液，则会在井底油层上形成很高的压力，当这种压力超过井底附近油层岩石的破裂压力时，油层将被压开并产生裂缝。然后为了保持压开的裂缝处于张开状态，接着向油层挤入带有支撑剂（通常石英砂）的携砂液。

3.5.2.2 水力压增产增注的机理

（1）沟通非均质性构造油气储集区，扩大供油面积；

（2）将原来的径向流改变为线性流和拟径向流，从而改善近井带的油气渗流条件；

（3）解除近井地带污染

3.5.2.3 压裂缝的导流能力

压裂缝的导流能力是指储层在闭合压力的作用下，渗透率与裂缝支撑缝宽的乘积。裂缝导流能力的大小主要与裂缝闭合压力、支撑剂的物理性质以及支撑剂在裂缝中铺置浓度有关。

3.5.2.4 水力压裂的效果评价

单井工艺效果分析主要指标是增产有效期和增产倍比。增产有效期是指某井从压裂施工后增产见效开始至压裂前后产量递减到相同的日产水平所经历的时间。增产倍比是指相同生产条件下压裂后与压裂前的日产水平或采油指数之比，可以采用典型曲线法、近似解析法和数值模拟法得到。

3.5.2.5 酸化的目的

酸化是为了通过向地层注入酸液，溶解储层岩石矿物成分及钻井、完井、修井、采油作业过程中造成堵塞储层的物质，以达到改善和提高储层的渗透性能，从而提高油气井产能的目的。

3.5.2.6 酸化的增产原理及分类

常用的酸化工艺有酸洗，基质酸化，酸化压裂。

（一）酸洗

酸洗是一种清除井筒中的酸溶性结垢或疏通射孔眼的工艺。它是将少量酸注入预定井段，在无外力搅拌的情况下溶蚀结垢物或地层矿物。有时也可通过正反循环使酸不断沿孔眼或储层壁面流动，以增大活性酸到井壁面的传递速度，加速溶解过程。

（二）基质酸化

基质酸化是一种在低于储层岩石破裂压力下将酸液注入储层中孔隙空间的工艺，其目的是使酸大体沿径向渗入储层，溶解孔隙空间的颗粒及堵塞物，扩大孔隙空间，从而恢复或提高储层渗透率，成功的基质酸化往往能够在不增加水、气采出量的情况下提高产能。

（三）酸化压裂

酸化压裂是在高于储层岩石破裂压力下将前置液或酸液挤入储层（前者称为前置液酸压，后者称为一般酸压）。酸压适用于碳酸盐岩储层。

（1）处理碳酸岩储层的酸化称为碳酸盐酸化。这种储层的酸化可进行酸洗，基质酸化和酸洗。

（2）处理砂岩储层的酸化称为砂岩酸化。这类地层的酸化通常只进行酸洗和基质酸化，不进行酸压。

3.5.2.7　压裂酸化过程导致溢油的原因分析

压裂及酸化作业实施时均需要超过地层吸收能力的强注入过程，通过注入层的憋压，实现近井带地层的提渗。但如果施工作业失控或设计出现偏差，就有可能致使所形成的压裂缝或酸蚀缝沟通储层和断层，当高压传递到断层并开启断层时，就会使储层中的油气通过溢油通道到达海底软泥层，造成溢油事故。

（一）当压裂液密度过低或施工过程中压裂液液柱高度降低时，井筒内的压力不能有效平衡地层压力，从而引发井喷，造成溢油；

（二）施工过程中由于地层窜槽、封隔器损坏、油管断裂、固井质量变差等工程事故都可引起井喷，造成溢油；

（三）压裂或酸化沟通了高压层，易导致井喷，造成溢油；

3.5.2.8　压裂及酸化过程溢油的防治措施

（一）酸化及压裂前，要对配注压力做好预算，防止施工压力过大；

（二）水力压裂前，要对压裂液密度进行合理的设计，防止井内压力系统失去平衡；

（三）施工时要时实时监控配注压力的变化，并分析变化原因，做好井喷控制的准备。

（四）酸化施工过程中井下存在一些致爆化学反应。例如：采用双氧水解堵，双氧水在井下分解出氧气后，在高压条件下和油结合，可能导致井下爆炸，造成油套管、井下工具、电泵电缆、液控管线及毛细管的破裂，导致地层向井内吐出大量泥沙，引起油井报废，或者引起油管内的原油向地层和套管与井眼之间的壁面渗漏，引起环境污染。

3.6 油气水处理阶段的溢油风险及防治

3.6.1 油气水分离流程

从油井井口出来的液体，首先进入高压分离器分离，气液分离后，余下的流体再经过中压分离器分离，最后进入低压分离器，分离的原油泵入贮油设施、单点系泊或管道。

高、中、低三级分离器分离出的天然气均由各级分离器的上部进入气体洗涤器进行净化，然后进入集气管网，之后输送到下一级用户，分离出的水进行污水净化处理后，回注到地层或排入海中。

3.6.2 溢油风险因素分析

3.6.2.1 天然气处理流程的事故因素

天然气中含有各种气体杂质（水汽、硫化氢、二氧化碳）和液体杂质（水、凝析油），处理过程中的事故风险因素包括：

（一）天然气中的气体杂质引起金属的电化学腐蚀，损坏设备、管道和仪表；

（二）液体杂质的凝结及生成的各种化合物堵塞管道，增加输气阻力，造成局部高压；

（三）水和凝析油引起管道和仪表的腐蚀，导致处理流程管线的破损，造成泄露。

天然气处理过程中泄漏的烃类遇火源可能爆炸，甚至导致平台倒塌。

3.6.2.2 污水处理流程的事故因素

含油污水除了含有石油，还含有石油破乳剂、盐、杂质悬浮物等污染环境的物质。随着油田开发时间的增长，产出的污水也随之增加。为避免海上石油开采的环境污染和在油田注水过程中节约其他水源用水，随地层原油产出的含油污水会做为注水开发的水源，或将含油污水回注到其他地层进行埋存。这一过程中的污染因素包括：

（一）经过处理的污水含油量未达标就直接排放；

（二）含油污水回注地层过程中由于地层憋压开启了溢油通道造成的溢油。

（三）污水回注过程的压力和回注量控制不当，

3.6.2.3 污水处理系统溢油风险

污水回注层位设计不当，易引起注水地层压力的异常，导致地层破裂或开启及沟通地层断层，引起海底溢油。

3.6.3 溢油预防措施

（一）加强油水处理流程及质量标准和排放标准的制定、监督和执行条例；

（二）根据井口产出流体的温度、压力、组分以及机械杂质的含量，基于油气分离和污水处理流程的承受能力，适时进行油气水处理流程的监测，根据对零部件腐蚀程度、管线磨损及老化程度、流程内异常压力点、清洗过滤部件的负荷情况等的评估，制定维护、更新、更换的频率；

（三）加强对污水回注流程的压力监测，预防快速憋压造成的地层破裂。

3.7 钻屑回注的溢油风险及防治

3.7.1 钻屑回注的技术原理

钻屑回注与增产过程中的水力压裂及钻井时循环漏失很相似。利用地面高压泵组，将浆化的钻井废弃物以超过地层吸收能力的排量注入目标地层，当井底地层的憋压大于近井地层岩石的抗张强度时，在井底附近地层中将产生裂缝；随着后续的注入，裂缝不断向前延伸；关井后裂缝闭合，地层基质孔隙及未闭合的裂缝共同形成了具有一定体积的能够容纳钻屑浆体的地质容器[21]。

3.7.2 钻屑回注的技术优势

陆地和海上油田废弃物的处置方法主要有：直接排放、分散处理、定点集中处理、循环回收再利用、化学（破乳和脱水）处理、生物处理、焚烧、填埋、固化处理、回注、特殊井场钻井废弃物处理（尤其是海上钻井）以及钻屑的综合利用等[20]。

各项废弃物中，以废弃的油基钻井液及钻屑的处理难度和成本为最大。已知的处置方法包括：将钻屑运回陆地进行蒸馏、焚烧、添加化学药剂、水洗、回注地层和就地固化等。众多处置方法中，以回注地层为最优方法，其利用水力压裂技术，在深部地层压开裂缝，然后将废弃物回注进目标地层，不仅成本低，而且以废弃物的零排放彻底解决了环保问题，避免了由于环境污染而支出的补偿费用，具有处理彻底、不会带来二次污染的优点，尤其是对于油基钻井液。

在海上平台实施钻屑回注的费用比运回陆地再后处理的费用低，因此钻屑回注具有较好的经济效益[21]。海洋钻井的零排放势在必行，钻屑回注技术能够实现这一目标，因此钻屑回注技术具有较大的社会效益。

3.7.3 钻屑回注技术的发展历程

钻屑回注是处理海上钻井废弃物的最佳方式，该技术目前主要应用于阿拉斯加、加拿大、北海、德克萨斯、路易斯安娜、墨西哥湾和加利福尼亚等地。技术发展历程如下：

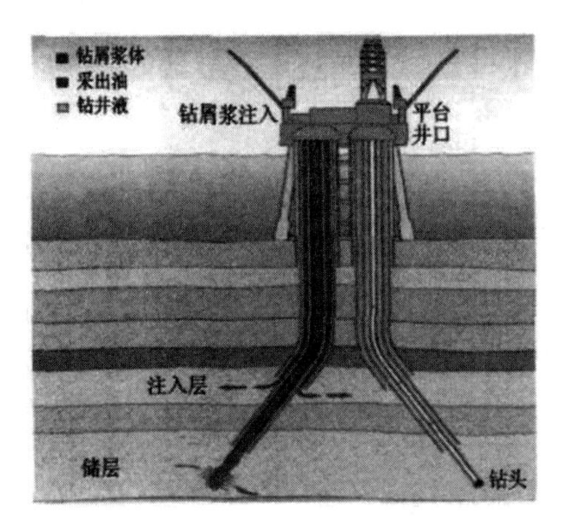

图 3.6 海上钻井平台岩屑回注示意图

（一）20 世纪 80 年代中期，国外少数陆地油田开始把油田废弃物，例如含有钻屑的废弃钻井液回注到地下，以节约处理成本；

（二）80 年代末，菲利浦斯公司首先在美国阿拉斯加和墨西哥湾进行了海上钻井废弃物的回注，标志着该技术在海上油田的成功应用；

（三）1986 年，阿科公司将海上钻井废弃物回注的部分相关技术申请了专利，KMC 石油工具公司获得了阿科公司的使用授权，并开始在世界范围内推广钻屑回注技术；

（四）1990 年，欧洲某公司在英国北海进行了钻屑浆体回注，钻屑浆化后通过 Φ508 毫米和 Φ339.7 毫米的套管环空注入到 760 米以下地层；

（五）1991 年，BP 公司在挪威北海地区将钻屑废弃物通过 Φ339.7 毫米和 Φ244.5 毫米的套管环空回注地层，并且首次将钻屑通过所钻的同一口井回注到地层；

（六）1994 年钻井工程协会（DEA）组建联合公司研究钻屑回注，对页岩、砂岩等地层进行了一系列的废弃浆体回注实验研究，得出结论：经过间歇式多批量浆体回注之后的地层会产生多重裂缝，地层将能容纳更多的回注浆体；

（七）在阿拉斯加进行的三大钻屑回注工程中，注入钻屑量达115.6万方；

（八）在德克萨斯10年的回注工程中，注入地层的废弃浆体达到了289万方；

（九）从2001年1月1日起，英国北海禁止对海洋排放油基、合成基钻井液，钻井废弃物基本都回注地层，挪威也要求海上钻井用油基废弃钻井液必须全部回注，并形成了相关的法律规定；

（十）2002年路易斯安娜一口单井18个月内注入废弃物总量高达28.9万方；

（十一）2004年美国能源部计划对油田废弃物回注工艺技术进行改进，这项工作包括建立一个扩充的数据处理站，对美国和加拿大的9个回注工程、700多个废弃物回注施工项目进行全面总结，对回注过程中的各种改进方法进行分析，制定出回注改进的长期发展行动指南，并且制定了废弃物回注地层的详细条款；

（十二）2010年康菲石油公司与中海油合作在渤海蓬莱19－3油田首次应用了钻屑回注技术。

总体来说，在钻屑回注技术在国外已基本达到成熟运用的阶段，而在国内，钻屑回注技术尚处于初步研究和应用试验的阶段。

3.7.4 钻屑回注的工艺流程

钻屑回注就是将钻井废弃物，包括钻屑、产出砂、池底废物、污水等，从固控设备传输到处理容器内，通过研磨、筛选和造浆，使钻屑粒度及浆体的流变性能满足回注的要求，然后再通过水力压裂的方式把钻井废弃物通过套管环空或者专用回注井注入到有一定吸收和储存浆体能力的深部地层内[20]。

工艺流程包括以下各主要技术环节：

（一）钻屑回收和传输系统

钻屑的回收和传输系统包括真空泵吸入、文丘里管传输、传送带输送和螺杆泵传输4种方式。蓬莱19－3油田Ⅰ期开发中使用了文丘里管传输系统，该系统由特殊设计的漏斗和离心泵组成。与其它几种方式相比较，文丘里管系统具有体积小，重量轻，所需动力小等特点。其主要工作原理是：在特制漏斗底部安装两个缩径喷嘴，根据水力学伯努利原理，在排量一定的情况下，缩径后产生高速液流，从振动筛落下的钻屑在螺旋输送器和重力作用下，落入特制漏斗内，高速液流携带钻屑返回钻屑处理罐内进行处理；

（二）钻屑处理和存储系统

主要包括处理罐、存储罐、研磨器和离心泵等。处理罐中间使用隔板隔成两个容积相同的一级和二级处理罐。处理罐的底部为锥形，以减小钻屑的沉淀。在处理罐内配有搅拌系统，在离心泵作用的基础上，加强搅拌运动。同时装有带孔的挡板，其作用是增强扰动性能，降低大颗粒钻屑的含量。使用Φ152.4毫米管线传输钻屑浆至存储罐内。存储罐的容积为30.64方，内部由隔板隔成四个容积相同的存储罐，配有两台搅拌系统和两台离心泵。研磨系统由两台离心泵（Φ127.0 mm吸入口，Φ152.4 mm排出口）组成，每个处理罐各配一台。离心泵采用机械密封，而不是普通的盘根密封。其叶轮为改进型，缩小了叶轮的尺寸，改善了液流在离心泵室内的流动特性，增强钻屑的破碎作用。离心泵的叶轮翼部敷焊碳化钨硬质合金，增加其使用寿命，同时可以研磨硬度高的钻屑。所有的地面管线系统都可以连通任何一个离心泵，一旦管线堵塞，可以采用正反循环方式打通；

（三）钻屑分选系统

使用一台振动筛，振动筛的过滤能力需要根据回注地层的压裂裂缝宽度和地层孔渗能力设计，如果选择150目的筛布，过滤后的钻屑颗粒粒径中值为100 μm，如果选择40目的筛布，过滤后的钻屑颗粒粒径中值则为400 μm左右。从振动筛（安装在钻屑处理罐的上面）上分选出的大颗粒钻屑经过离心泵进一步研磨，返回进行重新分选，直至合格；

（四）钻屑浆回注系统

钻屑浆回注系统主要包括高压注入泵、回压阀、地面管线及回注井等。高压注入泵为柴油驱动三缸泵，该泵的最大额定压力可达到48.3兆帕。它带有数据采集系统，可记录排量、注入泵压、注入体积和时间等参数。同时，将固井泵作为备用泵。从注入泵到井口使用Φ76.2毫米的活络管线及软管线连接，在注入泵的吸入端安装卸压阀，压力设定为20.68兆帕，以保护注入系统的安全。同时，为防止钻屑浆中的沉淀物堵塞注入泵，在吸入端的连接管线内安装过滤网。在井口的管线附近安装回压阀。

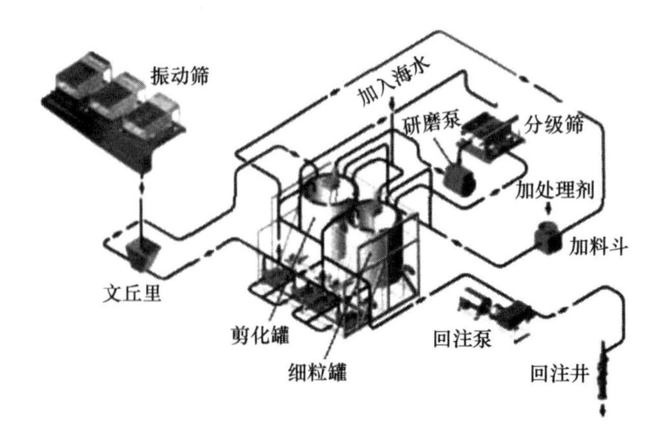

图3.7　钻屑回注设备及流程示意图

3.7.5　钻屑回注的适用条件分析

海上平台空间有限，无法存放大量废弃物，而通过船舶运输到陆地处理，则运费耗资巨大。海洋环保要求严格，污染环境的钻屑等废弃物无法直接排放，在技术条件及设备满足钻屑回注的要求，且有合适地层可作为注入层位的前提下，可考虑运用钻屑回注技术进行钻屑处理。

对于一些陆地钻井作业，在设备、技术及地层条件允许情况下，为了达到环保要求、回收利用钻井液及减少运费等目的，也可考虑采用钻屑回注技术。

3.7.6　钻屑回注过程的溢油风险因素

（一）地层裂缝

如果钻屑回注过程中注入地层不适宜，可能发生许多危险因素，如：

（1）裂缝的延伸沟通了储层，导致储层污染，影响后续油田开发；

（2）裂缝的延伸沟通了地层水，可造成地下水资源的污染；

（3）裂缝的延伸连通至海底，将导致污染海洋环境等。

因此，在钻屑回注施工设计前，要对目标地层的筛选予以充分考虑，以减小生产作业过程中发生危险的可能性。

（二）套管损坏

在钻屑回注设计过程中，要考虑井身结构、套管下入层次及每层套管的破裂压力等因素，过高的压力可能造成套管破裂，出现事故。尤其要考虑应力集中的套管鞋处的受力情况，合理设计施工压力，以防作业过程中将套管鞋压坏；

（三）固井质量导致的水泥环破裂

在固井水泥环段，应力脆弱处为井筒与地层的接触处，注入水泥浆压力过大时，可能导致井筒与地层间形成缝隙，导致水泥浆从中溢出。因此，在固井过程，要严格保证固井质量，通过对固井质量的评定和对井筒与地层接触处这一易破裂点进行分析，从而在钻屑回注设计中，对施工压力的安全范围进行限定，以减小溢油风险；

（四）地层堵塞

较大的钻屑颗粒不利于向地层注入，容易造成近井地带的堵塞，从而造成浆体憋压，过高的压力可能引起一系列事故。回注浆体性能的调控是钻屑回注技术的重要组成部分，目的是使浆体顺利注入到具有处置能力的目标地层；

（五）设备故障及设备问题引起的施工故障

在钻屑回注过程中，如果选用的地面设备或井口设施不合适，可能造成施工过程的设备故障或施工达不到设计目的。例如钻屑研磨或分选设备不符合标准，使得生产的钻屑粒度大于设计标准，则在回注过程必然出现堵塞地层、压力偏高等问题。

3.7.7 钻屑回注溢油风险的防治

评价钻屑回注工艺的溢油污染，主要有以下三条标准：

（一）回注浆体是否上蹿到海底地面；

（二）是否污染海底地层的淡水资源及储层；

（三）是否对周边钻井开发造成影响。

进行慎密的钻屑回注工艺参数设计，确定合适的施工压力、回注排量、钻屑浆体粒度等，再选择合适的设备，使回注浆体的颗粒粒度不低于标准，并能够提供足够的动力，达到满意的施工效果。也不要选用过高标准的设备，以免造成设备资源和资金的浪费。

3.7.8 钻屑回注的工艺设计

3.7.8.1 回注地层的选择

首先要避开储层，同时回注层应具有较低的破裂压力，且其上下均具有较高破裂压力的地层作为隔层。一般选择低地应力、中高渗透率的砂岩层作为回注层，其上下应有低渗透率、高地应力的泥岩层，以此限制裂缝在垂向上的延伸程度，并考虑井位的布置、断层、天然裂缝的影响[23]。

总的来说，回注地层要处在强度较高的盖层之下，并且能够容纳回注浆体，不能让回注浆体上窜到地面或伤害储层及对周围钻井和开发作业产生不利影响。

3.7.8.2 回注方式的选择

根据海上钻井作业的特点和要求，钻屑回注可采用多种方式。对于海上单井钻井作业，通常选用套管环空注入方式。多数情况下，选择表层和技术套管环空回注，有时也选择技术套管之间的环空。对于海上丛式生产井，通常选用从套管环空和套管内两种注入方式。就注入层位和井身结构来说，主要有 3 种注入方式：

（一）钻屑回注井作为生产井，回注通道选择技术套管环空或套管内，回注层位选择在生产目的层以上地层：回注井完成技术套管下入后，再进行其它井的钻井作业并回注，回注作业结束后，如果选择套管内回注，可封堵回注层，再钻穿生产层，进行采油作业；

（二）钻屑回注井作为生产井，回注通道选择套管内，回注层位在生产目的层以下地层：在回注层井段射孔完井后，可进行其它井钻井作业并回注，当平台钻井作业结束后，打水泥塞、封固回注层位，对生产目的层进行完井；

（三）钻屑回注井选用老井，回注通道一般选择套管内：打水泥塞封固生产井段，对回注井段射孔完井，然后进行其它井的钻井作业和回注。

不论选择那种回注方式，回注层位均应避开油层位置，以防止污染油层。

3.7.8.3 回注浆体的质量控制

回注浆体性能参数有流变性能、悬浮钻屑能力、滤失性能、钻屑粒度、密度、固相含量、pH 值等，上述诸性能之间还相互影响[23]。浆体质量必须满足以下要求：

（一）回注浆体与地层配伍；

（二）不污染地下水资源；

（三）避免回注浆体窜流到地面、储层或引起地层大面积垮塌等事故。

要充分考虑钻屑浆体的性质，通过选择合适的回注设备，设计合理的操作流程及操作参数，得到最利于钻屑回注的浆体，尽量减小由浆体性质带来的回注风险。

用传统的固控设备把钻屑从钻井液中分离出来，然后用平板、真空或螺杆系统将钻屑输送到浆化系统中，处理后钻屑到达钻屑回注系统，形成可被泵送的泥浆，并与海水和对环境无害的化学剂混合。浆体颗粒的大小是钻屑回注成功的关键，大颗粒（200～300 μm）通常会堵塞井眼附近的区域，当发生这种情况时，则会要求更高的注入压力．从而增加水泥鞋破裂的风险。而细小的钻屑颗粒可以在很低的注入压力下被带到地层深处。另外，研磨得越细，所需化学剂就越少，每口井使用的水泥浆也越少，降低了经济成本。目前的离心泵可以在实时钻井速度下产生远远小于 100 μm 粒径的钻屑泥浆。

国外回注经验表明，优良的回注浆体满足以下指标：具有较好的悬浮钻屑的能力，以确保浆体中固相颗粒在 6～8 小时内没有明显沉降；密度控制在 1.1～1.3 g/cm^3 之内；剪切速率为 170S 时表观黏度在 70～160 mPa · S 之间；静切力至少在 0.66～0.88 Pa 以上；流性指数低于 0.5；钻屑颗粒度不大于 300 μm（50 目），回注浆体的 API 滤失量须小于 10 mL。

3.7.8.4 回注过程的压力控制

根据地层破裂压力梯度，测算地层的破裂压力，然后根据液柱密度、沿程摩阻、孔眼摩阻等推算回注压裂过程所需的泵压。

3.7.8.5 回注过程的设计

钻屑回注与水力压裂相似，因此可利用水力压裂模型[24]进行回注过程中压裂裂缝延伸动态的模拟。但要注意到钻屑回注模拟模型与烃类增产模型存在以下差异：

（一）传统的压裂施工是为了形成最大裂缝，具有以下特点：

（1）高注入速度以防止“出砂’；

（2）与脆性颗粒一起注入，该种颗粒比钻屑水泥浆颗粒大；

（3）不需要颗粒大小的分布；

（4）短时、高速的持续泵入；

（5）水泥浆具有流变性

（6）设计的最终目的是为了形成最大压裂。

（二）钻屑回注的施工设计是为了达到最大的注入容积，回注体系具有以下特点：

（1）钻屑水泥浆颗粒很小、柔软并有韧性；

（2）水泥浆以较低的速率长时间泵入；

（3）希望注入的水泥浆对地层产生的影响最小，而不会引起较大的压裂；

（4）防止注入的钻屑浆泄漏到临近油气层、水层或海底；

（5）利用物质平衡法[25]，预测回注产生裂缝的扩展动态；

（6）根据裂缝扩展，测算裂缝的容积空间，根据物质平衡法，由“最大注入量=裂缝体积+最大滤失量”估算最大注入量；

（7）设计钻屑回注时，要充分考虑地层容纳流体的最大量，确保注入流体不能超过该数值，否则超过地层容纳能力的流体会在注入过程中憋压，导致出现意外情况。

3.7.9 钻屑回注溢油风险的防治

3.7.9.1 钻屑回注的溢油动力

钻屑或地层产出砂经过清洗、研磨后，在工作介质的携带下被回注到指定地层。不管研磨的颗粒有多细，在地层中迟早都会形成淤塞，并且这种淤塞具有累计效应，导致回注井的井口压力逐渐升高。通过适时提高回注井井口压力，以增大地层的吸入量，或者在近井地带形成超压而诱发人工微压裂，借助裂缝增大钻屑的吸入能力。一旦发生溢油事故，这种差压将成为溢油的动力

3.7.9.2 钻屑回注的溢油通道

（一）由于超压，从井口到海底岩层之间的管线发生泄漏，溢出含油钻屑进入水体；

（二）由于套管与井眼之间环空的固井质量不好，钻屑沿套管壁发生窜漏；

（三）回注期间的井底憋压撑开了近井断层，沟通了其与海底的连通通道。

3.7.9.3 钻屑回注的动态监测

根据对钻屑回注施工工程中溢油动力和溢油通道的分析，当钻屑回注井发生泄漏异常时，近井带地层将出现泄压，使得回注井的井口压力不再升高，甚至降低。

3.7.9.4 施工故障分析及应急预案

施工过程的故障易导致回注流程的泄漏或地层憋压撑开断层裂缝，从而导致溢油。

（一）螺旋输送器出现故障，无法收集钻屑

若设备出现问题，须及时通知平台监督和钻台，并减慢钻井和循环速度；

（二）管线被堵或冻冰

首先检查、确认被堵管线和被堵研磨泵，然后关停被堵研磨泵电源，启动备用研磨泵。如果以上方法不能有效解决问题，在不影响作业的前提下，立即开工单，疏通被堵管线；如果影响作业，立即通知钻井监督和高级队长，做下一步处理方案；

（三）回注过程中井口压力异常升高

检查是否超出了设置的最高回注压力，若超出，打开安全泄压阀，释放到设置的压力，确保不给套管造成损坏。泄压时回注泵将自动停止工作；

（四）回注过程中压力突然下降

检查安全阀是否损坏，造成了压力被意外释放，观察安全阀的排液口，是否有液体排出，若安全阀没有问题，可能是地层泄漏，应紧急停注。

3.8 油气储运过程的溢油风险及防治

3.8.1 海上储油设施及单点系泊

对一些不具备铺设输油管线的油田，就得在海上架设原油储存设施。目前普遍采用的储油方式有：平台储油、浮式储油卸油装置及装油、系泊、储油的联合装置。

3.8.1.1 平台储油

根据墨西哥湾的经验，平台储罐容量一般不超过 1 370 方。我国渤海埕北油田就采用这种储油方式。储油罐受风浪影响较大，遇极端恶劣天气时易与海冰及接应油轮碰撞，可能造成溢油风险；如果平台发生火灾，也易引起油罐爆炸。

3.8.1.2 浮式储油卸油装置

浮式储油卸油装置容量大，不受水深条件限制，可停泊在平台附近，亦可用单点系泊或多点系泊锚旋。随着海上油田开发向深海发展以及浮式生产技术的广泛应用，浮式储油卸油装置得到了进一步的发展。确定油轮系泊点与平台距离时，应考虑停泊海区的风、浪、流条件及运油装置的停靠方式，通常这一距离不应小于三倍运油装置的长度，否则易与采油平台发生碰撞引起漏油。同时应注意海况变化，防止海浪等因素导致运油装置位置偏移较大，从而导致输油管扯裂漏油。

3.8.1.3 单点系泊

外输油轮的单点系泊属于临时性系泊，通常在风浪条件比较好及符合作业条件时才进行系泊、装油、解脱和离船作业，虽然这些操作较为简单易行，但如果操作人员不严格执行操作规程，就可能发生漏油事故。

3.8.2 海底管线

3.8.2.1 海底管线的功能

水下管汇的作用是将几口海底油气井的油气集中起来，再通过一条输油管线混合油流，送到最近的采油平台或岸上基地，进行处理，它可减少海底管线的长度。水下管汇应该具有以下几种功能：

（一）将几口海底油井的油气汇集起来，用一条输油管线输往平台或岸上；

（二）对每口井进行计量和控制；

（三）完成对每口井进行的气举和注水任务；

（四）能注入各种化学试剂（如防腐剂、防水化剂、清蜡剂等）。

3.8.2.2 溢油的风险因素分析

据统计，从溢油事故发生的数量上看，目前大多数溢油事故都是由于储油设施和管道的损坏造成的。海洋石油管线破损主要原因包括：

（一）管道设计：路由选择的不合理、管道结构设计的不合理；

（二）建造施工：储运、焊接、铺设等造成构筑物结构性的破坏未能被及时发现；

（三）管材质量：材质不达标。材质的优劣决定其抗冲击性、抗腐蚀性和使用寿命；

（四）人为因素：海上施工、船舶起抛锚及拖网捕鱼等对海底管道造成破坏；

（五）管道周围土体受冲刷：风浪和海流长期冲刷管道周围的土体，使埋设的管道露出管沟，并可能使管道的悬跨长度增加，从而产生较大应力及变形；

（六）管道运营时操作规程不完善、遇到非常情况处理不当、安全系统操作失灵等都会对管道造成潜在的破坏；

（七）落物冲击等外力造成管道损伤；

（八）腐蚀：海洋环境中引起腐蚀的因素很多，例如海水盐分、温度、大气湿度、光照、海水的含氧量、氯离子含量、海洋生物、海上漂浮物、海流及海浪的冲击、流沙、土壤中的细菌等，这些因素都对钢管有不同程度的腐蚀。据统计，因腐蚀导致海底管线的失效比例占总失效比例的35%。腐蚀影响分为外腐蚀和内腐蚀。外腐蚀主要是海水对管线的腐蚀，内腐蚀则是由管线内石油及天然气中所含 CO_2 和 H_2S 等酸性物质造成的；

（九）油、气在管道内流动时会使管道产生轻微振动，使埋设管道浮出管沟，管道的暴露增加了其破损额概率；

（十）风浪和海流造成管道振动，使混凝土层破坏，并导致管道产生疲劳而破损。

前三点为管线结构强度的内因，其余各点均为外因。

3.8.2.3 溢油风险的防治措施

（一）定期检测

海底管道的定期检测是指在管道运行期内，按海底管道系统的规范要求，对易损伤的管段每年进行一次定期检测，其它部分至少每5年进行一次定期检测；管道在运行期间，如遇地震、大风暴或遭受严重的机械损伤，还应进行特殊检测。

对海底管道的定期检测主要包括两个方面，一是对管体腐蚀情况的检测，判断管体的承压能力；二是对管体与海床相对位置的检测，核实管体的埋深情况，发现是否有局部的悬空及海床冲淤的变化趋势。

通常海底管道的埋深应低于自然泥面1.5米，还应特别注意海底管道的后期维护。由于潮流的携带作用及水体中重质成分的自然沉降作用，海底的自然泥面会发生变化，因此应对埋深情况进行定时监测。如果管道遭冲刷而发生悬空，悬空段一方面有疲劳破坏的危险，另一方面潮流遇管道会产生尾流涡旋而诱发振动，当振动的频率与管线的自振频率相一致时，即产生共振。共振现象一旦发生，将导致管道的失稳而遭破坏。

（二）机械损伤的预防

当管道裸置于海底或埋深不足时，会因外力而导致机械损伤，主要包括：船锚的撞击和钩挂、拖网渔具的撞击、坠落物的撞击等，这是海底管道突发溢油事故的主要原因之一，且往往会造成严重后果，专项的预防措施包括：

（1）由海事部门将管位标绘在海图上，并在管道两侧设禁锚区；

（2）适时对埋深进行检测，现场设置海底管道的物理标识；

（3）告知每一艘经过管道并可能对管道造成损害的船只都了解管道的位置。

（三）新建管道设计中应考虑的因素

（1）管道路径：海底管道应处于地形平坦且稳定（无泥沙迁移等）的地段，避免起伏较大、受风浪直接冲刷的岩礁区域内，避开航道、海产养殖、渔业捕捞的区域；

（2）管道埋深：不仅要考虑波浪等外力的冲击，还必须考虑海床的冲刷，有些地区还会出现土壤液化的问题；

（3）管道壁厚：要留出合理的安全系数。确定壁厚时不但要考虑介质内压、海水外压，还应考虑船锚、拖网渔具以及其它坠落物的撞击等偶然荷载；

（4）防护覆盖层：通常采用混凝土作配重层，兼作海底管道防护覆盖层，对船锚、拖网渔具及其它坠落物的撞击等提供缓冲作用。应根据稳定性要求、管道防护要求、铺管船铺管能力等因素，结合经济分析，确定海底管道混凝土层的合理厚度；

（5）水动力条件：充分重视路由沿线海域的水动力条件，根据路由沿线海域的海底底流速度及海床冲淤变化，确定管道敷设方案。在浅海，将管道埋置海床下一定深度以满足安全要求，但对于冲淤变化激烈的海床，管道支座极易被淘空，应采用特殊自埋技术；

（6）泄漏检测系统：泄漏检测一是防止其对人类及环境造成的污染危害，二是减少管道输送物的泄漏损失。泄漏检测系统有助于在发生事故后将损失控制在最小范围内。

3.8.3 隔水管

3.8.3.1 隔水管事故风险分析

目前海洋钻井作业中仍普遍使用钻井隔水管系统。钻井隔水管是连接海底井口与水面钻机的大直径导管系统，主要功能是隔离海水、引导钻具、循环钻井液、补偿钻井船的升沉运动等。钻井隔水管的下端通过挠性接头与防喷器组相连，以避免平台移动时传递弯矩过大；上端与浮式生产装置的伸缩节配合，确保有足够的自由度，以适应平台的水平和升沉运动。

作为浮式钻井装置的关键设备，隔水管是整个系统中重要而又薄弱的环节，直接关系到整个钻井作业的顺利进行，甚至影响到钻井平台的安全，隔水管的事故风险将引发或增大海底溢油的风险，隔水管的机械事故将直接导致海底溢油事故，事故风险分析如下：

（一）海上钻井随水深增大越来越趋向于使用定位钻井船，但由于动力中断、推进器故障或恶劣海况等易造成定位困难及定位失效，出现因钻井船的“随波逐流”而偏离预期位置，从而导致隔水管顶部球铰和底部挠性接头角度超过允许范围，引发隔水管严重磨损；

（二）深水中海流速度一般较大，因此将增大对隔水管的曳力，造成隔水管涡激振动，加大钻井船定位难度及限制隔水管起下作业窗口等。大流速条件下，随流向曳力的增大，隔水管弯曲和变形加剧，加大了管壁发生狗腿磨损的可能性。另一方面，深水大流速环境下隔水管涡激振动更易发生，加剧了隔水管及辅助管线的交变弯曲应力，造成严重疲劳损伤，危及隔水管系统的完整性；同时，振动隔水管扰乱了周围的水流，导致拖曳力增大，增幅可达两倍以上。此外，大流速将导致钻井船定位困难，影响隔水管的起下作业。

3.8.3.2　隔水管事故的防治

若平台偏离程度加大，必须及时将隔水管从底部断开，避免隔水管系统以及井口系统受损。海上钻井作业中如果遇到风暴或其他恶劣天气，应尽量对隔水管进行计划脱离并回收。但风暴的形成和成长往往是人们始料不及的，而完全回收深水隔水管系统则需要几天时间，时间上根本不允许。这种情况下，应尽量多回收单根，将有助于改善悬挂隔水管柱的轴向运动性能。

3.8.4　原油外输

对于海上的储油设施，无论是平台储油还是浮式储油卸油装置，其存储原油的数量都是很有限的，因此需要及时通过外输油轮将原油运输至陆地。在原油的外输环节中，需要保持外输油轮与储油设施之间合理的安全距离，以确保原油外输的顺利和安全。同时，海上风浪等环境的影响不可忽视，在恶劣的海况环境下进行外输作业，极易发生由于碰撞而导致的漏油事故。另外，要求原油外输软管质量严格符合要求，并配备有防漏设施及措施，加强监控及巡视，将溢油可能性降至最低。

3.8.5　工作船舶

3.8.5.1　溢油污染的因素

海上工作船舶包括平台守护船、人员倒班船、物资运送船舶等，发生溢油污染的可能原因主要包括：

（一）船舶的倾覆、沉没、碰撞、搁浅、火灾、爆炸等事故性溢油；

（二）违章排放舱底水、污油、废机油等；

（三）因装卸油时的工作失误，错开阀门；

（四）法兰盘接头脱落；

（五）加油时满舱外溢；

（六）输油管破裂。

船舶靠平台作业是海上主要作业活动之一，作业频繁，影响因素多，危险性较大。轻则造成设备损坏，重则因撞击平台造成立管泄漏和桩腿严重变形，导致溢油环境污染和平台结构受损，甚至导致平台倒塌。

渤海海域曾发生过多起供应船碰撞平台桩腿的事故。根据对渤海海域靠船作业事故的原因统计分析，事故原因主要有以下几方面：

（一）环境因素：作业海况不佳；

（二）船长的业务技能欠缺：船舶操控失误，协调不好，反应时间长；

（三）平台工作人员和船舶人员沟通不够；

（四）没有安全靠平台的方案，缺乏靠平台的操作程序；

（五）设备因素：船龄较老，设备失灵，反应迟缓。

3.8.5.2 靠船事故的防治

针对以上靠船事故的原因，应采取下列措施防治事故：

（一）平台方和船舶分公司要充分考虑实际靠泊的工程条件及现场气象特点，制定靠平台方案和靠平台程序，严格规定靠平台的作业流程；

（二）在靠泊前，船长必须对当时的环境状况、船舶设备情况、人员配备情况等综合分析，以便制定出安全可行的靠泊方案；高级船员及船长要充分了解船舶所属设备及其操作的局限性，在作业过程中谨慎操作；

（三）制定严格的信息传递制度，使作业船舶建立良好的驾驶台与机舱之间、驾驶台与甲板作业人员之间的沟通联系机制；

（四）加强船舶设备管理，对船舶关键性设备和技术系统运行的可靠性要进行有效监测并及时维护。

3.8.6 井口平台

3.8.6.1 溢油风险因素

在生产阶段可能引发井口平台溢油的主要因素是生产工艺设施流程中油气的泄漏而引起的爆炸。生产平台上引起油气泄漏的可能原因包括：阀失效、管件（三通、弯头、法兰、螺栓、螺母、垫片等）失效、焊缝失效、材料失效（管子、管件、容器破裂）、操作错误、仪表和控制失效、腐蚀，等。

3.8.6.2 溢油风险的防治

（一）预防措施包括：使用第三方认证的装置和零部件；

（二）每天进行一个区域的安全检查，十天为一个周期，完成整个平台的安全检查。

3.8.7 无人值守平台

为降低工程开发的投资，提高经济效益，海上往往采用无人值守平台来配合中心平台生产。但冬季恶劣的低温常导致主电故障，使平台电伴热系统断电，而一些无人值守平台应急发电机负荷小，不带电伴热。因此，当主电失去后，平台上的管线和设备中的流体温度会降低，过夜就可能冻结，如不及时采取措施，可能导致设备故障引起溢油[26]。

3.9 船舶溢油风险分析

3.9.1 船舶溢油风险识别

船舶溢油风险识别就是初步分析船舶溢油的形式即诱因归类并通过搜集大量溢油事故资料确定所研究海域潜在的高频率、高危险事故类型。

按照事故诱因分，船舶溢油可以分为海损事故溢油、操作性溢油和故意排放溢油三类。其中海损事故溢油包括碰撞、搁浅、触礁、翻沉、火灾、爆炸和船体破损等海上事故导致的船舶溢油事故；操作性溢油事故包括装卸货油、加装燃油和其它操作中发生的溢油事故；故意排放溢油事故指人为故意排放油类或含油物质导致的事故。

国际油轮船东防污染委员会按不同溢油等级和事故原因统计了1974—2005年间起油轮、大型油轮和驳船溢油事故资料，见表3.9.1。

表3.9.1 全球1974—2005船舶溢油事故次数统计表

事故类型	小于7吨	7-700吨	大于700吨	总数	大于700吨事故比例
装卸	2820	328	30	3178	8.7%
加装燃油	548	26	0	574	0.0%
其他操作	1178	56	1	1235	0.3%
碰撞	171	294	97	562	28.3%
搁浅	233	219	118	570	34.4%
船体破损	576	89	43	708	12.5%
火灾和爆炸	88	14	30	132	8.7%
其他未知原因	2180	146	24	2350	7.0%
总计	7794	1172	343	9309	1

根据溢油事故统计表分析可得，91%的操作性溢油事故的溢油量小于7吨，而相比对于溢油量大于700吨的溢油事故，海损溢油事故占到事故总数84%的。从表的最后一栏可以看出：单次溢油量超过700吨的污染事故中，由于搁浅造成的占34.4%，碰撞造成的占28.3%，船壳损伤占12.5%，火灾和爆炸造成的占8.7%，而操作性污染事故（前三项总和）只占9%，因此得出结论海损事故是船舶溢油事故的主要危险源。

3.9.2 船舶溢油风险因素分析

船舶溢油风险因素主要包括可能导致船舶发生海难性事故的因素、所在水域环境资源敏感程度及应急能力。其中海难性事故的因素概括起来主要有：自然环境、通航环境、管理环境及人为因素等各种因素。

（一）自然因素：气象、海况条件与船舶溢油事故关系较密切，尤其是大风浪不仅影响船舶的航行安全，而且当有船舶溢油事故发生时对污油的清除回收有很大影响，在恶劣条件下，甚至可能无法进行污油清除和回收作业。

（1）气象：风对船舶有明显影响，会使船舶失速或增速，从而使船舶产生倾斜、漂移和偏转等现象。气象学中把风分为个等级，称为风力等级，即0～12级。虽然风与船舶溢油事故之间没有直接的关系，但风却可能引起船舶溢油事故发生或者加重事故的损害后果。雾是影响海面能见度的首要因素，它对船舶航行有直接的重大影响，可能发生偏航、搁浅、触礁和碰撞的危险。大雾对船舶的航行影响较大，有可能因能见度差发生船舶相互碰撞恶性事故，这说明雾对船舶航行的影响有增大的趋势。船舶在能见度不良的情况下发生碰撞的可能性很高；

（2）水文：船舶在海上航行受海浪、海流和潮流的影响。海浪越大，也就越影响船舶航行安全。随着造船技术的提高，船舶的抗风浪能力增强，但仍然不能低估大风浪对船舶航行安全的影响。同大风一样，浪高大小也影响着污油的清除和回收，如果超出了围油栏、撇油器等器材对波高的适用范围，这些器材的清污和控污能力将大大降低，特别恶劣条件下甚至不能使用。如当海浪高于时，大多数围油栏就不能有效地栏阻污油的漂移。

（二）通航因素：船舶溢油事故的发生与航道条件、导航助航设备等存在一定的关系。当然，优良的航道条件，完善的导助航设施设备有利于保障船舶安全航行，自然可能降低船舶发生碰撞、搁浅等事故的可能性，进而减少船舶溢油事故的发生；

（三）船舶因素：船舶自身因素主要包括船舶类型、船舶吨位、船舶设备技术状态和船龄等对船舶航行都有一定影响。

（1）船舶类型：油轮和非油轮对发生船舶溢油事故的影响及事故造成的后果是很不一样的。一起船舶交通事故，若其中有油轮则极有可能发生溢油事故，如若是非油轮之间的事故，只要不造成燃油船的破损，一般发生溢油事故的概率就较低。

而且油轮相对于非油轮来说，溢油量通常较大，带来的损失也较严重；

（2）船舶吨位：远洋船舶吨位一般较大，航行于沿海水域时增加了发生船舶碰撞、搁浅等事故的风险；

（3）船舶的设备技术状态：综合反映了船舶适航性、自动化程度和可操纵性能等。船舶的操作性指船舶是否有良好的航向稳定性、追随性、旋回性及停船性能，是否能够进行满意的控制。船舶的自动化程度越高，能减小船员对船舶的操作次数，就能够相应减少人为出错，但同时对人员的素质要求更严格，因为只有高素质的人员才能够充分发挥出船舶自动化水平提高所带来的优势。船舶可操纵性越好、自动化程度越高，船舶的设备技术状态自然越好，船舶发生海上溢油事故的概率也相对小了。

（4）船龄：是船舶自建造完成时起算的船舶使用年限，在一定程度上表明船舶的当前使用状况，是影响船舶安全较大的因素之一。船舶船龄越长，也就意味着船舶技术装备水平与现代化船舶差距越大、船舶设备老化越严重、设备技术状况自然下降、船舶结构强度也下降，海上事故的发生概率加大。特别是船龄达到年以上的船舶，大多进入了耗损失效期，老化、疲劳、烛耗逐年加重，船舶故障也逐年增多，大大增加来了船舶事故发生的概率。当然，如果高龄船舶维护保养得很好，则船舶仍处于良好的技术状态；反之平时不注重船舶维护保养，则船舶结构强度将下降、设备技术状况不良，就会增加船舶溢油事故发生的可能性。

（四）人为因素：国内外事故统计表明，人为因素是船舶污染事故发生的最主要原因。我国操作性事故中，主要是由丁人为因素造成的。而在海难性事故发生案例中，由于忽视眺望，没有按照安全航速航行、使用海图不正确等人为因素占很大部分，甚至还有夜间航线中因睡着而发生的重大碰撞事故。

人为因素是一个影响海上安全、保安和环境保护的复杂且覆盖多个范畴的概念。包括船员健康状况、船员培训的全面性、船员的技能和经验、船员的职业责任感、船舶配员的总体水平、操作程序的标准化水平、高级船员的监督水平、船员对船舶及海域的熟悉程度等。其中船员健康状况不但包括身体健康还包括精神状态，是否疲劳驾驶等。船舶长期航行在海上，船员不仅要每天持续相同的工作还要适应不同航区的气候，故船员的身体健康与否直接影响着船舶航行。另一方面，如果驾驶员疲劳驾驶，就会出现注意力不集中、思维迟缓、反应慢、心情烦躁等状况，进而导致对船舶当前行驶状况判断不准确、操纵船舶水平下降、避碰反应速度变慢，这都可能增加船舶溢油事故发生的可能性。

船员的技能和经验不仅与船员专业知识有关，还与海上航行经验、工作岗位和语言能力水平有关。现代船舶本身导航仪器、通讯方式及通讯工具都不断先进化、复杂化，随之对船员的知识水平也相应提高，且由于一些海难事故的发生是船员对避碰规则的不理解造成的，因此船员在具有一定航行经验的基础上，还要深入理解避碰规则等法规。

（五）环境敏感因素：生态环境对环境变化很敏感，并因其抵御损害能力比较脆弱而容易受到船舶溢油和溢油应急反应的影响，造成损害的资源称环境敏感资源。由于环境敏感资源涉及到溢油及应急反应过程中在空间位置上所有相关的环境资源，这些资源分为生态资源、人类活动资源和岸线资源，这些资源并没有严格的划分界限，而是从不同角度进行划分。

（1）生态资源：包括溢油敏感生物及其栖息地。容易受影响的生物种群涉及范围很广，在任何时候都涉及到很大的区域。这些种群在特定时间、特定区域对溢油特别敏感，其栖息地也很容易受到溢油威胁。这些生物种群包括许多动物聚集区、动物和水生物繁殖区、颜危生物物种及其生存区等，比如中华白海膝、白鸾、文昌鱼等国家级珍稀海洋物种自然保护区、海鸟白嘴鸭的群居地、海龟筑巢暗滩、鱼类的产卵地等。

（2）人类活动资源：指人类开发、利用的资源。这些资源包括高利用率的娱乐性岸线及通道、自然管理或保护区、资源存取地及水上历史和文化遗址等，如娱乐性海滩、垂钓区、国家野生动物避难所、禁猎区水产站点、商业性渔场、水面取水口等等。

3.9.3 船舶溢油量估算方法

目前国际上（包括 IMO）尚没有形成被认可的统一的计算方法，溢油量更多的是评事故调查人员的经验取得。行业内逐步形成了以下 4 种计算方法：公约计算法、装载计法、视觉估算法、回收估算法。值得注意的是，这 4 种方法并不是全部可用的方法；每种方法相联系，可比较使用，最终溢油量的确定往往是多种方法的结合。

（一）公约计算法

公约计算法源于 MARPOL73/78 公约附则 1 第 23 条（意外泄油状况）的规定，类似的规定出现在附则 1 新增的第 12A 条（燃油舱的保护）中。这些规定了油轮发生意外事故货油舱或燃油舱泄漏最大溢油量的计算方法，其目的并非提供实际溢油事故溢油量的计算方法，而是借此规定油轮各舱最大载货量，防止一舱载货油量超过规定的量造成更加严重的污染。该条中第 7.3 款的计算思路，即根据净水压力平衡原理，计算一舱内可能溢出油的数量值得借鉴，尤其是目前尚没有更为准确的 理论计算方法存在的情况下，通过静水压力平衡方法计算出的溢油量尚有一定公信力。

（1）船舶搁浅情形下的净水压力平衡公式如下：

$$\rho h_c + Z_l\rho_s = d_s\rho_s + t_c\rho_s$$

式中：

ρ—舱内油的密度，10^3 kg/m^3

h_c—舱内装油的高度，m

Z_l—海水基线以上货油舱内油位最低点的高度，m

ρ_s—海水密度，10^3 kg/m^3

d_s—船舶吃水线以下吃水高度，m

t_c—潮汐变化，m

在船底损坏中，货油舱泄出的一部分油可能被非载油的舱室留存。根据经验值，公约第12条用一种简洁的计算方法得出实际的溢油量，即如果溢油量为1，则对于由下面为非载运油类舱室为界限的货油舱，其溢油量为0.6，否则溢油量即为1。

（2）实际计算方法

上述公式仅为说明压力平衡的理论，实际计算时应按以下步进行：

1）根据上述公式，可推导出舱内实际油位高度 h_c 的计算公式为：

$$h_c = [(d_s + t_c - Z_l)\rho_s]/\rho$$

2）根据在没有发生破损情况下舱内的原液位高度（ho，一般以实际测量得出），即可计算出溢油前后舱内油液位的高度变化；

3）通过查阅船舶的舱容图，计算出实际溢出油的体积，将该体积乘以所载货油的密度即可得出溢油量。

如前所述，该计算公式存在许多假设和局限性，在使用时应注意以下事项：假设是在静水情况下。如果考虑水动力的影响，其计算公式将更加复杂，目前，国际上尚没有公认的计算公式；另外，使用该公式的前提条件之一是假定船舶的纵倾和横倾均为零，如果非零则要补充修正纵倾和横倾。

上述公式是以船舶搁浅情形为例，实际事故中，在发生船舶舷侧破损的情况下，应分两种情况加以考虑：一是对于发生碰撞导致舷侧大面积破损时，较长时间未采取堵漏或过驳等措施，在压力和海水动力的影响下，可假定舱内油品全部漏出；二是对大型油轮舷侧发生结构性破损，且破损面积很小，如出现针眼或小范围的裂纹时，可根据静水压力平衡套用上述压力公式计算液面的变化，但应充分考虑破损口的高度，且不考虑水动力的影响；假定油水未发生混合，即完成压力平衡是在瞬间完成的，如考虑油水的混合，需实际取样测定油水的含量以及油水混合物的密度，可按实际密度套用上述公式；理论上，在不采取任何措施的条件下，油分子与水分子经过足够的长时间混合，由于海水的量远远大小舱内油品的量，船舶进水后将会最终导致船舱内油品全部溢出

（二）装载计量法

装载计量法因其操作简单，且为实际测量，往往有公正机构的数据支持，可信度高，是计算溢油量普遍采用的方法。对油轮而言，装载计量法分为对岸上罐柜的计量和对船上船舱内油品的计量两种方法。

（1）岸罐计量船舶装卸量对比法：该方法是通过对装油港岸上罐柜的测量，得

出装船的油量，该油量与在卸油港岸上罐柜的测量得出的卸油量进行比较，两者的差值即为船舶的溢油量；

（2）对少量溢油，该计量方法有合同的约定，低于0.5%短量标准则属于合理范围。如果计算值小于短量标准，则不能认定为出现货物短量。另根据《进出口商品重量定规程》规定，可允许的静态计量系统误差应小于0.3%。因此，如果计算出的溢油量低于0.5%，则一般很难采信该数值；

（3）整船溢油量：计算原理可采用上述的岸罐计量船舶装卸量对比法，所不同的是基于对整船装油量和卸油量的比较，得出溢油量；

（4）发生溢油事故后，船上人员会采取应急过驳措施，将破损油舱的油品转驳到船上其它可用舱室，通过对相关舱室事故前后的所载油的数量进行比较，得出实际溢油量。

在计算一个舱室溢油量时，如舱内进水，应充分考虑破损舱室中残存的油水比例，可通过取样检测来确定油水比例。由于现实操作中，船上有时会采取各舱室自流的方式转移货油，应综合考虑自流前后的液位高低，根据静水压力平衡原理，互通舱室最后的液面应一致。

（三）视觉估算法：在卫星或航拍图像上，根据颜色将溢油的异常区域精细划分成各个小区，计算出各小区的溢油面积，然后利用油膜颜色灰度值与油膜厚度之间的对应关系，确定出各小区溢油厚度，最后根据溢油品种的密度计算出溢油量。

计算溢油量的基本表达式为：

$$G = \sum_{i=1}^{n} S_i H_i \rho$$

式中：

G—溢油量，10^3 kg/m^3

S_i—各小区溢油面积，m^2

H_i—各小区溢油厚度，m

ρ—溢油的密度，10^3 kg/m^3

n—小区数量，个

（1）确定油膜的分布面积：海底溢油形成的油膜会在风、流及过往船只的影响下飘移，在不同时间会处于不同的位置，其面积也会发生变化。因此，实际污染面积要比油膜面积大很多。例如，1平方公里的油膜带在漂移100公里后，其影响的面积就会累加为100平方公里，但在测算溢油量时，只能依据1平方公里，而不能依据100平方公里。

（2）确定油膜厚度：在开阔海域发生溢油污染事故时，油膜分布在海水表面，但其厚度并无法准确测量，国际上一般采用《波恩协议》，根据油膜色彩来估算油膜的厚度，从而计算溢油量。当油膜的种类与厚度不同，其表面所呈现的颜色也就不同。《波恩协议》利用油膜色彩估算油膜的厚度，见下表：

表 3.9.2 油膜色彩与油膜厚度的对应关系

序号	1	2	3	4	5	6	7	8	9
油膜颜色	银灰色	灰色	深灰色	淡褐色	褐色	深褐色	黑色	黑褐色	桔色
厚度/μm	0.02～0.05	0.1	0.3	1	5	15	20	0.1 mm	1～4 mm

（3）误差分析：污染面积的测算误差将引入一部分溢油量计算误差，另一方面，油膜厚度和油膜颜色的对应关系也具有很大的不确定性，航拍时，图像质量和颜色受诸多因素的影响，对油膜厚度的估算将具有较大的误差，因此在实际事故的处理过程中，需要根据事件的具体情况，结合多种评价技术，对污染面积、污染深度、溢油量进行连续的全方位综合评估。

（四）回收估算法

回收估算法是根据回收到油污水的数量，减去其中的水含量，并综合考虑溢油在海水中的扩散、漂移、蒸发、分散、乳化、光化学氧化分解、沉积以及生物降解等作用导致油量的减少，来估算溢油量。

使用该方法时，水中油含量可请专业机构作出鉴定，但回收的溢油量往往是估算得出，而任何事故应急都不可能将油品在水中自然消减后的残余量全部回收，因此，水中残余的油量也是估算得出，油品在水中的自然消减率多为基于不同油品的经验值，也不准确，油品在水中的消减与时间有很大的关系。因此，该方法计算的溢油量只能是一种估算值。

（五）船舶溢油量估算方法的局限性

以上四种方法仅为目前使用众多方法的一部分，尤其是公约计算法，仅为公约条款下的一种简单计算方法，如前所述，存在着许多假设。要准确计算溢油量，可通过物理模拟建立数学模型，综合考虑流体力学等影响因素，从而更加准确地计算溢油量；四种方法要综合利用，可能在一次事故中同时运用到四种方法，而根据四种方法计算出的溢油量又存在着较大的差别，这时，应分别甄别每种方法的真实性和可用性，其中装载计量法的可信度较高，尤其是事故相关舱室的计量。

3.10 废弃阶段溢油风险因素分析

3.10.1 废弃井的定义及分类

海洋资源开采后，废弃井给海上交通及环境造成巨大安全隐患，因此在全球范围内，政府及立法部门要求海上油气作业公司必须对生产井立即实施封井，以永久消除其对环境的潜在威胁。

废弃井可分为以下几类：

（一）对油田开发不起作用，无综合利用价值的井；

（二）对油气田开发造成不良影响的井；

（三）无法修复的套损井；

（四）其他情况需要报废的井（如井下落物无法捞出，不能恢复生产的井）等。

3.10.2 封堵和弃井作业的目的

无论是陆上或者海上的井，其基本的封堵和废弃作业没有太大的差异。作业公司将完井硬件清除、下桥塞、挤水泥进入环空达到指定的深度，穿过产层和含水层，除了保护水泥封堵的地层，还成为封堵来自其上下地层压力的永久屏障。最终实现以下的目标：

（一）隔离并保护所有淡水层和邻近的淡水层；

（二）隔离并保护所有将来有开采价值的地层；

（三）永久性防止地层流体泄漏进入井筒；

（四）拆除井口设施并切割套管值地表以下的规定深度。

为了达到上述目的，要求所有关键性层段应该是隔离开的。所以在编写封堵设计前，应先认清井内各地层的特性。

3.10.3 废弃井溢油的原因分析

（一）由于打水泥塞都是在套管内部进行，而且是分段进行的，由于套管壁面存在油质、泥浆等杂质的影响，水泥塞和套管之间的密封能力是不可靠的。

（二）注采不平衡导致废弃井周边地层压力改变，废弃井所在层位的压力会重新平衡，从而引起废弃井口压力的改变，破坏井口封堵装置和材料，一起溢油发生。

（三）封堵材料和装置因年代久远、防漏设施老化和失效，尤其是海洋中的废弃井，封堵装置和材料由于海水的长期腐蚀，更易发生泄漏和井喷事故。

3.10.4 废弃井水泥塞检测方法

检查水泥塞是为了确认水泥塞的位置以及固井质量。包括探水泥塞面和压差检测。

（一）探水泥塞面

是为了确认水泥塞在井眼的位置以及水泥塞的凝固程度。一般采用钻杆、油管、连续油管或电缆工具等工作管串探水泥塞。探水泥塞面，首先，水泥应已凝固保证承受工作串管的机械接触加压。另外，井内流体应出于平衡状态，确保探水泥塞面安全进行。

（二）压差检验

压差检验是确认封堵施工的有效性，包括负压和加压两种方式。

（1）负压检验

用水泥塞封堵后，采用抽吸等负压方法将水泥塞以上的液柱压力降低到被水泥塞风格或封堵的储层设计压力一下，对井内液面监控一段时间，如果液面没有产生变化，说明水泥塞是合格的。

（2）加压检验

用水泥塞封堵后，下工作管柱或整井同镜像泵注加压，使井内液柱压力慢慢超过水泥塞封堵的设计压力。

3.10.5 废弃井溢油的防止措施

（一）装备报废的井，若所在油藏尚有开采价值，在采取报废措施之前，应该打一口调整井，到该层为进行泄压生产。

（二）建立健全“一井一策”的废弃井溢油相关应急预案，做好废弃井的日常压力和外观检查，及时发现隐患，对水下切割完毕的废弃井，要定期进行海面观察，及时发现泄漏异常。

（三）采取安全的注水开发工艺，确保废弃井的压力在正常的范围内。

3.11 溢油风险的自然环境因素

恶劣的自然环境是海洋石油开发所必须面临的，极端气候和特殊海域环境增大了海洋石油平台机械事故的概率，因此也间接增大了海底地质溢油的事故风险。截止目前，人类仍无法控制和抵御恶劣气候及环境对人类生产和生活活动的破坏，能做的只能是加强对恶劣极端气候条件来临的预防和加固机械装置，将自然因素的破坏降低到最小。

3.11.1 极端气候条件

（一）台风

台风被称为海上气象恶魔，严重威胁着海上平台的安全。1979 年 11 月 25 日“渤海 2 号”钻井平台在井位迁移时倾覆，1983 年 12 月 25 日美国阿科公司租用的“爪哇号”钻井船在南海受台风袭击翻沉，两次事故均造成严重人员伤亡的惨痛结果。经过多年实践的经验积累，人们认识现今的技术尚无法完全抵御台风，只能要求加强气象预报的准确性，做好防范工作，并加固平台。

（二）海冰

海冰增加了平台设施所承受的荷载，主要有以下几种形式：

（1）在风及潮流的作用下，大面积冰层的移动对钻采装置产生挤压力，撞击平台，使结构及设备固件松动，甚至立管断裂；

（2）流冰期间，大小冰块撞击钻采装置，冰覆盖层磨损钻采装置；

（3）潮汐涨落时，如果超过平台底层甲板高度，将会对平台产生向上的应力；

（4）冰覆盖层形成时和冬季气温的剧烈变化使冰层膨胀而引起的静压力。

渤海不同于我国其他海区，冬季流冰严重，如1969年冬季，海冰毁坏了一座石油平台，推倒了一座石油平台；5艘万吨货轮被海冰挤压，船舱进水，船体变形；7艘货轮被推移搁浅，19艘被海冰夹住不能航行。因此，遇有特殊的寒冷气候，渤海溢油风险会大大增加。预防措施：进行平台构建的加固，对相应部件周围进行破冰，减少应力挤压。

3.11.2 海域环境

（一）海浪

海洋波浪主要由风引起的，热带气旋、台风、海啸可掀起巨大的海浪，海浪的高低与风速和风持续的时间等因素有密切的关系，其能量与波高的平方成正比，海浪产生作用力可达30~40吨每平方米，在海浪作用的强烈部位，会加速金属腐蚀。从设计的角度，海浪的影响还要考虑其往复作用力加剧了构建物的疲劳，影响了构建物的使用寿命。海浪易造成构建物的机械疲劳损伤，从而减少构建物的寿命。1980年8月，狂风巨浪摧毁了墨西哥湾的4座钻井平台，1989年11月，美国的“海浪峰”号钻井船被巨大海浪掀翻。据1989年的统计，全球的海洋钻井船已经有50多台被海浪吞没。直到现在，海浪依然对平台的安全构成重大的威胁，只能加强预测和防范，对平台相应构建进行加固；

（二）潮汐

潮汐是由月球以及太阳对地球的相对移动引起的，表现为海水周期性涨落，海水在白天上涨称为潮，晚上上涨称为汐。在进行海上钻采设计和施工时，都要考虑潮位差和潮流影响。在一个潮汐周期内，相邻高潮位与低潮位间的差值，又称潮幅。潮差大小受引潮力、地形和其他条件的影响，随时间及地点而不同。在人工岛建设、海上原油运输等作业对于潮汐的影响要充分考虑，避免出现冲灌、搁浅事故的发生；

（三）海流

海流是海水按照一定的方向、路线连续不断的流动。海流分为潮流、环流和风海流，其中风海流与潮流对海上油气钻采装置的作用力最强。其作用力的影响主要表现在海流所产生的水动力对构建物结构的冲击，以及长时间往复作用下结构的疲劳影响。海流会增大隔水管曳力，导致海底管线弯曲甚至扯断，造成隔水管涡激振动，加大钻井船定位难度以及限制隔水管起下作业窗口等。海洋工程领域通过近百年的研究与实践，已经掌握了海流影响海上构建的基本规律，并进行了量化处理，现在我们已经能够使用相应的公式，计算出作用在海上油气钻采装置上的海流载荷，从设计上保障设施的本质安全性。还可对平台相应构建进行加固以减小影响；

（四）热带气旋

热带气旋会导致人工岛及海上平台大面积进水。预防措施包括：加强海上天气预报工作，提前进行准备，对平台构建进行加固。

4 海上油气开发溢油风险的定量评估

4.1 风险评估简介

地质溢油风险评估，其最主要的目的是定量评价溢油在海洋环境中发生的可能性，有针对性地制定防范措施，减少发生溢油事故。通过对系统的风险评估，可以认定在哪些区域进行干预会更有效，以减少特殊事件发生的可能性或事件后果。进行海上溢油风险分析，旨在降低海上溢油的可能性。

4.1.1 风险评估的目的

风险无处不在，即使很有把握的事情，也可能有意外发生，即风险具有客观存在性。风险评估就是对风险进行识别、评估，做出全面的、综合的分析。风险评估主要解决以下四个问题：

（一）可能发生什么意外事件；

（二）意外事件发生的可能性或失效频率；

（三）发生意外事件后会产生什么样的后果；

（四）这种意外事件的风险是否可以接受。

4.1.2 风险评估的过程

风险评估作为一种工程技术手段，揭示了意外事故发生的机理和各种防护措施在事故发生过程中的作用，评估的主要过程有四步：

（一）进行风险识别；

（二）通过历史记录、外推法或者是专家调查，得到我们在评估过程中需要的、有用的并且可用的数据或者信息，然后使用相对比较合适的数学方法或理论对这些数据或信息进行量化处理；

（三）找出较为合适的模型以及分析方法，对之前获得的数据进行系统的分析，并且视具体情况适当的对模型进行一定的修正；

（四）选择合适的评估标准，从而能够更加准确地对风险的大小程度给予评估。

风险评估方法可分为定性的、半定量的及定量的 3 类。在项目的可行性设计阶段，通常需要在较少信息的前提下做出决策，比如工程进度、成本预算等，主要是采用定性或半定量的风险评估方法，近年来基于模糊集理论的评估方法逐步得到应用。在项目的详细设计、使用阶段，随着设计目标和各种设计参数的明确，借鉴现有的数据库，可以采用定量风险评估方法。定性方法与半定量、定量方法的选择主要取决于风险分析过程中可获得信息量的多少。不同的风险评估方法在分析问题的深度、广度上是不一样的，因此选用合理的方法十分重要。

4.1.3 风险评估中的基本概念

（一）风险源：可能对人、财产、环境造成危害影响的根源或状态；

（二）风险：根据国际标准，“风险”就是“事件及其后果的概率组合”，不仅包括危险事件的可能性，而且也包括该事件的危害后果。

风险评估由以下两方面的因素构成：

（1）风险的频率、概率（可能性、或偶然性）

（2）达到风险潜能的后果（严重程度、或影响）

通常用风险用事故的失效频率 p 和事故产生的后果 C 两个指标来表示：

$$R = f(p, C)$$

式中：

R—风险值

P—事故的失效频率

C—事故产生后果的严重度

该公式将风险表达为期望后果，是一种统计学表达，意味着数值在实际中永远也不可能观测到。当处理罕见事故时，不得不基于长期数据计算平均值。

（三）风险分析：是识别并分析潜在损失发生的可能性以及严重程度的过程，包括风险识别、风险估计和风险评价。

（四）风险识别：明确项目的组成、各变量的性质和相互间的关系。

（五）风险估计：估计风险的性质、估算风险事件发生的概率及后果的大小，以减少项目计量的不确定性。

4.2 危险识别方法

危险识别的方法多种多样，如：危险检查、危险检查表、危险与可操作性研究法、故障类型及影响分析法等；这些方法在进行风险分析的时候都侧重于不同的方面。然而，对一个具体的工程或操作环境，分析方法的多样性往往导致了操作人员、业主和管理层在进行分析时使用的方法不一致，即使是使用同一种分析方法，由于数据获取方式的差异，对危险识别的深度往往也是不一样的。

4.2.1 危险检查法

又称为危险调查或安全检查，是一种主观、定性的危险识别方法。通过该方法能够对危险有一个定性的了解。危险检查的内容主要有以下几方面：

（一）以前的安全评估：检查以前的安全评估的中所识别的危险。对许多装置来说，以前的评估中识别的危险具有很重要的借鉴意义；

（二）调查以前的事故：相似的装置在过去是否出现过事故。这是一种最容易的危险识别的方式。尽管通过过去的事故不能够全面的识别出装置存在的危险，但是它却能给人们一个直观的提示，使人们能够从过去的事故中吸取教训，来用于现在的风险管理；

（三）以前的经验：对于现存在装置，是否存在操作上的问题。操作人员通过日常的检查很可能发现装置存在一些危险，从而对危险识别提供了重要的依据；

（四）危险物质数据：海上石油装置中处理的危险物质有石油、天然气、H_2S和柴油等，这些对装置的危险辨识有着重要影响；

（五）相关的法规和规范：评价的装置是否按照设计规范和标准进行了设计。

海上装置的设计、操作和认证等规范都是由以前经验和事故总结而来的，符合这些规范可以确保装置处于一个比较安全的等级水平。

危险检查方法的优点包括：借鉴已有的经验；由一个专家进行分析，花费的成本比较低；分析需要较少的信息，适合于概念设计阶段；

危险检查方法的局限性包括：该方法不是一种系统性的方法，很难全面识别出系统的危险；分析仅仅局限于以前的经验，对新类型的装置就很难识别；不能产生定量分析的失效模式。

4.2.2 危险检查表法

目前，在海上石油工程安全评价中广泛应用的是危险检查表法。这类检查表可以由以前的安全评价报告中产生。尽管检查表相对简单，但是这类检查表更有利于进行安全评价，是一种非常方便的危险识别方法。定量安全评价往往就是根据该检查表列出的一些主要危险，对其进行定量风险分析。

危险检查表法的优点包括：使用以前的安全评价经验；预防过去的事故再次发生；把危险整理成类；由一个专家进行分析，花费的成本比较低；分析需要较少的信息，所以适合概念设计阶段。

危险检查表法的局限性包括：局限于过去的经验，很难识别新颖装置的危险；不能系统的识别装置存在的危险。

4.2.3 故障类型及影响分析法

从元件、器件的故障开始，逐次分析其影响及应采取的对策，其基本内容是找出构成系统的每一个元件可能发生的故障类型及其对人员、操作及整个系统的影响。

故障类型及影响分析法的优点包括：使用方便、简单易懂；一个专家进行分析；属于一种系统的危险识别方法，可以全面识别出装置存在的危险；比较适合机械或带电装置的危险辨识。

故障类型及影响分析法的局限性包括：分析过程和结果取决于分析专家的经验；适合机械或带电装置的危险辨识，却不适合连续过程中装置的危险辨识；很难分析出有多种因素或人为错误造成的装置失效。

4.2.4 危险与可操作性分析

是详细识别危险与可操作性问题的过程，是由多人组成的相关领域的专家组完成的安全评价方法，包括辨识潜在的偏离设计目的的偏差、分析其可能的原因并评估相应的后果。它的特点是以“分析会议”的形式进行。

危险与可操作性分析的流程如下：

（一）确定研究目的、对象和范围：首先对所研究的对象要有明确的目标，其目的是查找危险源，保证系统安全运行，或审查现行的指令、规程是否完善等，防止操作失误，同时要明确研究对象的边界、研究的深入程度等；

（二）建立研究小组：研究的小组成员一般有 5 ~7 人组成，包括有关各领域专家、对象系统的设计者等，以便发挥和利用集体的智慧和经验；

（三）收集资料：包括各种设计图纸、流程图、工厂平面图、等比例图和装配图，以及操作指令、设备控制顺序图、逻辑图或计算机程序，有时还需要工厂或设备的操作规程和说明书等；

（四）制定研究计划：在广泛收集的资料基础上，组织者要制定研究计划。在对每个生产工艺部分或操作步骤进行分析时，要计划好所花费的时间和研究内容。

（五）进行审查：对生产工艺每个部分或操作步骤进行审查时，应采取多种形式引导和启发各位专家，对可能发现的偏离及其原因、后果和应采取的措施充分发表意见。

危险与可操作性分析中常用工艺参数有：流量、温度、时间、PH 值、频率、电压、混合、分离、压力、液位、组成、速度、粘度、信号、添加剂、反应等。

引导词和工艺参数结合构成了偏差。

例如：

NONE（空白） + FLOW（流量） = NONE FLOW（无流量）

MORE（过量） + PRESSURE（压力） = HIGH PRESSURE（压力高）

分析中常用的引导词见表4.1。

表4.1　危险与可操作性分析常用引导词

引导词	意义
NONE（空白）	设计或操作要求的指标和事件完全不发生；如无流量、无催化剂
MORE（过量）	同标准值相比，数值偏大；如温度、压力、流量等数值偏高
LESS（减量）	同标准值相比，数值偏小；如温度、压力、流量等数值偏低
AS WELL AS（伴随）	在完成既定功能的同时，伴随多余事件发生；如物料在输送过程中发生组分及相变化
PART OF（部分）	只完成既定功能的一部分；如组分的比例发生变化，无某些组分
REVERSE（相逆）	出现和设计要求完全相反的事或物。如流体反向流动，加热而不是冷却
OTHER THAN（异常）	出现和设计要求不相同的事或物。如发生异常事件或状态、开停车、改变操作模式

4.3　风险评估方法

4.3.1　定性评估法

4.3.1.1　五步法

1998年英国的健康安全总署（the Health and safety Executive，即HSE）编写了安全评价的5步法，帮助雇主和员工评估在工作场所的风险。按照该方法，安全评价的5个步骤为：

（1）寻找危害事物；

（2）确定可能被伤害的人和伤害方式；

（3）估计风险，确认现有预防措施是否合适，或者是否需要更多的安全措施；

（4）记录所发现的风险；

（5）检查你的评估结果，一旦发生变化要及时更新。

5步法主要是通过个人判断的方法来评估日常工作中一些小的危险，分析较大危险的时候，很难用该方法进行分析。

4.3.1.2 危险评估法

有一些危险识别的方法也可以用来进行定性的评估。这些方法可以定性的对危险进行评估，也可以分析风险的降低措施。定性评估最常用的方法是风险矩阵法。

风险矩阵法是为每一种危险的失效频率（也称可能性或概率）和失效后果都进行评估。通过矩阵可以排序每一种危险对应的风险高低及对应的风险降低措施是否满足需要。风险矩阵一般将失效频率和后果分为了 3 到 6 个等级。经过系统的危险识别后通常会产生一个危险因素列表，然后，根据定性评估的标准，确定每一个危险因素的失效频率和后果等级，产生安全评价的矩阵表。

风险矩阵可对风险造成的人员伤亡、财产损失、环境危害、名誉影响和风险发生的频率对风险进行定性评估。表 4.2 所示的风险矩阵是一个典型的风险矩阵。

风险矩阵分为两部分：事故后果和事故发生频率。事故后果部分对事故造成的人员伤害，经济损失，环境影响，声誉影响进行了等级划分。如果事故导致多个影响，以造成最高级别的事故后果为评估依据。综合考虑事故后果的严重程度以及发生的频率，可将事故分为轻微、中度、严重 3 类。

表 4.2 风险矩阵

等级	事故后果				事故发生频率				
	人员伤害	经济损失	环境影响	声誉影响	A 在该行业从未发生过	B 在该行业发生过	C 在该公司发生过	D 在该公司每年发生多次	E 在同一位置每年发生多次
1	轻微受伤和健康危害	轻微损失 < $10k	轻微影响	轻微影响		轻微			
2	轻度受伤和健康危害	轻度损失 < $100k	轻度影响	轻度影响					
3	严重受伤和健康危害，包括 LTI	中度损失 < $1M	中度影响	中度影响			中度		
4	导致残疾或 3 人死亡	巨大损失 < $10M	巨大影响	巨大影响					严重
5	导致 3 人以上死亡	重大损失 > $10M	重大影响	重大影响					

4.3.2 半定量评估法

半定量评估是较定性评估更高层次的评估。它采用的主要是定量评价的技术，但是没有对风险结果进行量化。在失效频率分析方面，它采用了逻辑分析的方法，如事故树；在失效后果分析方面，采用了事件树的分析方法。

事故树（Fault Tree Analysis，缩写 FTA）和事件树（Event Tree Analysis，缩写 ETA）理论和方法是 20 世纪 60 年代由美国贝尔电话研究所在研究导弹发射控制系统的安全性时开发出来的；美国波音飞机公司的哈斯尔等人对这个方法又作了重大改进，并采用电子计算机进行辅助分析和计算。该方法相继用于航天工业和核工业的危险性识别和定量安全评价。1972 年美国原子能委员会委托麻省理工学院拉斯姆逊教授为首的专家组对商用核电站进行安全评价，1974 年发表了著名的“WASH－1400”评价报告书，采用 FTA 和 ETA 理论和方法完成了对核电站危险性定量评价。从此这个理论很快在化工、航空、核工业以及冶金和制造行业得到了广泛的关注和应用。我国的化学工业也在 1978 年利用这个方法对一个化工厂的安全性进行了评价，取得了很好的效果。

4.3.2.1 事故树分析

事故树评估是把系统可能发生或已发生的事故作为分析点，将导致事故的原因事件按因果逻辑关系逐层列出，用树形图表示出来，构成一种逻辑模型。事故树理论是从结果到原因找出与灾害有关的各种因素之间因果关系和逻辑关系的分析方法。这种方法是把系统可能发生的事故放在图的最上面，作为顶事件（Top Event，缩写 TE），然后按照系统内部要素之间的关系，分析每一种要素与灾难事故相关的直接（所属）原因，这个直接原因可能是其他后续原因的结果。这个阶段的原因被称为中间原因事件（或中间事件），如图 2.3 的 A 和 B。以此中间事件继续向下分析，直到找到不能继续往下分析的原因为止，即这些原因不会是其他原因的结果。这些原因被称之为基本原因事件（或基本事件），如图 4.3 的 X1、X2、X3、X4 和 X5。

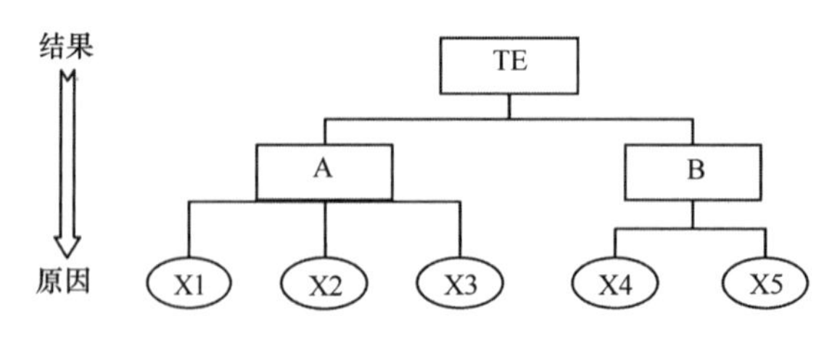

图 4.3　事故树

基本原因事件就是引起顶事件的根本原因，如果要消除顶事件，必须解决根本原因。根本原因可能是单个，也可能是多个。可以看出，这种分析方法中的顶事件是假设的、可能的，并不是实际发生的。

这种分析的基本目的在于预防假设的顶事件。但在实际情况下，最后发生的灾难事故也可能是在系统设计中没有考虑到的“意外”。在现实中，顶事件不是事故的最终结果，比如说化学品泄漏为顶事件，但它不是事故的最后结果，最后结果可能是多人死亡，或者环境污染，或者没有什么影响。对顶事件发生以后所产生的最终危害进行分析，需要使用事件树分析法。

4.3.2.2　事件树分析

事件树评估是一种逻辑演绎法，它在给定一个初因事件的情况下，分析初因事件可能导致的各种结果。在事件树中，顶上事件（TE）就是原因，按照事件发生的时间顺序，同时按照后续事件只能取是和否两种完全对立的状态之一的原则，逐步向事故的最终结果发展，直到顶点（事故的最终结局），如图：

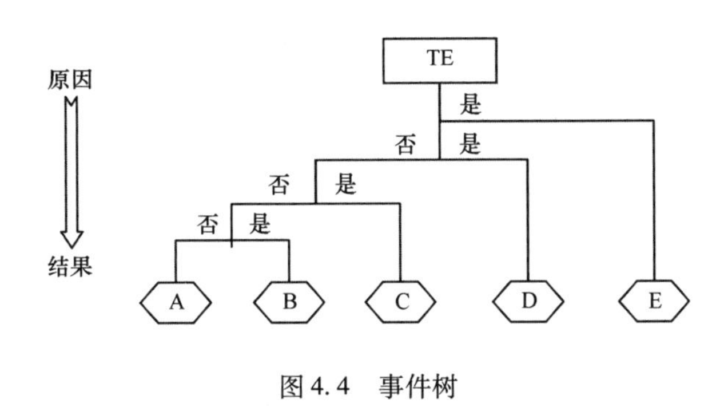

图 4.4　事件树

图 4.4 的 A、B、C、D 和 E。由于事故发生后是否采取措施和采取何种措施，对最终的结果有直接的影响，所以 A、B、C、D 和 E 有很大的差距。使用事件树的作用就是分析出减缓事故结局严重程度的防范措施，然后采取对应的行动，把事故的危害降到最低的程度。

4.3.2.3　领结图

领结图（BowTie）最早叫蝴蝶图（Butterfly Diagram），最早出现于上世界 70 年代。70 年代后期 David Gill 发展了这个图，1979 年由澳大利亚的昆士兰大学在 ICI Hazan Course Notes 上公开发表。1987 年北海的阿尔法石油平台大火事故以后，该理论引起 Shell 的重视，其理论和方法研究得到了 Shell 的大力资助。Shell 石油公司也成为第一个全面使用该理论的大石油公司。

如图 4.5 所示领结图，其形状就像一条领结（Bow - Tie），这就是该理论名字的来源。图 4.5 左边是事故树（FAT），右边是事件树（EAT），中间就是顶事件。Bow - Tie 理论第一次把事故的预防以及事故发生以后的应急反应统一到一起。该理论不但分析了如何识别风险，如何防范风险，同时分析了一旦发生事故如何采取措施消减事故的影响，使得事故后果降低到最小。

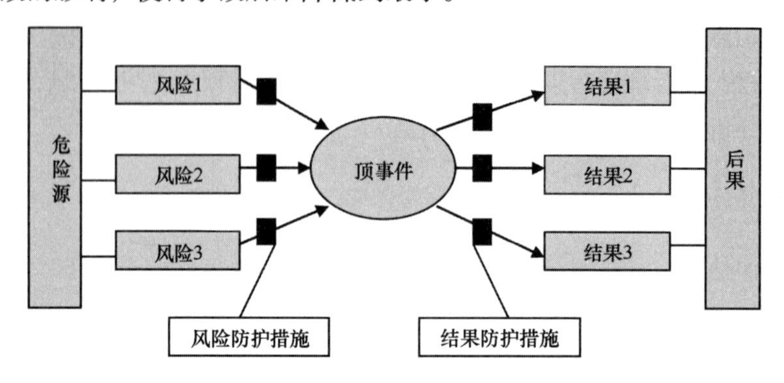

图 4.5　领结图

4.3.3　定量评价法

定量评价是对某一设施或作业活动中发生事故的失效频率和后果进行表达的系统方法，是一种对风险进行量化管理的技术手段。在定量评价中风险的表达式为：

$$R = S \times P$$

P 表示事故发生的频率，S 表示事故后果严重度，在安全评价过程中，衡量风险通常主要考虑人员伤害、经济损失、环境影响和声誉影响。

定量评价作为一种工程技术手段，揭示了意外事故发生的机理和各种防护措施在事故发生过程中的作用。定量评价作为最复杂的安全评价技术之一，基本过程包括：调研、资料收集、危险辨识、对危险发生频率的评估、对危险产生后果的评估和评价等过程。

定量评价的流程如下：

（一）调研和搜集资料

定量评价的过程就是建立模型，然后再进行模型计算的过程。先把评价目标模型化，然后再进行失效频率和后果计算。评价目标的模型化就是对过程本身进行非常精确的描述，搜集所有相关的数据，使分析尽可能的建立在准确的基础上，同时也对评估的边界进行了限定；

（二）危险辨识

为了对定量模拟的失效情况进行选择，对可能发生事故的一个量化的审查过程；

（三）失效频率和后果评估

（1）历史事故数据库

目前，国际上有一些组织和部门建立了自己的事故数据库，从中可以得到事故发生的频率和后果。这种方法比较简单，易于理解，常用来作为定量评价失效频率的评估方法；

（2）模拟评估

一些事故的失效频率和后果可通过计算机模拟来进行预测；

（3）工程判断

许多情况下，对于一些较小的危险，往往根据工程经验，采用人为判断的方法来进行失效频率和后果分析。

（四）风险可接受准则

作业活动所带来的风险水平是否在可以接受范围之内，是否需要额外的安全系统来将风险降低到一个尽可能低的水平或可以承受的程度，需要根据风险接受准则来进行比较。

风险接受准则表示了在规定的时间内或某一行为阶段可接受的总体风险等级，它为风险分析以及制定减小风险的措施提供了参考依据。因此，一般在评估实施之前进行定义。目前工业界中一般采用 ALARP（As Low As Reasonably Practically）原则作为唯一可接受原则。ALARP 原则可以适用于个人死亡风险、环境风险和财产风险的评估。ALARP 原则要求尽可能降低风险，同时这样低的风险程度也是能够实现的。

ALARP 准则通过风险水平上界和下界把风险分为三个区域：

（1）广泛接受区域

位于风险水平下界以下，此区域内的风险很低，采取任何安全措施所花费的成本都会高于风险降低带来的效益，故可以不用采取任何安全措施；

（2）ALARP 区域

位于风险水平界线下界和上界之间。在此区域内，如果继续采取风险降低措施，所带来的效益远远低于风险降低措施的成本或者风险无法降低，则可认为风险已经达到可容忍水平；

（3）不允许区域

于风险水平上界以上。在此区域，任何的风险都不能接受，必须采取风险降低措施。

ALAPR 原则用途是作为使风险降低到最低合理可行的一个准则，可以这样理解：

（1）如果风险水平超过容许上限，除特殊情况外该风险无论如何都不能被接受，必须停止作业；

（2）如果风险水平低于容许下限，该风险是可以接受的，无需采取安全改进措施；

（3）如果风险水平在容许上限和下限之间，即在 ALARP 区。处在这个范围内

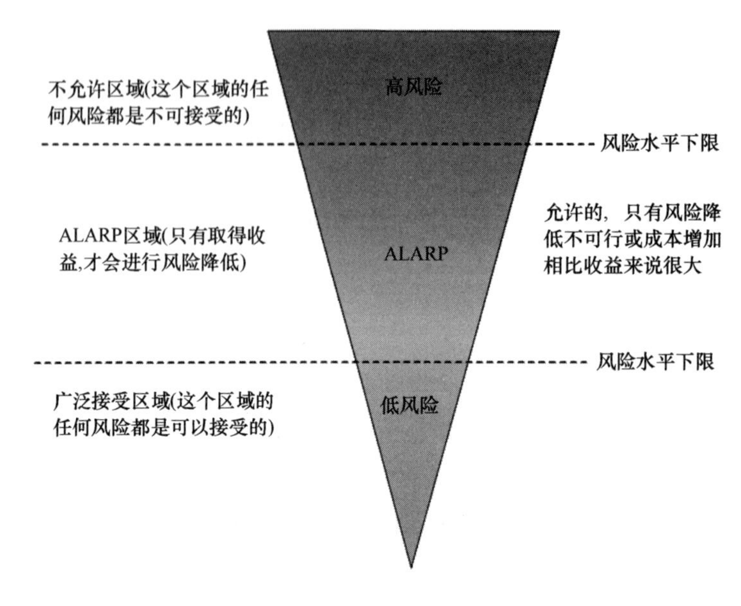

图 4.5　ALARP 准则

的风险应满足使风险水平“尽可能低”这一要求，而且是介于可接受风险和不可接受风险之间，可实现的风险范围内，来尽可能的降低风险水平。

4.4　船舶溢油风险评估

4.4.1　船舶溢油风险评价指标体系

根据对海上船舶溢油风险的源项分析，对可能影响海上船舶溢油风险的各种客观因素进行了分析归纳，筛选出以下几点主要影响因素：

（1）船舶状况：船舶类型、船舶吨位、船舶设备状态、船龄；

（2）船员因素：船员操船水平、对规章制度的执行程度、行为道德规范；

（3）气象因素：风、降水、雾霾；

（4）水文因素：海况、潮流。

根据内容的分析，建立如下表所示海上船舶溢油风险综合评价指标体系。

表 4.4.1 船舶溢油风险评价指标体系

目标层	准则层	指标层
海上船舶溢油风险	船舶状况	船舶类型
		船舶吨位
		船舶设备状况
		船龄
	船员因素	操船水平
		对规章制度的执行程度
		行为道德规范
	气象因素	风
		降水
		雾霾
	水文条件	海况
		洋流

4.4.2 船舶溢油风险评价指标标度

海上船舶溢油风险综合评价考虑了多个影响因子，将其中每个影响因子的风险程度分为五个等级，其风险程度评价标准如表：

表 4.4.2 船舶溢油风险程度评价标准

	低风险	较低风险	中等风险	较高风险	高风险
船舶类型	客船、滚装船	散装杂船	集装箱船	液货船	油轮
船舶吨位（DWT）	≤10000	10000 – 30000	30000 – 60000	60000 – 100000	≥100000
设备状况	很好	较好	中等	较差	很差
船龄（年）	≤5	5 ~ 10	10 ~ 15	15 ~ 20	≥20
操船水平	很好	较好	中等	较差	很差
对规章制度的执行程度	严格执行	较严格执行	执行	部分执行	不执行
行为道德规范	很好	较好	一般	较差	很差
风速	≤10	10 ~ 20	20 ~ 25	25 ~ 35	≥35
降水	微雨	小雨	中雨	大雨	暴雨
雾霾	≥4000	2000 ~ 4000	1000 ~ 2000	500 ~ 1000	≤500
波高	≤2.5	2.5 ~ 5.0	5.0 ~ 7.5	7.5 ~ 10	≥10
洋流	≤0.25	0.25 ~ 1.0	1.0 ~ 2.5	2.5 ~ 3.5	≥3.5

4.4.3 评价指标权重确定

（一）构建判断矩阵

为了能够准确体现各个因素对海上船舶溢油风险的重要度，需要对每一层次的各个元素的相对重要性进行两两比较并做出判断，将这些判断用数值表现出来，并构成矩阵。

表 4.4.3-1 船舶溢油风险评价指标权重

	船舶状况	船员因素	气象	水文
船舶状况	1	3	5	6
船员因素	1/3	1	3	4
气象	1/5	1/3	1	4
水文	1/6	1/4	1/4	1

表 4.4.3-2 船舶各因素指标权重

	船舶类型	船舶吨位	设备状况	船龄
船舶类型	1	5	3	4
船舶吨位	1/5	1	1/4	1/4
设备状况	1/3	4	1	4
船龄	1/4	3	1/4	1

表 4.4.3-3 船员各因素指标权重

	操船水平	对规章制度执行程度	行为道德规范
操船水平	1	4	5
对规章制度执行程度	1/4	1	3
行为道德规范	1/5	1/3	1

表 4.4.3-4 气象各因素指标权重

	风	降水	雾霾
风	1	5	4
降水	1/4	1	3
雾霾	1/5	1/3	1

表 4.4.3－5 水文各因素指标权重

	海况	潮流
海况	1	4
潮流	1/4	1

（二）计算各因素权重

表 4.4.3－6 相对于船舶溢油风险的第二次指标权重

因素	权重
船舶状况	0.5567
船员因素	0.2556
气象	0.1299
水文	0.0577
$\lambda_{max}=4.2219$；	

表 4.4.3－7 相对于船舶溢油风险的船舶各因素指标权重

因素	权重
船舶类型	0.5231
船舶吨位	0.0675
设备状况	0.2856
船龄	0.1237
$\lambda_{max}=4.2519$	

表 4.4.3－8 相对于船舶溢油风险的船员各因素指标权重

因素	权重
操船水平	0.6738
对规章制度执行程度	0.2255
行为道德规范	0.1007
$\lambda_{max}=3.0858$	

表 4.4.3－9　相对于船舶溢油的气象各因素指标权重

因素	权重
风	0.6738
降水	0.1007
雾霾	0.2255
$\lambda_{max}=3.0858$	

表 4.4.3－10　相对于船舶溢油风险的水文因素指标权重

因素	权重
海况	0.8000
潮流	0.2000
$\lambda_{max}=2.0000$	

4.4.4　船舶溢油风险评估举例

某海域一艘吨位为12 500、船况较好、船龄3年的油轮，所配备船员具有较好的操船水平，能严格执行规章制度，有很好的行为道德规范。当天的风速为20～25米每秒，大雨，雾霾小于4 000，波高为1.9米，洋流速度为2.7米每秒。按照船舶溢油风险的等级标度，标度值分别为：

表 4.4.4　船舶溢油风险等级标度值

影响因素	船舶类型	船舶吨位	设备状况	船龄	操船水平	对规章制度执行程度
标度值	0.9	0.3	0.3	0.1	0.3	0.1
影响因素	行为道德规范	风	降水	雾霾	海况	潮流
标度值	0.1	0.5	0.7	0.1	0.1	0.7

根据前面所确定的评价指标的权重，对影响因素的标度值进行加权求和，得到船舶溢油的风险概率为：

$$
\begin{aligned}
P=&0.5567\times(0.5231\times0.9+0.2556\times0.3+0.1299\times0.1+0.0577\times0.1)\\
&+0.2556\times(0.6736\times0.3+0.2255\times0.1+0.1007\times0.1)\\
&+0.1299\times(0.6738\times0.5+0.1007\times0.7+0.2255\times0.1)\\
&+0.0577\times(0.8\times0.1+0.2\times0.7)\\
=&0.4247
\end{aligned}
$$

4.5　地质溢油风险评估

4.5.1　地质溢油风险评估的指标体系

评价指标体系是指开发各阶段及生产过程中各相关关联且相互制约的众多因素构成的一个有机整体，包括：评价指标体系的建立原则、评价指标体系的结构及评价指标的确定方法。

4.5.1.1　风险评价指标体系的确定原则

（一）目的性原则

选定的指标能反映评价对象，即指标应具有较强的目的性；

（二）完备性和代表性原则

指标要尽可能覆盖评价内容，且必须具有代表性；

（三）独立性原则

在设计评价指标体系时，有些因素之间往往具有一定程度的相关性，因而要采用科学的方法处理指标体系中彼此相关程度较大的指标，应尽量选取在概念上不重叠、统计上不相关的指标，使每一指标在体系中只出现一次，使指标体系能科学地、准确地反映被评价对象的实际情况；

（四）简练性和可行性原则

指标体系要力求简练，具有可操作性；

（五）动态性原则

由于外部环境的发展和变化，该评价系统的指标也该根据变化做相应的调整。

4.5.2.2　风险指标权重的确定方法

根据问题的性质，将问题分解成不同的组成因素，并按照因素间的相互关联影响及隶属关系将因素按不同的层次聚集组合，形成一个多层次的分析结构模型，从而最终使问题归结为最底层（供解决的方案、措施等）相对于最高层（总目标）的相对重要权值的确定或相对优劣次序的排定。

（一）相对重要性判断

相对重要性判断，是为了获得同级影响因素间相对重要性的比值，其值是由专家评判小组确定，专家依据各种风险因素在钻井中所占的比重，将各准则层中属于同类风险的各个因素两两比较，然后依据“1～9”标度法确定；

表 4.5.1－1　相对重要性取值表

标度	含义
1	表示因素 Xi 与 Xj 比较，两者同等重要
3	表示因素 Xi 与 Xj 比较，Xi 比 Xj 稍微重要
5	表示因素 Xi 与 Xj 比较，Xi 比 Xj 明显重要
7	表示因素 Xi 与 Xj 比较，Xi 比 Xj 强烈重要
9	表示因素 Xi 与 Xj 比较，Xi 比 Xj 极端重要
2，4，6，8	分别表示相邻判断 1～3，3～5，5～7，7～9 的中值
倒数	xij 表示因素 Xi 与 Xj 比较的判断，则 Xj 与 Xi 比较的判断 xji＝1/xij

专家根据经验并考虑到反映某评价观点后定出权重，具体做法和基本步骤如下：

（1）选择评价定权值组的成员，并对他们详细说明权重的概念和顺序及记权方法；

（2）列出对应每个评价因子的权值范围，可用评分法表示。例如，若有五个值，那么就有五列。行列对应于权重值，按重要性排列；

（3）发给每个参与评价者一份上述表格，按下述步骤反复核对、填写，直至没有成员进行变动为止；

（4）要求每个成员对每列的每种权值填上记号，得到每种因子的权值分数；

（5）要求所有成员对作了记号的列逐项比较，看看所评的分数是否能代表他们的意见，如果发现有不妥之处，应重新划记号评分，直至满意为止；

（6）要求每个成员把每个评价因子（或变量）的重要性评分值相加，得出总数；

（7）每个成员用第 6 步求得的总数去除分数，即得到每个评价因子的权重；

（8）集中每个成员的表格，求得各种评价因子的平均权重，即为“组平均权重”；

（9）列出平均数，要求评价者把每组平均数与自己在第 7 步得到的权值进行比较；

（10）如有人还想改变评分，就须回到第 4 步重复整个评分过程。如果没有异议，则到此为止，各评价因子（或变量）的权值就确定了。

（二）构造判断矩阵

将同级因素之间两两比较，从而构建出成对比较矩阵，及判断矩阵 A；

$$A = \begin{bmatrix} x_{11} & x_{12} & \cdots & x_{1n} \\ x_{21} & x_{22} & \cdots & x_{2n} \\ \vdots & \vdots & & \vdots \\ x_{n1} & x_{n2} & \cdots & x_{nn} \end{bmatrix}$$

式中：

A—判断矩阵

x_{ij}—X_i 相对于 X_j 权重的比值

在确定各准则层评价因素的权重时，由于运用的主要是专家的隐性知识，因而不可能完全准确地判断出 X_i/X_j 的值，只能对其进行估计，因此必须进行相容性和误差分析，即对判断矩阵进行一致性检验。检验使用如下公式：

$$CR = CI/RI$$

式中：

CR—判断矩阵的随机一致性比率

CI—判断矩阵的一般一致性指标

$$CI = \frac{1}{n-1}(\lambda_{max} - n)$$

RI—判断矩阵的平均随机一致性指标，与矩阵阶数 n 有关，具体数值见表：

表 4.5.1－2　判断矩阵 *RI* 值表

n	1	2	3	4	5	6	7	8	9
RI	0.00	0.00	0.52	0.89	1.12	1.26	1.36	1.41	1.46

式中：

λ_{max}—判断矩阵的最大特征根

n—判断矩阵的阶数

当 $CR<0.1$ 时，认为判断矩阵具有满意的一致性，说明权重系数分配合理，否则需要调整判断矩阵，直到取得满意的一致性为止。

（三）影响权重求取

采用方根法计算权重。计算方法如下：

（1）计算判断矩阵中每行元素几何平均值，得权重向量

$$M = [m_1, m_2, m_3, \cdots, m_i, \cdots, m_n]^T$$

式中

m_i—i 影响因素权重，其值为 $m_i = n\sqrt{\prod_{j=1}^{n} x_{ij}}$，$i=1, 2, 3, \cdots, n$

（2）对向量 M 作归一化处理，得相对权重向量

$$\Psi = [\Psi_1, \Psi_2, \Psi_3, \cdots, \Psi_i, \cdots, \Psi_n]^T$$

式中，

m_i—i 影响因素相对权重，其值为 $\Psi_i = m_i / \sum_{i=1}^{n} m_i$

例如：构建 A1 的判断矩阵，如下表：

表 4.5.1-3　A1 判断矩阵

因素	相对重要性取值				权重值	相对权重
B1-1	1	2	5	6	60.000	0.510
B1-2	1/2	1	4	5	10.000	0.326
B1-3	1/5	1/4	1	1	0.050	0.087
B1-4	1/6	1/5	1	1	0.033	0.078

计算得到判断矩阵，矩阵一致性结果为：

表 4.5.1-4　A1 判断矩阵一致性结果

一致性	λ_{max}	CI	RI	CR
A1	4.049	0.016	0.940	0.017

显然，满足一致性条件。

进而计算求得各因素权重值和相对权重值，如表。

4.5.1.3　建立地质溢油风险评价的指标体系

以注水开发油田为例，建立注水过程地质溢油风险评价的指标体系，如表所示。

表 4.5.1-5　地质溢油风险评价指标体系

目标层 A	准则层 B	准则层权重	指标层 C
勘探井钻井 A1	钻遇异常高压地层导致溢油 B1-1	0.5	储层孔隙度 C1-1-1
			储层厚度 C1-1-2
			地层埋深 C1-1-3
	钻遇裂缝性地层导致溢油 B1-2	0.3	岩性 C1-2-1
			与断层距离 C1-2-2
			构造曲率大小 C1-2-3
			地层厚度 C1-2-4
			地层埋深 C1-2-5

续表

目标层 A	准则层 B	准则层权重	指标层 C
勘探井钻井 A1	钻进过程中气侵导致溢油 B1 -3	0.1	钻速 C1 -3 -1
			岩石孔隙度 C1 -3 -2
			井径 C1 -3 -3
			天然气饱和度 C1 -3 -4
	起下钻过程导致溢油 B1 -4	0.1	起下钻速度 C1 -4 -1
			灌浆及时性 C1 -4 -2
			关泵时间 C1 -4 -3
勘探井试油 A2	封隔器失效导致溢油 B2 -1	0.2	封隔器使用时间 C2 -1 -1
			重力坐封次数 C2 -1 -2
			层间压差 C2 -1 -3
	诱导油流过程导致溢油 B2 -2	0.5	降压速度 C2 -2 -1
			掏空深度 C2 -2 -2
			井底负压 C2 -2 -3
	射孔作业导致溢油 B2 -3	0.3	射孔密度 C2 -3 -1
			射孔孔径 C2 -3 -2
			射孔深度 C2 -3 -3
生产井钻井 A3	钻遇异常高压地层导致溢油 B3 -1	0.6	注采比 C3 -1 -1
			注水压力 C3 -1 -2
			注水周期 C3 -1 -3
	井眼交碰导致溢油 B3 -2	0.1	井距 C3 -2 -1
			井眼半径 C3 -2 -2
			井深 C3 -2 -3
	钻进过程中气侵导致溢油 B3 -3	0.2	钻速 C3 -3 -1
			岩石孔隙度 C3 -3 -2
			井径 C3 -3 -3
			天然气饱和度 C3 -3 -4
	起下钻过程导致溢油 B3 -4	0.2	起下钻速度 C3 -4 -1
			灌浆及时性 C3 -4 -2
			关泵时间 C3 -4 -3
固井作业 A4	下管柱过程导致溢油 B4 -1	0.5	套管强度 C4 -1 -1
			施工压力 C4 -1 -2
			灌浆及时性 C4 -1 -3
	注水泥过程导致溢油 B4 -2	0.5	地层渗透率 C4 -2 -1
			水泥固封段长度 CC4 -2 -2
			注水泥替浆排量 C4 -2 -3

续表

目标层 A	准则层 B	准则层权重	指标层 C
完井作业 A5	完井液设计导致溢油 B5－1	0.4	完井液密度 C5－1－1
	射孔完井导致溢油 B5－2	0.6	射孔密度 C5－2－1
			射孔孔径 C5－2－2
			射孔深度 C5－2－3
			下放管柱速度 C5－2－4
注水开发 A6	注入水引起断层失稳导致溢油 B6－1	0.4	与断层距离 C6－1－1
			断层封闭性 C6－1－2
			注水压力 C6－1－3
	注入水突破盖层导致溢油 B6－2	0.2	注水压力 C6－2－1
			盖层厚度 C6－2－2
			盖层渗透率 C6－2－3
	注入水突破水泥环导致溢油 B6－3	0.4	水泥环抗剪切性能 C6－3－1
			水泥环抗压性能 C6－3－2
			注水压力 C6－3－3
注聚合物开发 A7	聚合物堵塞地层导致溢油 B7－1	1	相对分子质量 C7－1－1
			聚合物浓度 C7－1－2
			地层水矿化度 C7－1－3
热力采油 A8	热变形套损导致溢油 B8－1	0.6	注气温度 C8－1－1
			注气轮次 C8－1－2
			注气压力 C8－1－3
	热采出砂导致溢油 B8－2	0.4	注气温度 C8－2－1
			注气轮次 C8－2－2
			注气压力 C8－2－3
			注气速度 C8－2－4
压裂酸化 A9	压裂酸化缝沟通断层导致溢油 B9－1	1	配注压力 C9－1－1
			压裂液密度 C9－1－2
			与断层距离 C9－1－3
废弃井处理 A10	废弃井溢油 B10－1	1	废弃井封堵效果 C10－1－1
			废弃时间 C10－1－2
			废弃井地层压力 C10－1－3

* 表中给定权重值仅供参考

4.5.2 地质溢油风险评价指标标度

根据各个阶段地质溢油风险的评价指标，将因素（评价指标）造成影响的高低，分为5级进行标度，从高到低取0.9、0.7、0.5、0.3、0.1。

该标准各个油田、各个层段均存在差异，需要根据油田和作业公司的技术水平实地制定。本文未给出具体数据范围。

4.5.2.1 勘探阶段地质溢油风险评价指标标度

（一）勘探井钻井

（1）钻遇异常高压地层导致溢油

表4.5.2－1 钻遇异常高压导致地质溢油的因素标度值

标度值	0.9	0.7	0.5	0.3	0.1
储层孔隙度	高	较高	中	较低	低
地层厚度	厚	较厚	中	较薄	薄
地层埋深	深	较深	中	较浅	浅

（2）钻遇裂缝性地层导致溢油

表4.5.2－2 钻遇裂缝性地层导致地质溢油的因素标度值

标度值	0.9	0.7	0.5	0.3	0.1
岩性	白云岩	灰岩	砂岩	泥岩	火成岩
与断层距离	近	较近	中	较远	远
地层埋深	深	较深	中	较浅	浅
构造位置（曲率大小）	大	较大	中	较小	小
地层厚度	厚	较厚	中	较薄	薄
地层埋深	深	较深	中	较浅	浅

（3）钻井过程中气侵导致溢油

表4.5.2－3 钻进过程气侵导致地质溢油的因素标度值

标度值	0.9	0.7	0.5	0.3	0.1
钻速	快	较快	中	较慢	慢
岩石孔隙度	高	较高	中	较低	低
井径	大	较大	中	较小	小
天然气饱和度	高	较高	中	较低	低

(4) 起下钻过程导致溢油

表 4.5.2-4 起下钻过程导致地质溢油的因素标度值

标度值	0.9	0.7	0.5	0.3	0.1
起下钻速度	快	较快	中	较慢	慢
灌浆频率	1	1.5	2	2.5	3
钻速	长	较长	中	较短	短

(二) 勘探井试油

(1) 封隔器失效导致溢油

表 4.5.2-5 封隔器失效导致溢油的因素标度值

标度值	0.9	0.7	0.5	0.3	0.1
封隔器使用时间	长	较长	中	较短	短
重力作业坐封次数	多	较多	中	较少	少
层间压差	高	较高	中	较低	低

(2) 诱导油流导致溢油

表 4.5.2-6 诱导油流导致溢油的因素标度值

标度值	0.9	0.7	0.5	0.3	0.1
降压速度	快	较快	中	较慢	慢
掏空深度	大	较大	中	较小	小
井底负压	高	较高	中	较低	低

(3) 射孔作业导致溢油

表 4.5.2-7 射孔导致溢油的因素标度值

标度值	0.9	0.7	0.5	0.3	0.1
射孔密度	高	较高	中	较低	低
射孔孔径	大	较大	中	较小	小
射孔深度	深	较深	中	较浅	浅

4.5.2.2　开发钻井阶段地质溢油风险评价指标标度

（一）生产井钻井

（1）钻遇异常高压地层导致溢油

表 4.5.2－8　钻遇异常高压导致地质溢油的因素标度值

标度值	0.9	0.7	0.5	0.3	0.1
区块注采比	高	较高	中	较低	低
邻井注水压力	高	较高	中	较低	低
区块注采比	高	较高	中	较低	低
邻井注水压力	高	较高	中	较低	低
注水周期	长	较长	中	较短	短

（2）井眼交碰导致溢油

表 4.5.2－9　井眼交碰导致地质溢油的因素标度值

标度值	0.9	0.7	0.5	0.3	0.1
井距	远	较远	中	较近	近
井眼半径	大	较大	中	较小	小
井深	深	较深	中	较浅	浅

（二）生产井固井

（1）下套管过程导致溢油

表 4.5.2－10　下套管过程导致地质溢油的因素标度值

标度值	0.9	0.7	0.5	0.3	0.1
套管强度	低	较低	中	较高	高
施工压力	高	较高	中	较低	低
灌浆频率	1	1.5	2	2.5	3

（2）注水泥过程导致溢油

表 4.5.2－11　注水泥过程导致地质溢油的因素标度值

标度值	0.9	0.7	0.5	0.3	0.1
地层渗透率	高	较高	中	较低	低
水泥固封段长度	长	较长	中	较短	短
注水泥替浆排量	多	较多	中	较少	少

（三）生产井完井

表 4.5.2－12　生产井完井导致地质溢油的因素标度值

标度值	0.9	0.7	0.5	0.3	0.1
完井液密度	合理	较合理	中	较不合理	不合理
下方管柱速度	快	较快	中	较慢	慢

4.5.2.3　开发阶段地质溢油风险评价指标标度

（一）注水开发

（1）注入水引起断层失稳导致溢油

表 4.5.2－12　注入水引起断层失稳导致地质溢油的因素标度值

标度值	0.9	0.7	0.5	0.3	0.1
与断层距离	远	较远	中	较近	近
断层封闭性	高	较高	中	较低	低
注水压力	高	较高	中	较低	低

（2）注入水突破盖层导致溢油

表 4.5.2－13　注入水突破盖层导致地质溢油的因素标度值

标度值	0.9	0.7	0.5	0.3	0.1
注水压力	高	较高	中	较低	低
盖层厚度	薄	较薄	中	较厚	厚
盖层渗透率	高	较高	中	低	较低

(3) 注入水突破固井水泥环导致溢油

表 4.5.2-14 注入水突破固井水泥环导致地质溢油的因素标度值

标度值	0.9	0.7	0.5	0.3	0.1
水泥环抗剪切性能	好	较好	中	较差	差
水泥环抗压性能	好	较好	中	较差	差
注水压力	高	较高	中	低	较低

(二) 注聚合物开发

表 4.5.2-15 注聚合物导致地质溢油的因素标度值

标度值	0.9	0.7	0.5	0.3	0.1
相对分子量	大	较大	中	较小	小
聚合物浓度	高	较高	中	较低	低
地层水矿化度	高	较高	中	较低	低

(三) 热力采油

(1) 热变形套损导致溢油

表 4.5.2-16 热变形套损导致地质溢油的因素标度值

标度值	0.9	0.7	0.5	0.3	0.1
注气温度	高	较高	中	较低	低
注气轮次	多	较多	中	较少	少
注气压力	高	较高	中	较低	低

(2) 出砂导致溢油

表 4.5.2-17 出砂导致地质溢油的因素标度值

标度值	0.9	0.7	0.5	0.3	0.1
注气温度	高	较高	中	较低	低
注气轮次	多	较多	中	较少	少
注气压力	高	较高	中	较低	低
注气速度	快	较快	中	较慢	慢
原油粘度	高	较高	中	较低	低

（四）压裂酸化作业

表 4.5.2－18　压裂酸化作业导致地质溢油的因素标度值

标度值	0.9	0.7	0.5	0.3	0.1
配注压力	高	较高	中	较低	低
压裂液密度	不合理	较不合理	中	较合理	合理
到断层距离	远	较远	中	较近	近

（五）修井作业

表 4.5.2－19　修井作业导致地质溢油的因素标度值

标度值	0.9	0.7	0.5	0.3	0.1
区块注采比	高	较高	中	较低	低
邻井注水压力	高	较高	中	较低	低
压井材料准备量	少	较少	中	较多	多
修井作业时间	长	较长	中	较短	短

4.5.2.4　废弃阶段地质溢油风险评价指标标度

表 4.5.2－20　废弃井处理导致地质溢油的因素标度值

标度值	0.9	0.7	0.5	0.3	0.1
废弃井封堵效果	差	较差	中	较好	好
废弃时间	长	较长	中	较短	短
废弃井地层压力	高	较高	中	较低	低

4.5.3　风险概率计算

根据各准则层的风险概率按公式进行加权相加：

$$P(Ai) = \sum w(Bi) \times P(Bi)$$

式中：

$P(Ai)$ —目标层风险概率，无量纲；

$P(Bi)$ —准则层风险概率，无量纲；

$w(Bi)$ —准则层权重值，无量纲。

5 溢油事故的调查认定方法

5.1 溢油事故的确认

5.1.1 油污样品的鉴别

对溢油事故而言，溢出的原油是溢油的主体，针对溢出海面的油污进行采样及分析，可为导致溢油的原因分析提供重要线索。

5.1.1.1 油污样品的鉴别方法

对油污样品的分析方法主要有以下几种[34]。

（一）气相色谱谱图配比法

（1）方法原理：石油及石油产品是一种成分复杂的混合物，其相互间的化学和物理性质存在着各种差别，经色谱分离，这些差别就构成了不同油品的不同“指纹”特征并显示在色谱图上。典型油品的氢火焰离子化色谱图特征表现为：

1）同系列正构烷烃全部分离，按照由低碳数到高碳数的顺序均匀间隔分布；

2）非正构烷烃成分部分分离；

3）姥鲛烷和植烷分别与 n－C_{17}和 n－C_{18}完全分离。

不同种类油品的正构烷烃分布范围及含量和姥鲛烷与植烷的含量均存在很大差异。在进行溢油鉴别时，可根据这些特征，对溢油和可疑油的谱图进行仔细比较，根据 2 张谱图的高度一致性，给出鉴别结果。

（2）鉴别步骤

1）将采集到的溢油和可疑油样品用正己烷溶解，然后离心去杂质，再用氢火焰离子化，利用气相色谱仪在相同色谱条件下测定色谱；

2）将溢油和可疑油的色谱图上下重叠，进行目视比较，这时具有相同保留时间的成分应完全重合，同时观察正构烷烃的碳数分布范围，相同的油具有相同的碳数。一般情况下，轻质燃料油正构烷烃碳数在 C_{25} 以下，重质燃料油和原油在 C_{35}

以下；

3）观察和比较整个谱图的外形轮廓，包括比较各正构烷烃的峰高响应值和非正构烷烃的峰形及大小。不同的油其正构烷烃含量不同，形成的谱图外形轮廓也不相同；

4）比较姥鲛烷和植烷的峰高响应值，不同种类的油特别是原油和重质燃料油，姥鲛烷和植烷的含量存在明显差异。

经过以上几方面认真比较，如没有发现差异，就可断定2种油相同；若发现有一方存在明显差异，则断定2种油不相同。

（3）鉴别功能：气相色谱法能够鉴别纯油（包括原油、燃料油和润滑油）、水上薄油膜、附着在沙石或其他固体物质上的油类以及来自海滩、船舶或水中的乳化油。

（4）适用范围：既适用于未风化油，也适用于一定风化程度的油。对于严重风化的油品，例如当油品中 $n-C_{17}$ 和 $n-C_{18}$ 及姥鲛烷和植烷成分大部分风化损失，则不宜用本法；

（5）注意事项

1）用目视鉴别法鉴别风化时间为3－7天的溢油时，相应地把 $n-C_{13} \sim n-C_{16}$ 以后的环构烷烃作为比较的特征“指纹”区域，这样可有效避免风化影响；

2）特征峰面积比值法尤为适用于化学组成较为相似，目视鉴别法不易区别的溢油样品鉴别。应注意的是，用特征峰面积比值法鉴别溢油时，须考察所用分析测试方法的重现性。用本方法时，$n-C_{13}$/姥鲛烷、$n-C_{13}$/植烷、姥鲛烷/植烷和 $n-C_{17}/n-C_{18}$ 峰面积比值的多次重复测定的变异系数均不能大于1%。

（二）红外线光谱谱图配比法

（1）方法原理与过程：石油是一种十分复杂的混合物，含有氧、氮、硫，许多情况下含有痕量金属，这些都能给气相色谱法的谱图配比造成困难。红外线光谱配比法借助一种光盒，将溢油与可疑溢油源样品的红外线光谱重叠在一起，进行覆盖性指纹检查，根据对两张光谱特征峰的位置、强度和轮廓的对比，判别两种油的“指纹”是否一致，从而鉴别出溢油的油源。大多数情况下光谱间会出现各种差异，此时就要十分小心地识别假谱带，排除干扰。如果此时仍不能合理解释谱带的差异和由来，就应当充分考虑到风化对油“指纹”的影响。如果溢油的风化较严重，则需对可疑样品进行实验室模拟风化处理，风化参数的模拟要根据当时的气象条件和溢油的风化程度综合确定。

（2）鉴别功能：红外线光谱配比法能够鉴别纯油（包括原油、燃料油和润滑油）、水上薄油膜、附着在沙石或其他固体物质上的油类以及来自海滩、船舶或水中的乳化油。

（3）适用范围：既适用于未风化油，也适用于一定风化程度的油。在植物油中，可能存在干扰此方法的物质，此时可首先净化样品或改用其他方法。

（4）注意事项

1）主要对比条件的一致性，即进行比较的两张红外线光谱图必须是在完全相同的实验条件下，用同一溶剂、同一样品处理和制备方法，同一仪器和同一设置参数描绘的；

2）当溢油在海面由于挥发、溶解和光氧化引起的风化损失较大时，应对可疑溢油源进行模拟风化。风化时要按照时间间隔取样并进行分析，以查找与溢油风化可比拟的风化程度，予以综合分析鉴别。

（三）荧光光谱谱图配比法

（1）方法原理：各种油品在某一固定激发波长时，各有各的特定荧光响应，根据荧光响应可以得到各种油的特征荧光光谱。在相同实验条件下，对溢油和可疑溢油源样品进行测定，基于相同的油品具有相同的荧光指纹特征这一原理，通过比较溢油和可疑油样的荧光光谱，根据两张光谱特征峰的位置、强度和轮廓，从而鉴别溢油源。

（2）鉴别功能：荧光光谱谱图配比法能够鉴别纯油（包括原油、燃料油和润滑油）、水上薄油膜、附着在沙石或其他固体物质上的油类以及来自海滩、船舶或水中的乳化油。

（3）适用范围：当轻质油的风化期超过 2 天，重质油的风化期超过 7 天，或样品中存有某些荧光物质时，不宜用本法。

5.1.1.2 油污样品的鉴别原则

实际操作时，应同时采用三种基本方法进行鉴别，其结果必须一致。当出现不一致时，应查找原因，分析出影响鉴别结果的干扰因素时，此时可采取另外两种办法[34]。

5.1.1.3 海面溢油鉴别程序

5.1.1.4 对海面溢油鉴别人员的要求

溢油鉴别人员、现场调查人员和样品采集、储运及保存人员应具备相应的法律职业道德。鉴别人员必须经过严格的技术培训才能持证上岗，在特殊情况下，经主管部门批准，也可受理群众性、非专职的无证人员采集和送来的样品。此时，主管部门应立即派专职人员到溢油现场进行调查，并补采可疑溢油源样品，以确保鉴别结果的有效性。

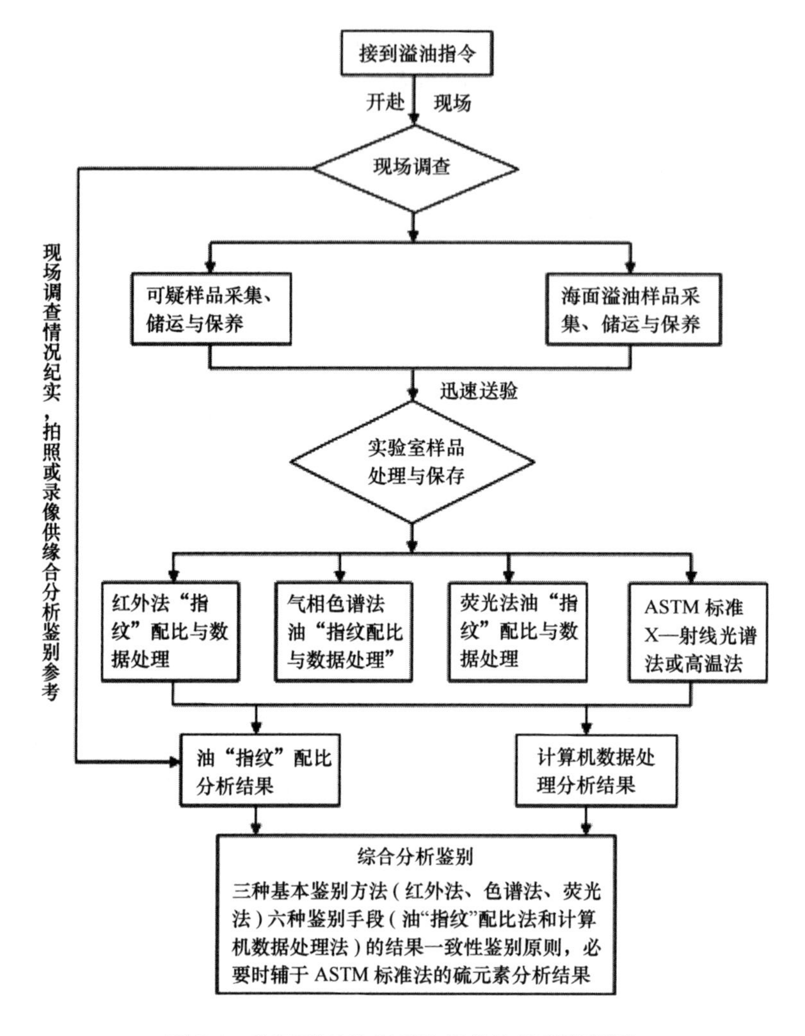

图 5.1　海面溢油鉴别系统规范执行程序框图

5.1.2　溢油事故的确认

5.1.2.1　根据海面油污初判

海面漂浮油污或海岸滩涂登陆油污是发生溢油事故最直观的反映，部分表现为持续性的或非持续性的油污从海面以下溢出，部分表现为不明来源的海面漂油，部分表现为海岸滩涂登陆的油污带或油污颗粒等等。根据发现油污的不同海域位置或滩涂位置，结合洋流情况及油污风化程度，可对油污来源进行快速初判，分析是可能因油田勘探开发活动造成还是船舶作业活动造成，便于第一时间组织对溢油源的排查或现场检查，以期尽早发现溢油源并采取相应措施，减少海洋环境污染。同时，应尽可能的第一时间采集油污样品，尽快送专业机构进行油指纹分析鉴定，根据鉴定结果排查油污来源。

5.1.2.2 对平台设备进行检查

对于可能发生了溢油的平台，必要时，应先关闭平台所有油井和原油外输系统，向上级汇报，并组织潜水队伍和溢油应急设施，对平台外输海管、海底井口等设施进行排查，检查是否是由于设施损坏原因，造成了溢油事故。

5.1.2.3 检查和分析压力变化

如果平台发生了溢油，在溢油阶段，溢油源相关的压力会产生相应的变化，可能体现在油管、套管、平台地面管线、清污管线以及各操作流程内的仪器、仪表压力计读数。仔细分析近期监测的压力数据，落实溢油的可能性及溢油发生阶段。

5.1.2.4 排查溢油源

对溢油事故的确认，需要综合各方面的信息综合判断，海面油花的出现是最直观发现溢油的方式。平台发生了溢油事故，并不一定在平台附近出现油花，溢出的原油有可能存在海底地层或海底淤泥下，而并未泄露至海面；平台附近有油花出现，也不能说明一定本平台发生了溢油事故。

仅通过油花来监测溢油事故是远远不够的。在平时工作中，应加强对设备的维护和检查，保证设备的正常工作，同时加强对操作流程中各级压力数据的监测，在压力异常时及时分析，找出压力异常的原因。

5.2 溢油事故的现场调查及样品采集

5.2.1 现场调查

现场调查能得到在法律上有用的第一手现场资料[34]，因此现场调查工作非常重要。

5.2.1.1 现场调查目的

（一）全面了解溢油现场情况并排查溢油原因

（二）确定溢油范围和可能的溢油漂移路径

（三）保护溢油事故现场并掌握溢油事故证据

（四）准确划定可疑溢油源范围

（五）确定采样方案

（六）现场调查记录、拍照或录像

5.2.1.2 现场调查程序

（一）日常准备，相关资料和用具、用品平时必须完备并时刻处于可操作状态；

（二）接到溢油指令后立即开赴现场，到达现场后相关人员应立即组织现场调查；

（三）选择一个或几个现场作业区域，该区域应当是清洁而靠近采样地点的；

（四）详细记录以下数据资料：

（1）溢油现场的天气、潮流和环境变化规律；

（2）与事故有关的时间、地点、现场周围情况、知情者、见证人；

（3）当天的风向、风力、潮流、气温、水温、降雨等天气情况；

（五）了解现场附近的各种污染源，并记录它们的相对位置；

（六）对肇事者或有关人员进行调查、询问，并制作或提取书面材料；

（七）针对船舶溢油事故

（1）先检查油污漂浮上游及船舷有新鲜油污痕迹的船舶，后检查油污漂浮下游及船舷没有油污痕迹的船舶；

（2）记录可疑船名、总吨位、船旗国、船舶呼号、船籍港、所有人、船舶类型、到港日期、来自何港、到何港去和预定离港日期等；

（3）调查了解航海日志、主副机日志、油类记录簿等有关记录；

（4）调查了解船舶燃油、润滑油、污水等有关管路系统、油水分离设备、有关机构设备性能及运转状况等；

（八）综合各种材料及数据，准确划定可疑溢油源范围；

（九）确定采样方案。

5.2.2 样品采集、储运与保存

5.2.2.1 样品容器

（一）材质

（1）硼硅玻璃质样品容器：适用于绝大部分样品。

（2）锡镀层金属容器：适用于某些坚硬的海滩样品。

（3）材质不理想的样品容器：紧急时刻备用，容纳对比参照样品；

（4）任何情况下不允许使用生锈的金属容器和树脂容器；

（二）形状、大小及其他

（1）形状：茶色广口瓶和茶色细颈瓶两种；

（2）样品瓶容量均为 310 ml；

（3）每个样品瓶配有带螺扣的金属盖和聚四氟乙烯衬里；

（4）样品瓶和瓶盖要铸有统一编号；

（5）每个样品瓶配有专门设计的样品鉴别和保存标签。

5.2.2.2 采样系统、设备和用具

（一）装在第一种搬运箱里的采样器具和用品明细

（1）样品瓶：每个瓶配备专有的金属瓶盖和一个聚四氟乙烯衬里以及一个样品鉴别和保存标签的复制品；

（2）聚四氟乙烯纹板容器：各装入四个清洁的 51 mm × 76 mm 聚四氟乙烯纹板；

（3）手套：使用塑料质一次性手套；

（4）木制刮勺：用于刮掉固体表面上的油污，一次性使用；

（5）镊子：用于夹住聚四氟乙烯纹板，如果采样时沾上了油污，用后必须加以清洗；

（6）现场采样日志：用以现场笔录；

（7）纤维加固带；宽 26 mm，系纤维质，用以封住瓶盖以防漏油；

（8）有关文件资料：如海洋环境保护法，水污染条例和水污染事件报告记事书等；

（9）摄影机、录像机和胶卷；

（10）笔、尺、纸张、剪刀等现场可能用到的物品。

（二）装在第二种搬运箱里的物品明细

（1）采样头和可伸长的把柄：采样头系一个木制长条，其体积为 457 mm × 32 mm × 7 mm 并带有八个夹子，具有 3 米长的铝制可伸长把柄，一端带夹子用以连接固定采样头，采样头和把柄统称为长柄把子；

（2）样品瓶：配备专用瓶盖，聚四氟乙烯衬里及样品鉴别和保存标签；

（3）聚四氟乙烯纹板容器：每一容器可装人四个聚四氟乙烯纹板；

（4）废物袋；

（5）擦手纸；

（6）其他零星物品；

（7）洗涤液和洗涤用具：包括一把刷子和一些擦手纸。

（三）使用注意事项

（1）必须熟练掌握各器具的使用方法并严格遵守操作程序；

（2）开赴现场前要检查各采样配套元件。确保各元件的清洁且全部所需元件和物品都已装在搬运箱里；

（3）及时清洗受污染的搬运箱和元件，对于一次性元件，发现玷污后即抛弃；

（4）临行前要检查所使用的编号，确保样品瓶、瓶盖和相应标签编号一致。

5.2.2.3 采样器具的清洗

（一）用擦手纸或毛巾将残存的油污擦离部件；

（二）将洗涤剂喷到有油污的部位，用尼龙刷擦洗所喷部位，再喷洗涤剂；

（三）待洗涤剂与油污区接触 15 分钟，然后用热水冲洗喷淋区，并用擦手纸擦干；

（四）如果还能明显看到痕量油迹，重复上述清洗过程，直至干净时止。

5.2.2.4 样品容器的清洗

（一）用温水与洗涤剂的混合液清洗容器；

（二）用热水洗刷六次；

（三）蒸馏水洗两次；

（四）试剂级丙酮洗一次；

（五）试剂级三氯甲烷洗一次；

（六）在烘箱中 105℃下干燥 30 分钟后，即可使用。

5.2.2.5 样品采集的相关规范

（一）样品量、样品数及采样点的分布

（1）样品量

1）总原则：尽可能多地采集溢油样品；

2）纯溢油量：为了满足 3 ~ 5 种分析方法的需要量，最少不得低于 2 ml 纯溢油量；

3）可疑溢油源样品：因需进行实验室的模拟风化，应采集 50 ~ 100 ml 可疑溢油量。

（2）样品个数及采样点的分布

1）采集三个溢油样品

2）样品应采自油膜最为集聚的区域，采样点之间保持一定距离；

3）如果样品受到空白油污染，还需采集一个水样、一个海滩物质样或其底质样。

（二）直接采样法：适用于近岸纯油、厚油膜和油与其他物质的聚集物

（1）纯油（包括含有少量水的油）类：可用样品瓶或其他辅助器具直接从储油容器或输油管道阀门获取，但样品量不得超过容器瓶容量的 2/3。样品采好后盖紧

瓶盖和衬里，并用擦手纸将采样瓶擦干净；

（2）油和水的混合物：对于船的排污口、机舱污水以及当海面有一厚油膜或当溢油样品可以从含有大量油的水体中采集的时候，样品通常就是油和水的混合物。如果采到的油样含水过多，可让样品瓶倾斜并让多余的水轻轻流出，这样反复几次就可得到足够多的油样。条件许可时可用分液漏斗浓缩，但最终瓶里的装样量不得超过瓶容量的2/3。样品采好后盖紧瓶盖和衬里，并用擦手纸将采样瓶擦干净；

（3）油和沙：这是由沙滩、海岸等处得到的重油和沙的沉积物。采样时不要将油沙分离，要将沾油最多的沙石装到瓶里并盖紧瓶盖和衬里，运回实验室再处理，但要确保有足够多的油量；

（4）油和木屑：同上；

（5）油和其他吸附物质：同上；

（6）包在（水上或陆上）植物外表的油：不要将油从植物上刮下来，而要把油最多的那部分植物移到样品瓶里，运回实验室处理；

（7）黏附到桩基、海堤等大型物体外表的油：用木制刮勺将油刮下来装到样品瓶里，盖紧瓶盖和衬里并用擦手纸将瓶擦干净。如果油所粘附的建筑物（如桩基）曾经刷过杂酚油漆，应同时采集一个没有被油污弄脏的杂酚油漆样品，并将它置于另一个样品瓶里，以检查杂酚油漆对油样的污染程度；

（8）其他类型的油浸泡物或油饱和物质上的油：采样时不要使油污分离，而是把这些物体移到样品瓶里，运回实验室去处理。

（三）吸附采样法：适用于近岸薄油膜

（1）用镊子夹住聚四氟乙烯纹板采样：采样时，用肢臂末端的镊子夹住聚四氟乙烯纹板，在水面油膜上反复拖拉几次。为了得到足够多的样品，需将纹板浸入油膜适当长时间或多用几块纹板重复上述操作过程。然后将带油的纹板置于样品瓶里，盖紧瓶盖和衬里并用擦手纸将瓶盖擦干净；

（2）用聚四氟乙烯纹板和长柄耙子采样：对于较远的油膜可用此法。长柄耙子是一种可伸长的装置，一个长柄可安装一个采样头。一个采样头可以同时夹住4～8块聚四氟乙烯纹板，大大增加了采油效率。样品采好后，将带油的纹板装人样品瓶里，盖紧瓶盖和衬里，用擦手纸将瓶擦净。采样头系一次性用品，用后要抛掉，把柄用后要清洗干净；

（四）乘船采样：适用于远离岸边的情况

如果溢油所处的海面离岸较远，就需乘船采样。采样时，船要沿着顺风的一侧去接近油膜。一般来说，油膜的最厚部分在顺风前缘，而油膜的较薄部分在油膜的尾部。采样前，工作人员应当靠近油膜前缘，并选择油最为密集的区域，并且必须远离船的排出物。如果条件允许，驾驶员可增大前进速度，然后关掉发动机，让小船滑行到采样区域，避免采样船排出物对采集样品的污染。此时可根据油和油膜的具体情况确定采用直接采样法或吸附采样法进行采样。油样采好后，样品瓶要装到盒子里。工作人员应尽快地把所有样品送到有关部门去分析；

（五）具体采样方法的确定和准备采样装置

（1）采样方法：在每一次溢油事故中，根据当时的具体情况和所采油样的类型、场所和部位，确定采用上述哪种采样方法；

（2）采样平台：方法和用具确定后，选择一个清洁而又有一定高度的平面，例如一张桌，把所需设备、器具摆开，然后戴上手套，打开一个样品瓶，一个聚四氟乙烯纹板容器，只能戴手套接触样品瓶和聚四氟乙烯容器。

（六）正确填写现场采样日志及样品鉴别和保存标签；

（七）采样结束和若干现场处置。

每当采好一个样品后，就要及时将样品瓶用瓶盖和衬里盖好。为防止样品从瓶里漏出来，可用纤维加固带将瓶盖再次加固。用擦手纸将样品瓶擦拭干净，认真填写现场采样日志。需要马上运走的样品，应予以签封。当全部所需样品都已采好并做了相应处置后，整理现场，清洗所用设备并使之回复到各自的原始状态。采样人应尽快将已处置好的样品传递到现场或陆基海面溢油鉴别实验室。在样品的运输过程中，应避免破坏或高温。

5.2.2.6 现场采样日志及样品鉴别和保存标签

采样时应详细填写现场采样日志，记录有关油样的采集、处理和运输等方面的现场记事，记录的主要内容包括如下：

（一）有关油样的采集、处理和传递方面的现场记事；

（二）采样时间、地点、船位、部位、范围和图表，并把采样点标在溢油点图上；

（三）天气和水表面情况，如潮汐、风速、风向、表层水温和气温等；

（四）注明样品的物理性质，如颜色、气味和表观黏度等；

（五）观察记录在溢油区附近的死鸟、死鱼情况；

（六）记上所有样品使用的代号；

（七）调查组领导及该组成员在日志上签名；

（八）样品采好后，样品瓶上要紧系样品鉴别和保存标签，并把样品使用的代号给复制到这个标签上，在标签上要填写如下内容：

（1）样品名称、来源、用处和采样部位；

（2）采样日期、时间、地点和样品瓶号（与样品使用的代号一致）；

（3）标签上必须填上采样人和证人的名字、单位、身份和职称；

(4) 采样人必须完成此标签的验证工作并将全部资料记录在现场采样日志上。

5.2.2.7　现场处理

(一) 对可疑样品进行预筛选

当现场调查提供的可疑溢油源线索较多、范围较广、数量较大时，需借助现场简单分析仪器和设备，并根据溢油和可疑溢油源样品的物理性质，对可疑溢油源进行现场筛选。以剔除差别较大、明显不同的可疑溢油源；

(二) 现场暂时保存

当样品不能马上运往实验室时，可对样品施行暂时的现场保管；

(三) 样品传递

在现场或样品运往实验室过程中，当样品需要由一人手里传递到另一人手里时，应严格按交接手续并将详细情况记录在现场采样日志上；

(四) 样品签封

当样品由现场运往实验室时，可及时进行签封，将减少诉讼手续；

(五) 样品保管

样品必须始终有专人负责保管，这个人可以是采样人，也可以是经过正当传递手续接受样品的人；

(六) 保护采样现场

必须在授权人监督下保护好采样现场；

(七) 封闭现场

必要时可以封闭现场，以免现场遭到破坏；

(八) 样品运输

样品在运输时应执行中华人民共和国有关易燃、易爆物品的运输条例；

(九) 样品保存

因样品遭到篡改或实质上的变更而出现的任何迹象，都有可能使之失去作为法律证据的资格。所以，从最初的采样开始，直到分析结果作为一种证据被采纳时为止，样品在现场、在实验室或在运输途中都应严加保存，其目的是为了防油“指纹”发生变化，并避免在此期间样品有意或无意地被篡改。

(1) 安全防范措施

放置在现场或陆基海面溢油鉴别实验室的样品，必须放在有完整保管措施的黑暗的、带锁的、安全的房间或冰箱里。所有样品必须由专人负责保管，样品保管人必须正确地储存样品并保证只有他才能接近这些样品，必须详细书写有关接受样品的工作日志和样品的最终处置情况，并在样品鉴别和保存标签上签名；

（2）技术措施：为防止样品变质，根据保存时间的长短，需采取如下技术措施：

1）防止自动氧化：放人普通冰箱（3℃ ±1.5℃）中的样品，可安全保存三个月，如需更长的保存期或具有特别保存价值的样品，可用 N_2 或 CO_2 等惰性气体去置换瓶中的空气，然后再储存于普通冰箱里；

2）防止微生物侵害：需要储存在 - 10℃或温度更低些的冰箱中防止微生物侵害；

3）防止挥发性损失：采用细颈瓶，并用良好的加封器物把样品紧密封闭起来。

5.3 溢油事故原因的分析方法

5.3.1 溢油点的分析

海上溢油发生后，溢油点分析和溢油量的估算结果对海上溢油应急处理具有重要的指导意义。由于溢油事故往往造成巨大的经济损失和生态环境损害及后续的污染清除、渔业损失、生态服务功能损失、旅游业损失及生态环境恢复等，因此，采取一种能够在应急状态下迅速筛选、鉴别海上漂浮溢油来源的分析方法，对最大程度的减少经济损失，保护海洋环境资源具有至关重要的作用。

地质溢油过程包含了溢油的所有污染形式及溢出油的存在形式，下面以海洋石油开发的地质溢油为例，探讨溢油点的分析过程。

海底地质溢油发生后，溢出海底岩层的原油在地层与软地层之间的溢油通道中滞留一部分后，将进入到覆盖海底地层表面的软地层中，随着地层溢油的不断涌出，软底层中的油污在后续溢油的推动下突破软地层，一部分滞留在软地层中，另一部分接触到海底淤泥和近海底动植物。一些重质油污（如沥青质）附着在了淤泥和动植物上，另一部分轻质组分则进入海水水体，并在浮力作用下向海面飘去。

深水具有很大的压强和较低的水温，在这种条件下天然气易转化成水合物。浅水中的溢油则是以不同大小的漂浮粒子/液滴形式存在。

水流速度较小时，油滴迅速上浮至海面形成油膜，初始油膜距溢油口水平距离较短，此时浮力对油滴的上浮运动影响处于主导地位；当潮流速度较大时，水流影响将明显占优势，刚刚溢出的油滴立即随潮流运动，并将在海底漂移一段距离后，逐渐在浮力的作用下缓慢上浮，漂流距离和上浮速度均随潮流速度的变化而变化：潮流速度越大，油滴在水下漂移的距离越长，在海面形成油膜的位置距离溢油口的水平距离越远，所形成的污染带范围就越宽，大范围的污染对溢油的控制和回收带来了巨大的困难；而当水流速度较小时，溢出油的重质组分主要在海底附着，对海底造成严重污染，由于海底底栖生物种类和数量少，分布相对简单，基本不具备对石油的降解能力，加上石油在海底淤泥的粘附，该污染将会长期存在。数据表明，在溢出油上浮至洋面过程中，有相当比例的油污以溶解分散的形态滞留在海水中，飘至洋面形成油膜的油污只占总溢油量的一部分，这部分的比例随原油密度和粘度的增大而减小。

溢出油流动的主要影响因素包括：溢油点的溢油压力、不同深度处的潮流流速、海水波动情况、海面风向、风速及水体的温度、盐度、密度等，而这些均可以进行监测。

5.3.2　地质溢油过程的分析方法

5.3.2.1　溢油风险的技术研究基础

复杂断块油藏地质溢油事故的主要溢油原因是地层的超压注水，溢油动力是注入水的憋压，溢油通道是注水超压撑开的断层裂缝。在充分获取资料的前提下，围绕地质溢油机理，从微观到宏观、从局部到整体，其溢油风险定量评价将基于以下方面的研究：

（一）储层地质特征研究

（1）断层分布及周边地层性质；

（2）通天裂缝与入地裂缝的产状；

（3）地应力的原始分布；

（4）地层张性强度的分布；

（5）断层开启条件及其流动规律。

（二）储层流体特征研究

（1）地层原油的成分分析；

（2）储层流体的 PVT 性质；

（3）储层流体的流动特征；

（4）各开采阶段的地下流体分布。

（三）注水方式参数研究

（1）分层注入量的劈分；

（2）注入压力 - 近井破裂的监测；

（3）注水二次污染评价（憋压分析）；

（4）注入井近井压力分布特征。

5.3.2.2 地质溢油过程分析及防治效果预测的技术路线

（一）根据注入井注入段的储层参数分布，结合吸水剖面测试，计算吸水剖面；

（二）建立断块油藏精细地质模型，重点刻画构造、边界及断层的分布；

（三）结合物理模拟和力学计算，分析、判断各个断层的开启压力；

（四）借助精细油藏数值模拟，预测各开采阶段油藏内的压力分布，在模型中采用等效生产井模拟溢流点和溢油量，采用迭代法逐渐提高溢流量的计算精度；

（五）分析断层开启压力及溢油量的不确定性对计算结果的影响幅度；

（六）预测封堵溢油断层、停注、返排等措施对抑制地质溢油的效果。

地质溢油过程的分析及防治效果预测的技术路线如下图：

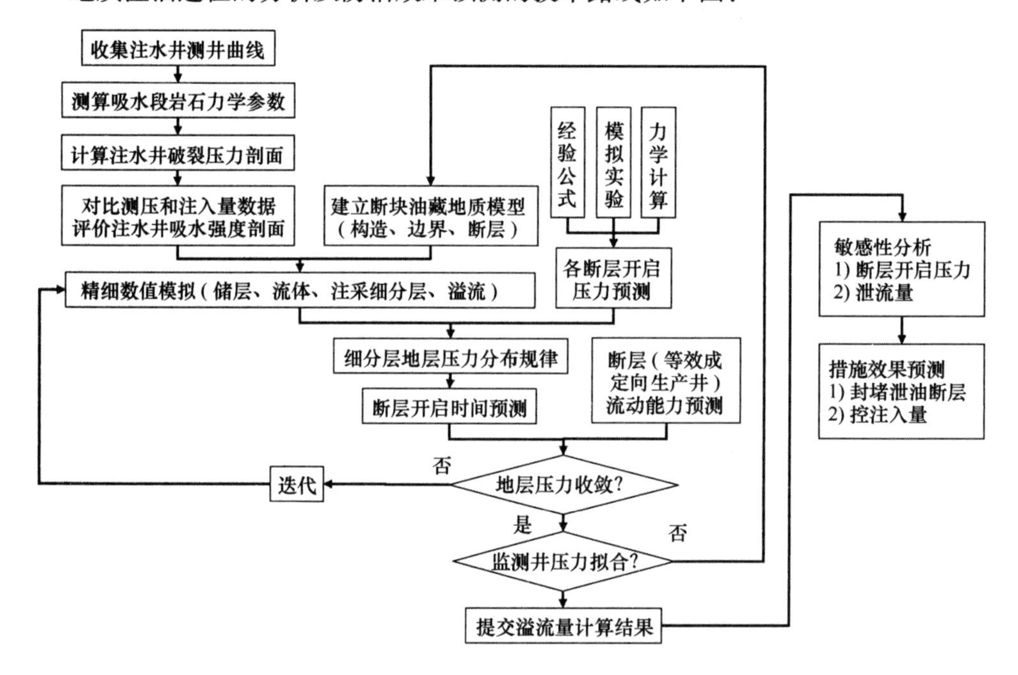

图 5.2 溢流分析的技术路线

5.4 最大地质溢油量的估算方法

从油藏工程的角度，只能测算出地质溢油的油藏最大溢油量，测算结果的可靠性和精度则取决于所建溢油机理地质模型的完备程度与所提供的溢油阶段动态监测数据资料的准确性。由于溢油事故的发现通常是以水面出现油花为特征的，由于地质溢油具有显著的隐蔽性和长期性，从形成溢油通道，油藏开始发生溢油，到形成水面油膜，通常要经历数天甚至数周的时间，因此也往往错过了最佳的监测时机，而利用溢油发生后的油藏动态监测数据测算的溢油量则存在相当大的偏差，通常偏小。

海上石油开采及运输过程中发生溢油后，准确获取溢油量是评估溢油规模和生态损失规模的重要前提。目前广为采用的溢油量估计方法，包括国际上通用的事故调查法、卫星图像分析法以及矿场估算法。其中矿场估算法是利用油藏在生产过程中不同时期的油水井生产层段测试数据，估算油藏超压层的最大可能排出油量，其中包括发生溢油的超压层溢出到海洋水体的油量以及进入相邻地层和海底软地层的溢出油总量。

5.4.1 事故调查法

按照溢油事故的发生、发展过程，逐步推算溢出油量。不同的事故过程，对溢油量的估算方法不同。主要用于海面溢油事故的最大溢油量估算。

（一）实例1

1999年3月24日，台州公司所属的东海209轮与福建公司所属的“闽燃供2”轮在伶仃水道附近水域发生碰撞，造成“闽燃供2号”轮船体破裂，所载重油泄漏，造成珠海市部分水域及海岸带污染。

按照事故调查法估算溢油量的过程如下：

（1）“闽燃供2号”轮装载的燃料油出库单数量是1 032.061吨；

（2）1999年3月24日翻沉后，于同年3月27日由交通部广州打捞局打捞扶正吊起，驳卸到禅油605轮的货油重量是392.087吨；

（3）闽燃供2号轮底油数量是50.261吨；

（4）由此计算的油量相差为589.713 t；

（5）考虑到蝉油605轮过驳的并非纯油，“闽燃供2号”轮底油也不是纯油，都只是未经分离的油水混合物，因此可以确定闽燃供2轮的溢油量大于589.713吨。

（二）实例2

2002年11月23日凌晨4时08分，马耳他籍“塔斯曼海”轮与大连顺凯一号轮在天津大沽口东部海域发生碰撞，造成塔斯曼海轮原油大量泄漏，对该海域海洋生态环境造成了严重损害。事故发生后，根据商检局出具的卸货量检验报告推算，实际卸货量与装货港装货量相差205 t，由此可以确定本次溢油事故溢油量至少205 t。

此外，如果溢油事故发生在输油期间，泵率和开始漏油至闭泵的时间间隔已知，则总溢油量可利用最大泵率与出事到关泵的时间间隔之乘积来估算。在精确知道溢油源的情况下，如输油管线的泄漏，则可以根据泄漏的速率和时间确定溢油量。

这种方法评估的溢油量一般是“最少溢油量”，在我国实际案例中应用广泛，且有关部门出具的卸货量和装载量数据具有权威性，其评估误差视具体事故的具体情况而定。

5.4.2 卫星图像分析法

首先，在卫星或航拍图像上，根据颜色将溢油的异常区域精细划分成各个小区，计算出各小区的溢油面积，然后利用油膜颜色灰度值与油膜厚度之间的对应关系，确定出各小区溢油厚度，最后根据溢油品种的密度计算出溢油量[35]。计算溢油量的基本表达式为：

$$G = \sum_{i=1}^{n} S_i H_i \rho$$

式中：

G—溢油量，kg

S_i—各小区溢油面积，m^2

H_i—各小区溢油厚度，m

ρ—溢油的密度，kg/m^3

n—小区数量

在开阔海域发生溢油污染事故时，油膜分布在海水表面，但其厚度并无法准确测量，国际上一般采用《波恩协议》，根据油膜色彩来估算油膜的厚度，从而计算溢油量[34]。

（一）确定油膜厚度

当油膜的种类与厚度不同，其表面所呈现的颜色也就不同。《波恩协议》利用油膜色彩估算油膜的厚度，见下表：

表 6.1 油膜色彩与油膜厚度的对应关系

序号	1	2	3	4	5	6	7	8	9
油膜颜色	银灰色	灰色	深灰色	淡褐色	褐色	深褐色	黑色	黑褐色	桔色
厚度/μm	0.02～0.05	0.1	0.3	1	5	15	20	0.1 mm	1～4 mm

（二）确定油膜的分布面积

海底溢油形成的油膜会在风、流以及过往船只的影响下飘移，在不同的时间会处于不同的位置，其面积也会发生变化。因此，实际污染面积要比油膜面积大很多。例如，1 平方公里的油膜带在漂移 100 公里后，其影响的面积就会累加为 100 平方公里，但在测算溢油量时，只能依据 1 平方公里，而不能依据 100 平方公里[35]。

（三）误差分析

污染面积的测算误差将引入一部分溢油量计算误差，另一方面，油膜厚度和油膜颜色的对应关系也具有很大的不确定性，航拍时，图像质量和颜色受诸多因素的影响，对油膜厚度的估算将具有较大的误差，因此在实际事故的处理过程中，需要根据事件的具体情况，结合多种评价技术，对污染面积、污染深度、溢油量进行连续的全方位综合评估。

5.4.3　采油工程法

超压注水导致油藏憋压，在断层开启的条件下发生地质溢油，其物理过程类似于石油开采增产措施的水力压裂，开启的溢油通道相当于水力压裂裂缝，因此可利用压裂模型来估算海底溢油量。

将断裂带的溢油点假想为一口自喷采油井，采用封闭边界无限大地层中心一口垂直单相油井的稳定生产产量公式，在没有产生裂缝时的稳定流出量为：

$$q_o = \frac{Ck_0h(\bar{p}_r - p_{wf})}{\mu B_o\left(\ln\frac{r_e}{r_w} - \frac{1}{2} + S\right)}$$

产生水力裂缝后，油井产量相对于没有压裂的油井产量比值可由下式计算：

$$\frac{q_f}{q_0}\ln\frac{r_e}{r_w}/\ln\left(\frac{r_e}{0.25L_f}\right)$$

式中：

q_o—没有裂缝时的油井产量，m^3/d

q_f—压裂油井的产量，m^3/d

C—单位换算常数

k_o—地层中油相渗透率

p_r—地层平均压力，MPa

p_{wf}—井底流动压力，MPa

μ—地层原油粘度，mPa - s

B_o—地层原油体积系数

r_e—流动边界半径，m

r_w—油井半径，m

S—油井表皮系数

L_f—裂缝半长，m

5.4.4　油藏数值模拟法

该方法依据油藏的各项静、动态参数及相关的实验、测试资料，充分考虑了油藏的构造形态、断层作用、岩石和流体物性的空间分布规律及油藏的非均质性，计算结果能展示各条裂缝开启的时间阶段、开启后由于溢油导致泄压后各裂缝的闭合、超压层的位置以及超压层向相邻低压层的溢油量和海底溢油点的位置，因此计算结果具有较高的科学性、合理性，对溢油过程的仿真模拟有利于对溢油风险的监测和溢油发生后事故处理方案的优化及对事故治理效果的评估。

但由于该方法需要数据较多，很多数据难以就地直接获取，例如地层裂缝的方位、裂缝的开启压力等，这些参数只能由对本地区地质条件非常熟悉的专家依靠经验进行估算，因此计算的溢油量误差不确定性较大，对最终溢油量评定结果的参考价值取决于数据的准确程度和对溢油过程描述的准确程度。

5.4.5 油藏物质平衡法

所谓油藏物质平衡，是指在油藏开发阶段的某一时期内，流体的采出量加上剩余储存量等于流体的原始储量，即物质守恒。物质平衡法是油藏工程计算中的经典方法之一，广泛应用于油藏动态储量估算、油藏采收率评价及生产动态预测。该方法不需要大量的油藏数据，但需要准确的油藏压力变化监测资料，包括地层及流体的弹性系数、地层流体的采出量、开采过程中地层压力的变化。

将溢油通道假设为一口生产井，则溢油量等于油井的产量，物质平衡的表达式为：

$$N_p B_o = N B_{oi} c_{eff} \Delta P$$

$$c_{eff} = \frac{c_o s_{oi} + s_{wc} c_w + c_p}{1 - s_{wc}}$$

油藏的地质储量可采用容积法储量公式计算：

$$N = A \cdot h \cdot \varphi \cdot (1 - S_{wi}) / B_{oi}$$

结合上面的公式，可得到油藏溢油量的估算公式：

$$N_{\mathrm{p}} = (N B_{\mathrm{oi}} c_{\mathrm{eff}} \Delta P) / B_o$$

式中：

N_p—累积采油量（油藏溢油量），m^3

B_o—原油体积系数，m^3/m^3

N—原油地质储量，m^3

B_{oi}—原始地层压力下的原油体积系数，m^3/m^3

C_o—原油压缩系数，1/MPa

C_w—地层水的压缩系数，1/MPa

C_p—油藏岩石孔隙压缩系数，1/MPa

S_{wc}—油藏束缚水饱和度，小数

S_{oi}—油藏含油饱和度，小数

ΔP—油藏压差 MPa

公式表明，累计溢油量与油藏压力变化成正比，利用这一关系，根据溢油事故期间的地层压力变化，测算出超压层通过裂缝的最大溢油量。储层多孔介质内流体的渗流速度较慢，因此地层流体的流入、流出与地层压力的响应具有时间延迟，压力监测点获取的地层压力资料也具有较大的区域性，这些不确定性均会导致对溢油量估算的误差。

因此，应加强对地层压力的监测，包括增加压力监测点和压力数据监测频率、采用高精度压力计直接测量地层压力，准确、全面计量油藏的注入量和产出量，随时监控油藏压力和流体进出量之间的物质平衡关系，并建立溢油风险的评价准则和风险预警机制。

5.5 溢油事故分析中的不确定因素

地下油藏的储层地质条件和断层的分布及连通情况非常复杂，岩块之间被各种层理所切割，储层内的流动通道有裂缝和孔隙，注入水的去向往往也主要取决于经验判断或均质模型的理论计算，作业者对油藏投产、投注后的压力及油水分布的认识带有很大的经验性和不确定性。

目前国际上对海底溢油事故的发生、发展及停止的监测手段和对溢油量的理论计算还没有公认的成熟技术，尽管可以采用上述估算方法相互验证综合评价，但由于海上油田开发周期短，对油藏性质的认识和对油藏生产动态的把握都难以做到深入，要获取事故油田的全面数据以及达到对事故过程的准确认识，目前还难以具备条件。因此目前对海洋石油开采引发的地质溢油事故的定量分析和评价还带有较大的不确定性。

按照以下步骤分析地质溢油事故中不确定因素对最大溢油量的影响程度：

（一）全面收集目标油藏的各项静动态参数，建立完备的储层地质定量模型；

（二）对具有不确定性的地质参数建立合理的评价范围；

（三）对目标油藏开发方案及方案实施细节进行动态建模；

（四）预测各种工艺技术对油藏能量和油水分布造成的影响；

（五）全面分析和评价各种动态监测数据的一致性、合理性和代表性；

（六）建立溢油通道的等效模拟方法；

（七）模拟、评价各不确定参数对地质溢油阶段和溢油量的影响；

（八）对敏感地质参数，提出资料落实计划，以降低地质溢油风险。

6 海上溢油应急计划

海上溢油应急计划是指：“为控制和防止溢油事故、减轻污染损害，在特定的海域内，根据可能产生的溢油源和海区环境及资源状况，所制定的紧急对付溢油事故的措施方案”。

溢油应急计划是防止海洋污染的重大技术措施，主要在海洋石油勘探开发活动中应用，分为“海上平台应急计划”和”区域性应急计划”两种。根据《中华人民共和国海洋石油勘探开发环境保护管理条例》的规定，企事业单位和作业者应制定应急计划，配备与其所从事的海洋石油勘探开发规模相适应的油回收设施和围油、消油器材。

6.1 海上溢油应急计划的备案

根据新的“三定”（定机构、定编制、定职能）方案和国务院机构改革精神，为减少审批事项，按照第十二届《全国人民代表大会常务委员会关于修改〈中华人民共和国海洋环境保护法〉等七部法律的决定》，修订后的《海洋环境保护法》规定，国家海洋局不再将“溢油应急计划”纳入其审批范围，而是采取备案的形式，因此各涉海企业仍需按照原则和程序进行“海上溢油应急计划”的编制。

6.1.1 相关法律及法规依据

（一）《中华人民共和国海洋环境保护法》第五十四条：“勘探开发海洋石油，必须按照有关规定编制溢油应急应急计划，报国家海洋行政主管部门的海区派出机构备案。”

（二）《中华人民共和国海洋石油勘探开发环境保护管理条例》

（三）中华人民共和国《防治海洋工程建设项目污染损害海洋环境管理条例》

（四）《中华人民共和国海洋石油勘探开发环境保护管理条例实施办法》（国家海洋局令第1号）第九条

6.1.2 溢油应急计划的备案和审查

根据修改后的《海洋环境保护法》的规定和国家海洋局的要求，各油气田的作业者在石油勘探开发作业前，应当编制溢油应急计划，并报国家海洋局海区分局备案，备案时需同时提交溢油应急计划备案报告表、应急计划专家评审意见、应急计划文本等相关材料；

各海区分局收到作业者的溢油应急计划备案报告表后，对其报备材料进行审查。符合备案要求的，予以备案，并出具溢油应急计划登记表；不符合备案要求的，不予备案并说明理由。

需要注意的是，当油气田新建调整井、油气开发规模发生变化时，各油气田作业者需及时修订溢油应急计划，并按程序重新备案。

6.2　溢油应急计划的编制原则与程序

6.2.1　溢油应急计划的编制原则

海上溢油属于重大环境污染事故，具有发生突然、扩展迅速、危害严重的特点，因此，其应急救援工作必须坚持统一领导、统一指挥的原则，尤其在紧急情况下，多头领导往往会让一线的救援人员无所适从，以致贻误战机，失去事故救援的有利时机。

同时，海上溢油所导致环境污染事故的应急救援是一项涉及面广、专业性强的工作，它涉及指挥、监测、消防、救灾、疏散、工程抢险、急救等多方面的工作，在一个单位要依靠各个部门甚至外界力量的相互协作才共同完成。对于一个地区而言，更是需要公安、消防、环保等若干系统的支援和配合。统一指挥、协同作战、将各部分救援力量迅速有效地组织起来，才能充分发挥整体优势和力量。

溢油应急计划的作用之一是能够将事故控制在初期，尽量减少损失，所以单位的自救非常重要。因为本单位熟悉自身情况，临近事故现场，利于初起事故的救援，将事故消灭在萌芽状态。即使不能完全控制事故的蔓延，也可以为外部机构的援助赢得时间。所以，应坚持单位自救与社会救援相结合的原则。

溢油应急计划编制应体现的基本原则如下：

（一）以人为本，预防为主

加强溢油环境事件危险源的监测、监控并实施监督管理，建立溢油环境污染事件风险防范体系，积极预防、及时控制、消除隐患，提高溢油环境污染事件防范和处理能力，减少环境事件后的中长期影响，尽可能地消除或减轻突发环境事件及其负面影响，最大限度地保障公众健康，保护人民群众的生命和财产安全；

（二）统一领导，分类管理

国家级预案应在国务院统一领导下，加强部门之间协同与合作，提高快速反应能力。实行分类管理、协同响应，充分发挥部门专业优势，发挥地方人民政府职能作用，使采取的措施与突发环境事件造成的危害范围和社会影响相适应；

（三）属地为主，分级响应

环境应急工作应坚持属地为主，充分发挥各级地方政府职能，实行分级响应；

（四）平战结合，专兼结合

积极做好应对突发环境事件的人员准备、物资准备、战术准备、工作准备，加强培训演练，充分利用现有专业环境应急救援力量，整合环境监测网络，引导、鼓励实现专兼结合，一专多能。

6.2.2 溢油应急预案的编制程序

应急预案的编制程序分为7个步骤：

（一）成立预案编制小组；

（二）重大环境危险源的调查和风险评价；

（三）应急能力、资源评估及需求的确定；

（四）编制应急预案；

（五）应急预案的评审与发布；

（六）应急预案的宣传教育、培训及演习；

（七）应急预案的更新。

6.2.3 溢油应急计划的核心技术环节

分析近年来国内外各起重大溢油事件，凡是造成恶劣环境影响和生态污染的事故都具有一个共同点，就是对导致事故的直接施工过程或工艺操作的溢油风险分析不充分、评估不及时，没有在溢油应急计划中明确制定相关的溢油风险防范措施。

例如，2010年4月20日夜间，位于美国墨西哥湾的深水地平线号钻井平台发生爆炸并引发大火，钻井平台底部油井自2010年4月24日起漏油不止，泄漏的原油估计有1 324.75万升，合计1×10^4吨，成为美国历史上最大的溢油事故。据美联社报道，事故起因是工人在钻井底部设置水泥封口（水泥塞）时引起的化学反应产生了热量，促使深海底部处于晶体状态的甲烷转化成甲烷气泡，随后甲烷气泡从下部突破数道安全屏障升到上部低压处，且气泡越聚越大，为该事故的发生埋下了祸根。如果作业者对该操作的溢油风险进行了分析，并在溢油计划中明确了相关的防险规范，也许就不会发生这次事故。

因此，溢油应急计划的核心首先是“防”，即从制定溢油应急计划上提出降低污染风险的具体防范措施。包括从溢油的源头和诱导溢油发生的风险因素入手，做好溢油风险的分析，并在溢油应急计划中明确相关溢油风险的防范措施，才能最大限度的减少溢油造成的伤害。

明确了相关溢油风险的防范措施后，还需要通过溢油监测技术来“检验”防范效果。如果溢油防范失效，一旦发现溢出的原油漂浮到海面出现油花时，需要快速找到溢油点，同时修改、完善溢油防范措施，并通过该措施对溢油事故进行快速、积极的治理。如果发生了急性溢油事故，导致海面出现大面积油带，则标志着之前制定的溢油风险防范措施完全失效，在确定溢油点、溢油动力和溢油通道的同时，采取溢油漂移预测技术，预测溢油带的未来动向，并快速、有效地使用溢油处理方法来补救。

因此，从溢油风险的防范措施、防范效果的监测，到溢油防范失效后的补救措施，共同构成了维护和补救溢油风险防范措施的关键技术环节，成为溢油应急计划的核心内容。

6.3 溢油应急计划的主要内容

6.3.1 溢油应急计划的要素

（一）预防

环境事故的应急预案中，预防非常重要。预防工作做到位，尤其要做到对危险源的充分重视和认识，才能最大程度减小事故发生的可能性。预防方案中，要做到对环境危险源的调查、对环境危险源的识别及风险评价、环境危险源监测和监控、环境事故应急宣传和教育，并依据相关法律、法规明确责任。

（二）预备

预备是对事故的准备，即事故发生之前采取的行动，关键是提高对环境事故的快速、高效的反应能力，以减少对人的健康和环境的影响。作为预备措施，环保部门应与政府其他部门、工业企业和社区等一起，共同确定潜在的环境风险、敏感的环境资源，制订如何处理事故的应急计划，以及让培训人员来实施计划，并对计划进行检查和演习，提高其效率，保证其不断改进。预备具有训练和演习两个重要环节：

（1）训练：是所有事故预备计划成功的关键，它保证参与预防、预备、响应和恢复的工作人员有各种技能来安全和高效地完成任务。训练也能帮助来自不同的组织及各部门、各层次的人员队伍之间的密切相互配合。在不同地区，环境应急人员在他们工作的过程中，应能面对足够的危险，因此训练是预备的重要一环。

（2）演习：是事故预备的另一重要环节，正规的、有计划的演习是提高队伍对事故的反应能力和准备水平的最有效的途径。正规的演习可以使应急人员走到一起，共同工作，来提高个人和集体的应急技术、技能、处理事故的能力。参与正规演习也能验证事故应急计划、设备、装备、仪器、程序的合理性及有效性。演习后，参与者应能找出整个应急管理程序的差距和缺点，并采取必要的改进措施。

（三）响应

响应是指事故发生前及发生期间和发生后立即采取的行动。目的是保护生命，使财产损失、环境破坏的程度减到最小，并有利于恢复。当环境事故发生时，任何单个组织不能完成全部的工作。高效的应急响应需要政府、企业、社会团体和当地组织的队伍的共同参与。参与的队伍应在无事故期间已形成。当事故发生时，由一机构起主导作用，视事故的类型和当地的情况而定。领头机构可以是国家、地方有关部门，专业应急组织或企业，在预案中应加以规定。

（四）恢复

在事故发生后，对环境损害的清除和恢复是非常重要的。环境损害是由于污染引起的，可能影响到动植物的生存过程、生长过程、生态过程、物理和化学遗传质量及结构，也可能对社会和经济造成影响。对环境损害的评价和修复，是恢复的两个重要方面。

环境事故通常对环境有中长期的影响。通过对损害的评估来预测可能造成的中长期影响，设计恢复行动。由专家来确定环境污染对自然资源、生态、社会、经济等伤害程度。一旦环境损害评估完成，恢复立即启动，首先对最重要的区域优先安排。

预防、预备、响应和恢复四个阶段，有时是相互交叉的，但各自都有自己的单独目标，并且成为下阶段的一部分。

按照上文描述，参照《国家突发环境事件应急预案》，根据环境污染事故的特点，可将环境事故应急预案的要素归纳为 6 个基本要素，25 个二级要素，见表 6.1。

表 6.1　环境事故应急预案的要素

序号	基本要素	二级要素
1	方针与原则	
2	预防	环境危险源的调查
		环境危险源的识别机风险评价
		环境危险源监测和监控
		环境事故应急宣传和教育
		依据相关的法律法规明确责任

续表

序号	基本要素	二级要素
3	预备	组织指挥及职责落实
		应急设备与设施等资源准备
		培训、训练与演习
4	响应	预警
		指挥与协调
		事故报告及其方式和内容
		通报及信息发布
		通信
		环境监察
		警戒与治安
		环境污染事故处置
		人群疏散与安置
		医疗救援与卫生
		人员安全
		洗消与净化
5	恢复	应急终止条件及程序
		事故原因调查
		应急过程评价
6	预案管理与评审改进	

6.3.2 溢油应急计划的主要内容

溢油应急计划包括以下主要内容：

（一）序言：编制目的、编制依据、适用范围、应急计划负责人与联系方式；

（二）油田作业情况：油田建设概况与作业计划、地层情况和原油物性；

（三）应急组织体系：应急组织机构的构成、岗位职责、分工及应急通讯联络；

（四）溢油风险分析及预防措施：油田水文、气象基础数据、溢油事故源分析、溢油事故概率分析和溢油防治措施；

（五）溢油事故的处置：溢油事故报告、溢油事故应急响应开始与终止、溢油量估计、海上漂油的预测、溢油事故现场处置和扩大应急响应范围；

（六）溢油应急力量：溢油响应原则、应急响应时间、油田自身溢油应急能力、外借溢油应急能力、可调用的溢油应急资源和外借应急力量调配程序；

（七）溢油应急保障：应急通信、应急队伍和应急培训、演练；

（八）溢油应急善后措施：溢油对环境的损害评估、善后处置和应急行动奖惩说明；

（九）油田海域环境与资源状况，相邻区域社会和经济条件；

（十）附则：术语与定义、溢油应急计划的维护与更新、溢油应急计划的制定与解释和溢油应急计划的实施时间等。

6.4 溢油应急计划的常见缺项

结合对近年来国内外重大溢油事故的分析和总结，对比各油田溢油应急计划现状，发现其中仍存在一些可以进一步完善和改进的方面。

6.4.1 油田作业情况

（一）“油田概况”中，需要补充对勘探历程、开发历程、构造地质特征以及对生产井、注水井等基础情况的介绍；

（二）“油田作业计划”中，需要对异常情况的监测计划进行专门介绍，包括监测方案、监测频次、监测手段、风险因素、分析方法及预警机制等；

（三）“监测与预警机制”中，增加对异常生产情况、平台关键部位温度、井口及管线关键点温度、压力的监测及预警；

（四）“油田地层情况”中，需要介绍地层压力、温度、断层分布、断层封隔性评价以及关键部位（如断层附近）的井位分布等情况；增加断层及井位的平面分布示意图和主要断层的剖面示意图；增加对油藏到水面之间地层岩石、软地层、水体环境等的描述；

（五）补充井身结构图及固井质量的监测数据和评价结果；

（六）补充开采方式、完井方式、注水水质及水源分布等信息的详细描述

（七）补充海管、立管及各种接口的设计寿命与使用时间对照表，标注近期将超期的部位；海管油气事故的分析要具体落实到管汇的各个具体位置；

（八）对于岩屑回注井，要有详细的井身结构图及对回注流程的描述、对回注层岩性及物性的描述、对回注能力的论证过程、最大阶段回注量的测算、地层吸纳量的测算、回注岩屑的含油率上限、岩屑粒度分析及地层配伍性测试、固井质量评价方法与评价结论，补充钻屑回注过程的溢油风险因素分析及防治措施，补充钻屑回注过程的压力监测方案与回注异常的报警机制及应急措施、溢油事故发生后的治理步骤及对应的责任人。

6.4.2 应急组织体系

（一）加强作业人员的环保意识教育，严格执行环境保护工作制度；认真落实

溢油应急计划，严格执行溢油应急反应预案；加强应急设备的管理和维护，确保发生溢油事故时能够及时、快速和有效处置；

（二）《溢油应急计划》要与石油公司的上级及下级溢油应急预案衔接；向地方政府、相关部门应急事件报告的内容、时间要明确、细化；对外公开信息要根据溢油应急计划的级别（公司级、区域级/分公司级、油田级）加以确定；

6.4.3 溢油风险分析及预防措施

（一）在“溢油源”里增加工作液（随原油同时溢出的液体，如压裂液、回注水、钻井泥浆、完井液等）；回注岩屑的浓度、粒径分布；回注岩屑及回注水中添加物及对环境损害风险的说明；对回注工艺流程的详细说明；

（二）对所有生产环节、交叉作业（包括岩屑回注、注水等工艺流程）中可能导致溢油风险的因素分析、防范措施、定期监测（监测手段、评估方法）及应急响应计划、后期定期评估制度等进行详细说明；

（三）“注水开发阶段溢油事故源分析”中，补充完善注水井的井身结构、注水工艺流程、注水层位、注入水水质分析、注入水的地层配伍性分析、注水改变地层流动条件的预评估、注水参数分析、注水井吸水剖面测试计划、生产井转注的产液剖面测试计划、注水井及生产井转注的固井质量评价；

（四）补充完善对注水方式（注水工艺流程、注入水添加剂成分、井位、层位、分层注采比、注水近井压力变化情况）的风险评估及突发事故的应急计划；

（五）分析注水目标地层（必须细化到吸水层，而不是整个目标地层）的压力监测计划，包括：测压点、测压方式、测试频率、数据异常预警机制及责任人等；

（六）“钻井阶段溢油事故源分析”中，详细介绍钻井井位、钻进计划，并评估钻遇高压层的风险；

（七）补充完善对输油管线破损、操作失误等造成溢油风险的分析；

（八）补充完善各种地质灾害导致溢油的风险分析。

6.4.4 溢油事故的处置

（一）需要对溢油应急结束条件进行定义及详细说明；

（二）补充完善“应急计划”中对各部分溢油回收、处理的说明；

（三）补充完善对溢油通道（软地层、海底淤泥、水体、水面）存油量的估算方法；

（四）“溢油防治措施”中，补充完善如何从源头上防治溢油的措施策略，并列出详细的应急措施（如何切断源头或泄压），包括详细的施工步骤、保障措施、责任人等。

6.4.5 溢油应急力量

（一）详细说明与地方各种应急力量的协调、与合作方的分工职责；

（二）补充完善“应急计划”的硬件配置，包括购置方式、质量监管、配备数量、应急能力、使用年限、配备人员、船舶装载运送能力、责任人等的详细说明。

6.4.6 溢油应急保障

（一）与勘探、开发规模相匹配的溢油事故应急力量配备，应急保障措施，日常溢油应急培训、演练的内容与计划等，要求做到与油田生产作业实际相适应，并加强针对性；外部溢油应急力量的调配要进一步明确工作程序、条件等；

（二）对浅海、滩海区域的油田，溢油应急力量配备要充分考虑海域特点，外部应急力量抵达时间应具体、明确。

6.5 溢油事故风险的监管对策

6.5.1 海洋石油勘探开发溢油应急管理概况

6.5.1.1 海洋石油勘探开发主管部门

根据《中华人民共和国海洋环境保护法》、《中华人民共和国突发事件应对法》及其配套法规《中华人民共和国海洋石油勘探开发环境保护管理条例》、《防治海洋工程建设项目污染损害海洋环境管理条例》规定，我国的海洋石油勘探开发活动及因此引发溢油事故的环保管理由国家海洋行政主管部门及其派出机构负责，即国家海洋局及其所属北海、东海、南海三个海区分局负责。

根据法律法规，国家海洋局及其所属国家海监队伍采取各种方式依法开展海洋石油勘探开发工程的环境保护监管，对我国管辖海域的海洋石油勘探开发活动实施定期巡航执法检查，对石油勘探开发活动进行监督，依法查处石油勘探开发活动中违法使用海域、污染损害海洋环境和资源的违法行为，及时发现和处置突发海洋环境污染损害事件，保证海洋法律的贯彻执行，保证海洋环境与资源得到有效保护。

6.5.1.2 海洋石油勘探开发监管依据

在海洋石油勘探开发活动环境保护及溢油环境污染行政监管的法律依据方面，中国已经建立以《中华人民共和国海洋环境保护法》、《中华人民共和国突发事件应对法》为核心，由《中华人民共和国海洋石油勘探开发环境保护管理条例》、《防治海洋工程建设项目污染损害海洋环境管理条例》和《国家突发环境事件应急预案》行政法规为主要配套，由《中华人民共和国海洋石油勘探开发环境保护管理条例实施办法》和《海洋石油勘探开发化学消油剂使用规定》《海洋石油勘探开发溢油事故应急预案》、《海洋石油勘探开发溢油应急计划编报和审批程序》、《海洋石油平台弃置管理暂行办法》、《海洋石油开发工程环境影响后评价管理暂行规定》、《海洋油气开发工程环境保护设施竣工验收管理办法》、《海洋工程环境影响评价管理规定》、《海上油气生产设施废弃处置管理暂行规定》（2010 年 5 部委制定）等系列规章和规范性文件，以及《海洋石油勘探开发污染物排放浓度限值》、《海洋石油开发工业含油污水分析方法》、《海洋石油勘探开发污染物生物毒性分级》、《海洋石油勘探开发污染物生物毒性检验方法》、《海洋石油勘探开发常用削油剂性能指标及检验方法》、《海洋石油开发工程环境保护设施竣工验收监测技术规程》、《海洋工程环境影响评价技术导则》、《建设项目环境保护设施竣工验收技术要求》等系列技术标准和规范构成的相对完善的专门的石油勘探开发环境保护管理法律体系，这些法规和规章制度的建立为海洋石油勘探开发环境保护溢油应急管理奠定了坚实的法律基础。

6.5.1.3 海上石油开发溢油事故的类型和应急级别

1990 年国家海洋局发布的《中华人民共和国海洋石油勘探开发环境保护管理条例实施办法》中规定了溢油事故按其溢油量可分为大、中、小三类：

（一）溢油量小于 10 吨的为小型溢油事故；

（二）溢油量在 10 吨～100 吨的为中型溢油事故；

（三）溢油量大于 100 吨的为大型溢油事故。

2008 国家海洋局发布《海上石油勘探开发溢油应急响应执行程序》规定了“海洋石油勘探开发溢油事故分级”，按其溢油量及溢油点情况，可分为一、二、三级应急响应[37]：

（一）海上溢油源已确定为海上油田，溢油量小于 10 吨或溢油面积不大于 100 平方公里，溢油尚未得到完全控制的，作为三级应急响应的标准；

（二）海上溢油源已确定为海上油田，溢油量 10～100 吨或溢油面积 100～200 平方公里，或溢油点离敏感区 15 公里以内，溢油尚未得到完全控制的作为二级应急响应的标准；

（三）海上溢油源已确定为海上油田，溢油量在 100 吨以上或溢油面积大于 200 平方公里，溢油尚未得到完全控制的作为一级应急响应的标准。

2015 年 1 月国家海洋局发布的《海洋石油勘探开发溢油应急预案》取代了《海上石油勘探开发溢油应急响应执行程序》，规定了溢油事故分为特别重大、重大、较大和一般四级[38]。特别重大溢油事故是指溢油 1 000 吨以上的海洋石油勘探开发溢油事故；重大溢油事故是指溢油 500 吨至 1 000 吨（含）的海洋石油勘探开发溢油事故；较大溢油事故是指溢油100吨至500吨（含）的海洋石油勘探开发溢油事故；一般溢油事故是指溢油0.1吨至100吨（含）的海洋石油勘探开发溢油事故。根据溢油事故的严重程度和发展态势，将溢油应急响应相对应设定为Ⅰ级、Ⅱ级、Ⅲ级、Ⅳ级四个等级。该预案与《国家突发环境事件应急预案》进行有效衔接。

6.5.1.4 海洋石油勘探开发溢油事故报告

溢油事故报告的主要内容包括：

（一）事故发生时间、位置、原因；

（二）溢油的性质、状态、数量；

（三）责任人；

（四）当时海况、平台及周边海域状况；

（五）采取的措施；

（六）处理结果。

溢油事故报告应同时记录在“防污记录簿”中，并使用季度报表C，即“海洋石油污染事故情况报告表”，按季度报海区主管部门。

以下两种溢油事故发生时，作业者应在24小时内报告海区主管部门：

（一）平台距海岸20海里以内，溢油量超过1吨；

（二）平台距海岸20海里以外，溢油量超过10吨。

以下两种溢油事故发生时，作业者应在48小时内报告海区主管部门：

（一）平台距海岸20海里以内，溢油量不超过1吨的；

（二）平台距海岸20海里以外，溢油量不超过10吨的。

海面溢油应首先使用机械回收，消油剂应严格控制使用，并遵守《海洋石油勘探开发化学消油剂使用规定》。

6.5.2 溢油生产异常的技术监管

6.5.2.1 溢油预警机制

溢油过程具有分散性和延迟性，如果仅用“水面出现油花”来判断溢油，尽管对于“溢油已经发生”的判断准确程度较高，但对于溢油量的计算、溢油污染范围的定量评价以及溢油的治理，都已经错过了最佳的时期。

对于海上石油开采过程中的地层溢油危害，应首先立足于“防”，强调开发过程的安全设计；但由于对地层条件认识的不确定性，安全设计未必能100%确保不会发生溢油，因此，生产过程中的监测尤为重要，一旦出现生产状态的异常，就应及时采取措施，使得溢油风险在萌芽状态就被消除掉。

对油藏状态的监测，都是通过对生产井或注入井的井口压力进行记录和对井口流量进行计量来实现的，根据地层溢油的机理，溢油的动力是超压，溢油一旦发生，地层的超压将逐渐得到释放。根据以上原理，以油藏为监测对象，分析发生溢油时注水井和岩屑回注井将可能表现出的特征。

6.5.2.2 注水开发地层

（一）井口压力异常下降

对于注水井，正常注水时，井口压力将会维持一个较为稳定的值，一旦在与该注水井邻近的地方发生了溢油，相当于近井的一口生产井得以投产，根据压力叠加原理，注水井的井口压力将大大下降；

（二）注水井吸水量急剧增加

在保持井口注入压力的时候，如果溢油发生，超压层压力将下降，在固定的注入压力下，注水压差增大，井底吸水量将大大增加；

（三）生产井产液量异常下降

溢油发生后，超压地层得以泄压，降低了生产井的生产压差，生产井的井流物产量将持续下降；

6.5.2.3 岩屑回注地层

岩屑或地层产出砂经过清洗、研磨后，在工作介质的携带下被回注到指定地层。不管研磨的颗粒有多细，在地层中迟早都会形成淤塞，并且这种淤塞具有累计效应，正常情况下回注井的井口压力将逐渐升高。通常可通过适时提高注入压力，增大地层的吸入量，或者在近井地带通过超压而人为制造微压裂，借助裂缝增大岩屑的吸入能力。岩屑泄漏具有以下几种可能的通道：

（一）从井口到海底岩层之间的管线发生泄漏，漏出的含油岩屑进入水体；

（二）由于套管与井眼之间环空的固井质量不好，岩屑沿套管壁发生窜漏；

（三）回注期间的井底憋压压开了近井断层，沟通了通天裂缝。

根据以上分析，岩屑回注井发生泄漏异常时，近井将不会憋压，井口压力在很长一段时间内将不会升高，甚至发生降低。

6.5.3 海洋环保行政监管

6.5.3.1 石油勘探开发海洋环保监管主要事项和制度

（一）根据职责，国家海洋局及所属派出机构主要负责以下事项：

（1）海洋石油开发工程环境影响报告书核准；

（2）海洋石油开发工程建设项目环境保护设施“三同时”检查；

（3）海洋工程建设项目环境保护设施验收；

（4）拆除或闲置海洋工程环保设施审批；

（5）海洋工程污染物排放种类及数量的核定；

（6）海洋石油勘探开发溢油应急计划备案；

（7）海洋石油勘探开发含油钻井泥浆和钻屑排放审批；

（8）化学消油剂和泥浆及化学添加剂的使用管理；

（9）海上平台弃置管理；

（10）海洋石油勘探开发海底油气电缆管道的铺设施工、环保和海域使用管理；

（11）组织海上油田溢油风险隐患排查；

（12）开展防污设备与应急设备年度核查工作等。

（二）石油勘探开发海洋环保监管主要制度

根据海洋环保法律法规规定，国家海洋行政主管部门对海上油气勘探开发活动实施环保管理的主要制度包括：重点海域污染总量控制制度；海洋功能区划制度；环境影响评价制度；“三同时”、“竣工验收”管理制度；排污收费制度；海洋工程污染监测检查制度；环境影响后评价制度等方面。其中环境影响评价制度、“三同时”和“竣工验收”管理制度、环境影响后评价制度落实情况是海洋油气开发活动日常监管的重点。

环境影响评价制度：《海洋环境保护法》第四十七条规定，海洋工程建设项目必须符合海洋功能区划、海洋环境保护规划和国家有关环境保护标准，在可行性研究阶段，编报海洋环境影响报告书，由海洋主管部门核准，并报环境保护行政主管部门备案。海洋行政主管部门在核准海洋环境影响报告书之前，必须征求海事、渔业行政主管部门和军队环境保护部门的意见。上述“可行性研究阶段”意味着项目环评位于项目立项之前，是之后项目一切审查、审批的最基本手续和项目内容。

“三同时”、“竣工验收”管理制度：“三同时”、“竣工验收”制度是与环境影响评价制度共同构成海洋工程环境管理的基本制度，是一项行之有效的海洋工程环境保护措施，能有效保障海洋工程在建设、运行过程各项环保措施的落实。《海洋环境保护法》第四十八条规定，海洋工程的环境保护设施，必须与主体工程同时设计、同时施工、同时投产使用。海洋工程环境保护设施未经海洋行政主管部门检查批准，海洋工程不得试运行；海洋工程环境保护设施未经海洋行政主管部门验收，或者经验收不合格的，海洋工程不得投入生产或者使用。

环境影响后评价制度：环境影响后评价是指在海洋工程建设项目实施后，以环境影响评价工作为基础，以建设项目投入使用等开发活动完成后的实际情况为依据，通过评估海洋工程建设活动实施前后污染物排放及周围海域环境质量变化，全面反映建设项目对海域环境的实际影响和环境补偿措施的有效性，分析项目实施前一系列环境评价和行政管理决策的准确性和合理性，找出问题和误差的原因，评价预测结果的正确性，提高决策水平，为改进建设项目管理和环境管理提供科学依据。依据海洋环保相关法律规定，为加强海洋石油开发工程环境影响后评价管理，国家海洋局2003年出台了《海洋石油开发工程环境影响后评价管理暂行规定》；2006年颁布的《防治海洋工程建设项目污染损害海洋环境管理条例》第二十条规定“海洋工程在建设、运行过程中产生不符合经核准的环境影响报告书的情形的，建设单位应当自该情形出现之日起20个工作日内组织环境影响的后评价，根据后评价结论采取改进措施，并将后评价结论和采取的改进措施报原核准该工程环境影响影响报告书的海洋主管部门备案；原核准该工程环境影响影响报告书的海洋主管部门也可以责成建设单位进行环境影响的后评价，采取改进措施”。

6.5.3.2　海上石油勘探开发主要监管方式和内容

石油勘探开发活动监督管理的目标包括，相关石油公司及其海上石油平台、人工岛油田、滩涂油田、海上储油装置、陆岸终端处理厂、勘探开发工程船以及海底油气管线等。

为加强海洋石油勘探开发活动的监督管理，国家海洋行政部门发挥海监队伍、监测队伍、预报技术和卫星遥感技术的力量，通过海上巡航、石油平台登检、航空巡查、专项执法、平台值守、平台可视化动态监控、卫星遥感监测、海洋环境监测、溢油检验鉴定和海上油田溢油风险隐患排查等方式，对我国的海洋石油勘探开发活动建立立体化、全天候、全覆盖的监视监测监管体系。

主要采取的监管方式包括：

（一）海上巡航

利用海监船舶对石油勘探开发活动进行巡航监视是国家海洋局对石油勘探开发活动进行巡航监视的主要方式。自2009年以来，国家海洋局组织中国海监国家队伍先启动北海区、随后全面开展我国管辖海域的海洋石油勘探开发活动定期巡航执法检查工作，采取固定船舶开展海上巡航监视与陆地公司检查、海上设施登检相结合的方式。定期巡航执法检查是国家海洋部门对海洋石油勘探开发进行监管的主要方式，现阶段应不断强化我国管辖海域的石油勘探开发定期巡航执法管理工作。

海上定期巡航执法检查的主要内容是监视海上石油勘探开发区及周边海域海洋环境；检查新建、扩建海上石油平台、海上储油装置、人工岛油田、陆岸终端处理厂的海域使用情况；监视海上平台、海上储油装置、人工岛油田的钻探、作业、采油、储运、外输等生产作业及排污状况；检查勘探和油田建设工程船的海上爆破作业、海洋地震作业和地震探测活动、海底管道铺设施工与维护等作业情况；监视海底电缆管道附近海域海洋环境。

在巡航监视中发现海上溢油事故、无主漂油等突发海洋环境污染事件时，执法舰船、飞机应跟踪监视海上溢油、漂油，对突发事件现场进行照相、摄像取证，进行现场取样（一般由技术人员随同完成），估算溢（漂）油面积和溢（漂）油量，并及时报告。

（二）平台登检

除海上油田矿区巡航监视之外，平台登临检查是石油平台检查工作的重要形式之一。通过该项工作，执法人员具体实施石油公司检查、油田设施登检、溢油应急调查，以及大量海上油田违法违规事件调查处理。平台登检主要内容包括海上油田设施文件文书类，海上油田设施环保设施类，海上油田设施排海物质类。

其具体的检查内容有：

（1）海洋石油勘探开发建设项目的海洋环境影响报告书和海洋环保设施“三同时”制度的执行情况；

（2）平台防污设备配备及运转情况；

（3）泥浆、钻屑、生产污水、生活污水等各类污染物检验及排放情况；

（4）溢油应急计划执行及溢油应急设备的配备情况，重要生产设施及易发生污染事故环节的防污染措施和平台环保制度执行情况；

（5）根据检查需要对消油剂及泥浆、钻屑、生产污水、生活污水等各类排海污染物进行采样和检验鉴定；

（6）对试油、修井、修换海管、原油过驳、外输等重要作业环节进行现场监督。

（三）航空巡查

海洋行政执法人员使用海监飞机，在空中对海上石油勘探开发区及周边海域海洋环境进行的监督检查。发现涉嫌违法违规行为，当场记录违法违规生产作业及排污状况、海面变化情况及周边海域情况，进行空中照相录像取证，并通知海上或地面执法人员前往调查核实，直接掌握第一手现场资料和证据。自1987年9月，装备现代化遥感设备的国家海洋局“中国海监”飞机开始在我国管辖海域执行巡航监察监视任务，国家海洋局即开始利用海监飞机开展维护国家海洋权益，保护海洋环境，有效实施海洋管理。利用海监飞机开展石油勘探开发活动的监管，也是对石油开发活动实施监管采取的最有效、最快捷的方式。

（四）平台值守

安排执法人员驻守石油平台，对石油平台进行现场监督监察，并督促各项监管要求的落实。一般用于石油平台的试运行、重要生产运输过程（如储油轮输运）和溢油事故的现场监督。在蓬莱19－3油田溢油事故的监察中，国家海洋局对造成溢油事故的B、C平台累计派出数十名海监执法人员连续值守两个平台达六百余天，创造渤海海洋执法人员值守海上石油平台的最长记录。此后，平台值守成为执法人员强化石油平台监管的一项有效举措。

（五）专项执法

由国家海洋局及所属海监队伍通过开展“碧海”专项执法行动、海区性环境保护专项执法等方式，对石油勘探开发活动的各个环节、各项内容进行全面检查，及时发现和查处违法违规事件，震慑作业者的违法行为，教育和规范生产作业行为。

（六）应急检查

执法监察人员对海洋油气勘探开发活动中突发性污染事件迅速开展的检查。在定期检查过程中，执法监察人员发现明显违法违规行为，取证时效性强，可突击性直接登检涉嫌违法的海上油气设施。现场应急登临检查应明确登检依据、目的、对象、时间、地点、检查内容、登检方式、人员及分工、工作要求等。登检小组组长负责登检现场的组织和指挥，取证人员主要承担照相、摄像及图片和视频的后期编辑制作、现场相关检查的记录、证据材料的提取等工作。

（七）环境监测

根据《海洋环境保护法》第5条规定，国家海洋行政主管部门负责全国海洋环境的监督管理，组织海洋环境的调查、监测、监视、评价和科学研究，负责全国防止海洋工程建设项目和海洋倾倒废弃物对海洋污染损害的环境保护工作。由国家海洋局所属相关海洋环境监测的技术支撑单位，按照海洋石油勘探开发活动及海底油气电缆管道监视监测管理的相关规范，对海洋油气区周边海域实施专项和常规监测，并逐步提高监测频率。通过监测，及时对海洋环境进行跟踪和评估，及时掌握海洋环境质量、海洋生物群落结构等要素的变化情况，评估对海洋生态区、环境敏感区等重要区域的影响，监督各石油勘探开发企业切实落实工程环境影响报告书及其批复要求的环境监测计划，严格按照有关规定开展工程竣工验收、污染事故的环境监测工作。

（八）卫星遥感监测

由相关海洋技术服务和保障单位，利用海上溢油遥感监测系统、海洋环境预报系统以及石油勘探开发设施数据库及基础地理数据库，开展海洋环境特别是溢油遥感监测，为海洋石油勘探开发环保行政管理、空中和海上执法监察、溢油污染防治和应急处置提供辅助决策和支持服务。卫星遥感监测成为海洋管理部门对石油开发活动监管的一种常态化、专业化工作方式。

（九）平台实时监控

通过对石油平台安装远红外视频镜头、激光油膜探测器、视频信息自动分析软件等监视设备，实现对石油平台的实时在线监控，实现对现场的实时掌握，极大提高执法效率。

6.5.3.3 海上石油勘探开发容易发生的违法违规行为

（一）违反环境影响评价管理制度方面

（1）海洋工程建设项目未编报海洋环境影响报告书或海洋环境影响报告书未经海洋行政主管部门核准，擅自实施海洋工程项目建设；

（2）海洋工程环境影响报告书核准后，工程的性质、规模、地点、生产工艺或者拟采取的环境保护措施发生重大改变，未重新编制环境影响报告书报原核准该工程环境影响报告书的海洋主管部门核准；

（3）自环境影响报告书核准之日起超过5年，海洋工程方开工建设，其环境影响报告书未重新报原核准该工程环境影响报告书的海洋主管部门核准；

（4）海洋工程需要拆除或者改作他用时，未报原核准该工程环境影响报告书的海洋主管部门批准或者未按要求进行环境影响评价；

（5）海洋工程在建设、运行过程中产生不符合经核准的环境影响报告书的情形的，建设单位自该情形出现之日起20个工作日内未按规定进行环境影响后评价或者未按要求采取整改措施；

（二）违反环境保护设施“三同时”和竣工验收管理制度方面

（1）海洋工程环境保护设施未经海洋行政主管部门检查批准，建设项目擅自试运行；

（2）海洋工程建设项目未建成环境保护设施即投入生产、使用；

（3）环境保护设施未经海洋行政主管部门验收，或者经验收不合格，建设项目擅自投入生产或者使用；

（4）海洋工程投入运行之日30个工作日前，未向原核准该工程环境影响报告书的海洋主管部门申请环境保护设施的验收；

（5）海洋工程投入试运行的，未在该工程投入试运行之日起60个工作日内，向原核准该工程环境影响报告书的海洋主管部门申请环境保护设施的验收；

（6）分期建设、分期投入运行的海洋工程，其相应的环境保护设施未进行分期验收；

（7）擅自拆除或者闲置环境保护设施；

（三）违反防止海洋环境污染和资源保护管理制度方面

（1）海洋工程建设项目使用含超标准放射性物质或者易溶出有毒有害物质的材料；

（2）爆破作业时，未采取有效措施，保护海洋资源，给海洋渔业资源带来严重损害，造成海洋环境污染；

（3）海洋石油勘探开发及输油过程中，未采取有效措施，如注水、回注及相关作业、海底输油管线、海上外输原油、火炬燃烧不完全或流程发生故障、钻井、试油、修井作业等环节，导致的发生溢油事故，造成海洋环境污染；

（4）海洋石油钻井船、钻井平台和采油平台的含油污水和油性混合物，未经处理达标即进行排放，造成海洋环境污染；

（5）海洋石油钻井船、钻井平台和采油平台的残油、废油未经回收处理即排放入海，造成海洋环境污染；

（6）海洋石油钻井船、钻井平台和采油平台的含油污水和油性混合物虽经回收处理后排放，但其含油量超过国家规定的标准，造成海洋环境污染；

（7）钻井所使用的油基泥浆和其他有毒复合泥浆直接排放入海，造成海洋环境污染；

（8）钻井所使用的水基泥浆和无毒复合泥浆及钻屑的排放不符合国家有关规定，造成海洋环境污染；

（9）海洋石油钻井船、钻井平台和采油平台及其有关海上设施，向海域处置含油的工业垃圾或处置其他工业垃圾，造成海洋环境污染

（10）海上试油时，未确保油气充分燃烧，将油和油性混合物排放入海，造成海洋环境污染；

（11）海洋油气矿产资源勘探开发作业中产生的含油污水未经处理符合国家有关排放标准后再排放，而是直接或者经稀释即排放入海；

（12）海洋油气矿产资源勘探开发作业中产生的塑料制品、残油、废油、油基泥浆、含油垃圾和其他有毒有害残液残渣，未集中储存在专门容器中，运回陆地处理，而是直接排放或者弃置入海；

（13）在重要渔业水域进行炸药爆破或者进行其他可能对渔业资源造成损害的作业，未避开主要经济类鱼虾产卵期；

（14）未按规定使用化学消油剂；

（15）未按规定配备防污记录簿（电子防污记录簿）；

（16）未按规定记录平台防污记录簿（电子防污记录簿）；

（四）违反应急处置、报告、通报和备案管理制度方面

（1）因发生事故或其他突发性事件，造成海洋环境污染事故，未立即采取处理措施；

（2）发生事故或者其他突发性事件未按规定报告，包括未及时向可能受到危害者通报，未向行使海洋环境监督管理权的部门报告；

（3）拒绝现场检查或在检查时未如实反映情况，提供必要的资料；

（4）未按规定编制溢油应急计划，报国家海洋行政主管部门的海区派出机构备案；

（5）未按规定报告污染物排放设施、处理设备的运转情况或者污染物的排放、处置情况；

（6）未按规定报告其向水基泥浆中添加油的种类和数量的；

（7）未按规定将防治海洋工程污染损害海洋环境的应急预案备案；

（8）在海上爆破作业前未按规定报告海洋主管部门；

（9）进行海上爆破作业时，未按规定设置明显标志、信号；

（10）未按规定及时向主管部门通知固定式平台和移动式平台的位置；

（五）违反平台弃置管理制度方面

（1）平台所有者未向国家海洋行政主管部门提出平台弃置书面申请，或未经国家海洋行政主管部门审查批准，擅自进行平台弃置；

（2）平台所有者未按规定进行平台弃置，包括：

1）未按国家海洋行政主管部门批准的要求进行平台弃置；

2）未在停止油气开发作业之日起的一年内进行平台弃置；

3）废弃平台妨碍海洋主导功能使用的未全部拆除；

4）在领海以内海域进行全部拆除的平台，其残留海底的桩腿等未切割至海底表面 4 米以下；

5）在领海以外残留的桩腿等设施，未达到不得妨碍其它海洋主导功能的使用的要求；

6）平台在海上弃置的，未封住采油井口；

7）平台在海上弃置的，未拆除一切可能对海洋环境和资源造成损害的设施的；

（3）平台所有者未按规定对弃置平台进行防污处理，包括：

1）弃置平台的海上留置部分，未进行清洗或防腐蚀处理；

2）海上清洗或者防腐蚀作业，未采取有效措施防止油类、油性混合物或其它有害物质污染海洋环境；

3）清洗产生的废水未经处理达标排放。

对海洋油气勘探开发作业者发生的以上违法行为，海洋行政主管部门所属执法机构将依据海洋石油勘探开发相关法律法规进行立案查处，展开调查取证，依法作出相应行政处罚；若海洋油气勘探开发工程发生严重污染海洋环境事件，违法行为构成犯罪的，行政机关必须将案件移送司法机关，依法追究当事人的刑事责任；对于当事人涉嫌同时触犯刑法、行政法，一般按“先刑事、后行政”的原则追究当事人的法律责任，“先刑事、后行政”的原则是指行政机关处理违法案件时，如涉嫌违反刑法，应当先移送进行刑事调查与处罚。但是，移送前已经做出的行政处罚决定依然有效，移送前已经做出行政处罚不排斥司法机构对违法行为做出相应的刑事追究；2014 年 11 月，《国务院办公厅关于加强环境监管执法的通知》，部署全面加强环境监管执法，严惩环境违法行为，加快解决影响科学发展和损害群众健康的突出环境问题，着力推进环境质量改善，指出要全面实施行政执法与刑事司法联动，发生重大环境污染事件等紧急情况时，要迅速启动联合调查程序，防止证据灭失；要求公安机关明确机构和人员负责查处环境犯罪，对涉嫌构成环境犯罪的，要及时依法立案侦查；人民法院在审理环境资源案件中，需要环境保护技术协助的，各级环境保护部门应给予必要支持[39]。

6.5.4 溢油应急体系及实施

随着《海洋环境保护法》、《突发事件应对法》、《国家环境突发事件应急预案》等法律、文件的出台，我国已建立由国务院有关部门、地方政府及其相关部门、企业、社会组织等多方应对为主体，在统一领导下，反应迅速、互联互通、信息共享、协同应对的海上溢油应急体系。

6.5.4.1 我国溢油组织指挥体系及职责

我国建立国家重大海上溢油应急处置部际联席会议制度，由交通运输部牵头。联席会议相关部门的主要职责：交通运输部负责牵头组织编制国家重大海上溢油应急处置预案并组织实施，会同有关部门建立健全国家海上溢油信息共享平台，组织、协调、指挥重大海上溢油应急处置工作，负责防治船舶污染、船舶海上溢油应急和索赔工作；国家海洋局会同有关部门组织全国海洋环境监测、监视网络，承担海上溢油污染的监测监视、预测预警等工作，负责海洋油气勘探开发对海洋环境污染损害的防治和应急处置有关工作，会同有关部门负责溢油造成海洋生态环境的损害评估、生态修复及相关国家索赔工作；环境保护部负责陆源溢油对海洋污染的监督管理，组织、指导、协调相关应急处置工作；农业部负责渔业船舶溢油污染的监督管理，指导渔业应急处置，负责处理溢油造成的海洋野生动植物资源和渔业损害的监测、评估和索赔工作；国家安全生产监督管理总局负责海上石油安全生产综合监督管理，根据国务院授权，依法组织海上溢油特别重大安全生产事故的调查处理，参与相关应急救援工作；国家能源局负责指导能源装备建设有关工作；沿海地方人民政府，要求强化责任，建立健全相关机制，按照重大海上溢油应急处置的要求，负责本地区海上溢油应急处置相关工作；相关企业，要求强化主体责任，加强自身海上溢油应急能力建设，按照有关规定，做好应急工作。

6.5.4.2 监管部门石油勘探开发溢油风险防范措施

国家海洋局作为我国海洋石油勘探开发环境保护工作的主管部门，通过建立健全海洋环境保护监管规章制度，实施对海洋石油勘探开发项目的全程监管，加强海洋石油开发污染控制，积极防范海洋溢油事故风险，主要有：

（一）全面落实环评、污染物排放许可等各项法律法规和制度；

（二）开展渤海石油勘探开发活动定期巡航和专项环境监测；

（三）利用石油平台实时监控、卫星溢油遥感等手段，全天候动态溢油监测；

（四）建立基于卫星、航空、船舶、浮标及岸基的立体的溢油监视监测网络；

（五）完善溢油漂移预测和溯源追踪、油指纹数据库建设及溢油鉴定、溢油生态损害评估与修复等技术支撑体系

6.5.4.3 海上石油勘探开发溢油应急监管机制和程序

国家海洋局已建立以海洋卫星遥感监视、海监飞机核查、海监船现场核实的溢油早期预警及应急响应机制；建立了由溢油溯源、漂移数值模拟、油指纹鉴定分析系统等组成的溢油应急技术支撑体系，不断加强相关模型研究，更新完善海洋石油勘探开发油指纹库，开展了大量油指纹鉴定工作，在溢油应急行动中对确定溢油源、进行有效应急响应提供有效的技术支撑。国家海洋局各海区分局建立了海上漂油事件信息通报制度，沿海省市政府应急办公室、环保部门、海事部门、海洋渔业等部门都参加了该制度，实现信息共享。

为了加强海上溢油应急管理，2006 年国家海洋局制定了《海洋石油勘探开发溢油应急响应执行程序》，建立了统一领导、分级负责、部门单位联动、分工明确、反应快捷的溢油应急工作机制。成立了海上溢油应急指挥中心，指挥中心下设应急响应办公室，以及现场指挥调查、监视取证、监测、预报、船舶飞机保障、专家咨询等多个应急工作组，从组织上保证了应急工作的有效开展。

根据海洋石油勘探开发溢油应急响应执行程序的规定：

一级应急响应：由全国海洋石油勘探开发重大海上溢油应急协调领导小组启动全国海洋石油勘探开发重大海上溢油应急计划，领导小组管理下的一级溢油应急指挥中心具体负责组织、指挥和实施；二级应急响应：由二级溢油应急指挥中心启动应急响应程序，负责组织、指挥和实施；三级应急响应：由三级溢油应急指挥中心启动应急响应程序，负责组织、指挥和实施[36]。经过数次溢油应急响应行动实践检验，《海洋石油勘探开发溢油应急响应执行程序》为及时有效处置海洋石油勘探开发溢油应急工作规范了操作流程和提供处置依据，但通过近年来不断发生的海上溢油事故，该应急程序需结合应急管理和实践不断进行修订完善。

2015 年 1 月国家海洋局发布的《海洋石油勘探开发溢油应急预案》，确定了统一领导、综合协调、职责明确、分级负责、快速反应、信息公开的工作原则；将溢油事故分为特别重大、重大、较大和一般四级，将溢油应急响应与溢油事故的严重程度相对应分别设定为Ⅰ级、Ⅱ级、Ⅲ级、Ⅳ级四个等级，实现与国家总体应急预案的衔接。发生特别重大、重大溢油事故后，国家海洋局分别启动Ⅰ级、Ⅱ级应急响应，海区分局组织成立现场指挥部，由国家海洋局统一指挥；同时，国家海洋局

报告国家重大海上溢油应急处置部际联系会议，提请启动国家重大海上溢油应急处置预案。发生较大、一般溢油事故后，国家海洋局海区分局分别启动Ⅲ级、Ⅳ级应急响应，负责分局溢油应急响应工作的组织、指挥、实施及信息发布等工作。该预案还规定，溢油事故发生在敏感海域，可适当调整响应级别。跨海区溢油事故的应急响应工作，由事发地海区分局牵头，有关海区分局共同负责。根据该预案的要求，各海区分局也要修改完善分局级溢油应急预案，成立相应溢油应急组织机构，建立溢油应急响应体系。

6.5.4.4 溢油应急处置措施

一般发生溢油事故，责任者和主管部门都有采取应急处置措施的责任。

在溢油应急处置中，由主管部门需要采取的应急处置措施，一般包括：

（一）责令责任人第一时间及时围控处置海上溢油、尽快查清溢油风险点、封堵溢油源；

（二）在溢油事故处置的每个重要环节和重要阶段，及时通报相关政府和相关部门，以及时掌握溢油发生和处置情况；

（三）立即组织开展现场监视监督，加强现场、陆岸巡察和近岸海域巡查工作；

（四）海洋主管部门及其监督管理人员监督督促围堵、清除海面油污，减轻污染损害；

（五）组织技术单位开展海洋环境应急监测，及时启动生态损害的调查和评估工作；

（六）利用管理部门的技术优势，引导、指导责任单位帮助进行海上油污清除；

（七）针对污染事故的教训，研究制定防止和控制此类事故的管理方法和措施；

（八）按照相关法律和职能，及时启动对事故的立案调查，查找事发的原因，依法追究相关法律责任；

（九）组织编报溢油应急信息，及时上报政府和有关管理部门，及时向公众通报溢油信息，保障公众的知情权和环境权。

溢油发生以后，溢油事故责任者应立即启动溢油应急计划，要采取多种溢油应急处置措施，减轻海洋污染，其应急处置措施主要有油污清除、溢油源处置、风险点排查三个重要方面。油污清除包括，海面油污、海床油污、登陆岸滩的油污等溢油扩散和影响区域。溢油源处置措施，关键在于采取有效的切断、封堵等措施，防止溢油继续溢出，快速消除溢油状态。溢油点排查措施，包括采取人工和技术手段等方式，开展针对性的排查，掌握最直接的信息，对可疑区域，进行重点排查，防止新的溢油发生。

6.5.4.5 溢油污染现场检查

现场检查是一种十分常见和有效的行政监管手段。溢油污染现场检查的目的是收集与海上溢油污染或案件有关的直接或间接证据材料，包括物证、书证、视听资料等。现场检查过程中，应当注重收集、调取与污染或案件有关的原始证据。调取证据，可以采取复制、拍照、录象；可以对物证和现场进行采样检测等。提取证据材料应填写提取证据材料相关登记表格，提取人和被取证人要分别签字或盖章。现场检查结束后，要制作现场检查记录，详细记载现场检查中与案件有关的主要情况。

（一）溢油事故现场环境污染检查要素

主要检查的要素包括：溢油地点、时间、范围、油品种类、部位、方式、原因、控制状况、报告情况等。

（1）油品种类：原油、重油、柴油、机油（润滑油）、油基泥浆、含油污水、含油泥浆、含油钻屑等；

（2）溢油部位：井口、各类管汇、外输泵、外输软管、储油舱（罐）、油轮（过驳和外输）、火炬、海底输油管道、地层、固井环空等；

（3）溢油方式：一次性溢油或连续性溢油；

（4）溢油原因：井喷、井涌、刺漏、泄漏、爆炸、管线容器破损等；

（5）控制状况：完全控制、基本控制、尚未控制；

（6）报告情况：时间、方式、部门、内容、海面污染状况等；

（7）溢油事故溢油量：估算溢油事故油类溢出量、入海量、回收量、单位时间溢出量。

（二）溢油事故现场环境污染现状检查

主要内容是对溢油事故现场（海上设施）及周围海域、海床污染现状、陆岸环境污染现状进行监视。

（1）海上设施污染现状

包括：溢油部位、颜色、形状、数量和处理情况等；

1）海域污染现状：包括海上污染区域的位置、面积、程度；

2）海面污染动态：根据海面油污染漂移方向和速度，预测油污到达敏感区的时间；

3）海面油污描述，：油品种类和颜色、风化程度、油带形状（颗粒状、片状、块状、球状、带状）、油膜厚度等；

4）海上污染区其他异常情况。

（2）海床污染现状

因溢油造成海床污染的，可通过潜水员和水下机器人（ROV）等设施，对海床油污分布情况、覆盖情况、油污扩散情况、海床油污清理范围和进展等进行探查和监测。

（3）陆岸污染现状

油污染登陆情况，包括陆岸污染区域的位置、长度、宽度、面积，污染范围、程度及其他异常情况。

（三）溢油应急响应情况检查

主要检查油田方溢油应急响应及处置情况。具体包括：

（1）溢油应急响应启动、终止情况

应急响应启动、终止时间，签署的相关文件，下达的指令及依据材料等；

（2）应急响应参与单位和部门

事故当时直接参与的单位和部门及其应急负责人，支持和支援应急处置的其它单位和人员等；

（3）溢油应急文件及油污处置措施

溢油应急计划的制定、备案和现场应急的设备配备、响应、处置是否到位；检查是否采取了有效溢油应急处置措施，消除海洋污染，包括：海上油污处置、溢油源处置、风险点排查等方面。

（4）应急响应动用资源情况

事故现场事发、事中和结束各阶段投入的船舶名称、数量、各船承担的任务及负责的区域；投入的清污设施和材料，其主要作用和使用区域、使用状态和处置效果（如清污设备、围油栏、吸油材料等）；消油剂申请、批准及使用情况，使用量、浓度及效果等。

（5）应急响应总体情况

处置的总体部署、方式和效果，下步拟采取的措施等。

以上检查情况，进行现场检查的人员应当通过制作现场笔录等文书形式和对现场进行照相录像取证等方式，将现场发生的情况和检查结果以书面和影像的形式记录下来，使没有参加现场检查的人通过书面记录和影像资料就能了解现场的实际情况，同时还应根据需要采取简报、快报、专报等形式向相关行政主管部门编写书面检查报告。

6.5.4.6 溢油污染调查

溢油污染调查是指海洋行政主管机关为了解相对人石油勘探开发生产作业守法守规情况而向有关人员和场所进行查证的一种方法。调查可以采取询问、现场勘验、技术鉴定、提取证据等方式进行。调查一般是在事后，为了使行政处理决定建立在合法真实的基础上而采取的手段。调查主要包括询问当事人和证人，调查取证是实施行政处罚的前提和基础。溢油污染调查目的是达到查明和证明污染事故的事实，确定事故的性质、过程、危害等，为溢油污染处罚和事后处理提供依据。海上油污染的调查取证主要包括两种情况，一是有明确责任人的油污染事故的调查取证；二是难以确定或无主漂油事件的调查取证。

溢油污染调查主要内容，包括：

（一）溢油现状：包括溢油的起点、起止时间、种类、部位、方式、控制状况等；

（二）溢油的事因：调查判别是否生产事故引发、防范措施不当引发、海难事故引发、自然引发，对生产引发进一步判别系井喷、井涌、侧漏、泄露等原因；

（三）溢油源调查，包括固定溢油源和移动溢油源及溢油源特征、溢油源切断情况；

（四）溢油风险源调查：主要包括

（1）各作业环节的溢油风险，包括：

1）钻井阶段，主要由在钻探过程中发生的井喷或井涌所致；

2）试油阶段，主要放喷物流进行燃烧，易发生少量原油落海；

3）海上设施设计、施工、安装阶段，主要是船只间因碰撞造成油舱破裂；

4）开采阶段主要由井喷造成。

（2）易致突发性的溢油风险，包括：海底溢油，井喷溢油，火灾、爆炸，海底管道与立管泄露，FPSO 及单点系泊发生事故，原油船舶外输溢油；

（五）溢油量调查：包括最大可能溢出量、已经溢出量、入海量、回收量、残存量等；

（六）污染现状：指事故现场及周围海域海面污染现状；

（七）溢油动态调查：包括采取技术手段对溢油漂移的方向、速度、形状、厚度、面积和损害程度等进行调查描述；

（八）应急处置调查：包括作业者或肇事者溢油应急计划、溢油设备配备状况，应急反应的时间、应急人员、应急船舶和设施、应急部署、应急处置措施、油污处置效果等；

调查取证可采取的措施，包括：

（一）听取当事人或者相关人员关于海洋石油活动环境保护和溢油事故情况的介绍，调查污染事故；

（二）要求当事人或者相关人员就有关海洋石油活动环境保护问题和溢油事故作出说明，包括陈述、申辩；

（三）要求当事人或者相关人员提供与海洋石油活动环境保护和溢油事故生产作业有关的文件、证书、数据及技术资料等；

（四）登临固定式和移动式平台及其他有关设施，进入现场进行检查、勘查、监测、取样检验、拍照、摄像、采集各类有关样品等；

（五）查阅或者复制与海洋石油活动环境保护和溢油事故有关文件资料；检查防污记录簿及有关操作记录，必要时进行复制和摘录；

（六）检查海洋石油作业活动、溢油事故有关的设施、设备、运行情况；

（七）检查溢油污染处置情况和海洋石油活动各类污染物处置、检验、记录情况；

（八）依据法律法规责令当事人停止正在进行的违法行为，接受处理；

（九）要求当事人采取有效措施，防止污染事态扩大；

（十）法律、法规、规章规定的其他措施。

由于海洋溢油污染事件的广泛性、复杂性及其专业技术性，通过询问当事人、证人等一般调查手段有时不能查清案件事实，取得确凿的证据，往往还需要对与违法行为有关的场所、海洋环境、物品等进行现场检查。因此在海洋溢油污染的现场调查与现场检查往往结合进行。

6.5.4.7 开展溢油污染检测和海洋生态损害评估

按照职能职责，一旦发生溢油事故，相关海洋环境监测单位应在第一时间启动对溢油污染海域的环境监测工作。同时，根据《海洋环境保护法》第90条的规定，“造成海洋环境污染损害的责任者，应当排除危害，并赔偿损失；完全由于第三者的故意或者过失，造成海洋环境污染损害的，由第三者排除危害，并承担赔偿责任。对破坏海洋生态、海洋水产资源、海洋保护区，给国家造成重大损失的，由依照本法规定行使海洋环境监督管理权的部门代表国家对责任者提出损害赔偿要求。”，一旦发生溢油事故，国家海洋、渔业部门有权代表国家向责任者提出海洋生态损害赔偿、海洋水产资源损害赔偿。

2002年，国家海洋局授权天津海洋局代表国家向发生在天津大沽河口东部海域的“塔斯曼海”轮溢油海洋生态索赔案，开创了我国海洋溢油生态损害赔偿索赔的先河。

2012年，康菲石油有限公司因蓬莱19－3油田溢油事故向中国政府赔偿海洋生态损害10.9亿元，成为我国海洋环境污染索赔之最。《海洋溢油生态损害评估技术导则》在蓬莱19－3油田溢油事故得到了应用。

6.5.4.8 开展溢油应急遥感监测

国家海洋局建立了以国家海洋卫星遥感中心及海区分局为卫星遥感监测站点构成的遥感监测网络，形成了以卫星遥感监测溢油为核心的海洋石油勘探开发活动溢油事故全天候卫星动态监测工作体系。卫星遥感监测发布的海上溢油信息成为核查海上溢油事故、无主漂油等突发海洋环境污损事件、启动溢油应急响应预警或进入溢油应急响应程序，派出海监飞机、船舶跟踪监视海上溢油、漂油，对突发事件现场进行照相、摄像取证，估算溢（漂）油面积和溢（漂）油量，对海上溢油、漂油进行取样，进行油指纹鉴定和数值模拟漂移预测的第一手依据。

6.5.4.9 溢油检验与预测技术保障

力争发生溢油或油污染事件时，能够第一时间对油类进行鉴别分析，为监管提供技术支撑，目前国家海洋局所属单位建成了国际领先的海上油田油指纹检验鉴定技术系统，并由各海区专设的溢油检验鉴定中心负责该系统的日常运营。开发出具有国际先进水平的"油指纹快速分析辅助鉴别及油品信息可视化管理系统"，"海上溢油应急漂移预测预警系统"和"海上无主漂油溯源追踪系统"，为溢油的控制、围控提供技术支持和保障，极大提高溢油的检验鉴定和分析水平。

6.6 海上溢油的处理措施

6.6.1 石油烃的分析手段

60 年代到 70 年代初只能进行"总油"、某类组分混合物（如烷烃和芳烃）或有限的单个化合物生态学效应研究，70 年代后期，由于分析手段的发展和广泛应用，已可以定性、定量分析石油的各类组分、各种化合物以及石油烃的各级降解、代谢产物，研究工作的范围也进一步扩大，由"总油"等发展到石油组分中各化合物（包括各种化合物的同分异构体）的代谢途径和生物学效应等。主要包括以下几种分析手段：

6.6.1.1 FIA 分析法

FIA（Fluorescent Indicator Adsorption）分析法，又称荧光指示计吸附法。适用于 316℃以下馏出的石油产品中的饱和烃、非芳香链烯烃和芳香烃。该法是用装有微细硅胶的吸附管吸附石油烃，用异丙醇解吸。由于各种烯烃的吸附亲和力不同，因而分为芳香烃层、链烯烃层和饱和烃层，荧光染料也与烃类同时进行选择性分离，在紫外线下可以清楚地看到各种成分的层界面。在吸附管的测定部分测定各层的长度，就可求出各种烃的体积百分比。测量结果可精确到 0.1% 体积

6.6.1.2 硅胶吸附法

适用于链烯烃小于 1%（体积百分比）、沸点低于 204℃、吸附经过脱丁烷之后的石油馏分中的所有芳香烃。当硫化物及氮化物共存时会有干扰。此法操作烦琐，

误差大。

6.6.1.3 GC 分析法

适用于石油中易挥发组分，如 C_2 - C_5 烃中乙烷、乙烯、丙烷、丙烯、异丁烷、异丁烯、正丁烯、1 - 丁烯、1，3 - 丁二烯等。检测器是热导池检测器，其主要原理是采样系统将液态试样转化为均匀的气态试样后，注入设置好规定条件的气相色谱仪，各种烯烃成分分离后，记录于色谱图中，根据色谱的保留时间鉴定色谱图的各个峰，利用面积百分比法根据峰面积求出各种成分的含量。

6.6.1.4 高效液相色谱—气相色谱在线联用分析方法

HPLC - GC 在线联用技术分析重质石油中含 N 化合物的分离，其分析周期短，过程自动化程度高。可用于重质石油中的饱和烃、芳香烃和极性化合物的分离。分离后各组分的色谱鉴定可用 HPLC - GC - MC 联用技术进行。

6.6.2 海上溢油的回收处理技术

6.6.2.1 回收处理对策

目前，世界上处理及回收溢油的技术主要有：

（一）物理处理法（清污船，围油栏，吸油材料，磁性分离）

（二）化学处理法（乳化分散剂，集油剂，凝油剂）

（三）生物处理法（主要利用烃类氧化菌）

在海上发生溢油后，首先应散布聚油剂，然后围栏拦截，再使用机械回收装置，对厚度为 0.03 ~ 0.05 cm 的液态油可用凝油剂，使之固化，再用网袋回收。油层厚度在 0.05 cm 以下才可使用乳化分散剂。外海溢油可用燃烧法处理，深海区溢油可用沉淀型凝油剂使之沉入海底。

6.6.2.2 乳化分散剂

乳化分散剂（又称消油剂）是当前广泛使用于海上溢油处理的一类化学药剂，应用消油剂时，不仅要考虑消油效果和本身毒性，还必须考虑溢油乳化液的毒性；并且在考虑毒性大小时，不仅要了解对某一生物的影响，而且还要考虑消油剂对食物链和整个生态系统的影响。消油剂主要由主剂（非离子表面活性剂）和溶剂（石油系碳氢化合物）组成。

目前，一般采用酯型表面活性剂，不仅乳化分散性良好，而且对海洋生物毒性小。

6.6.2.3 集油剂

集油剂是一种防止油扩散的界面活性剂，也可以说是一种化学围油栏，适合于在港湾附近使用，溢油层较薄时最适宜，其内活性剂成分应是不挥发的。目前常用的有：失水山梨糖醇单月桂酸酯、失水山梨糖醇单油酸酯、十八碳烯醇等，它们的毒性低。集油剂采用的溶剂一般是低分子醇类、酮类和氯化烃类。

6.6.2.4 凝油剂

采用凝油剂的最大优点是毒性低，溢油可回收，不受风浪影响，能有效防止石油扩散，提高围油栏和回收装置的使用效率。目前，使用的凝油剂主要是山梨糖醇衍生物类、氨基酸衍生物类、高分子聚合物类、蜡类等。

6.6.2.5 生物处理法

生物处理法由于毒副作用小，而得到了普遍重视。目前，对海洋环境中石油烃的生物学归宿问题的研究结果可归结为以下四点：

（一）海洋环境中石油烃的微生物降解过程是海洋石油烃主要归宿之一。

（二）海洋动物、植物从周围水体和食物中主动地或被动地吸收石油烃化合物是一种普遍现象。

（三）大多数海洋动物具有代谢、转化一定范围的石油烃化合物的酶学功能。

（四）在许多情况下（例如在低水平石油烃污染条件下），海洋动物、植物对石油烃化合物的代谢、降解和释放可以平衡或消除其对石油烃化合物的吸收效应，使某些石油烃化合物在生物组织中没有明显的积累。

此外，能氧化石油烃及其相应化合物（直接氧化或共氧化）的不同类型的微生物在自然界广泛分布，200余种细菌、酵母和丝状真菌已显示能代谢一种或多种烃化合物的能力，这已在定性和定量上得到证明。

由于调查技术、研究方法和经费的限制，目前对生物种群和生态环境受石油污染情况的了解有限，渔业资源的天然波动和变化性很可能会掩盖和混淆石油烃污染的影响，阻碍了人们对其相应生态危害的防治措施的研究进程。因此，加强研究和了解生物种群和生态系短期（数年）波动和长期（数十年）的规律及其与石油污染的关系，是一个有待解决的重要课题。

7　强化海洋石油勘探开发溢油环境污染防治的措施

7.1　严格执行《海洋工程环境影响评价管理规定》

在海洋油气开发生产作业之前，要根据油田开发建设项目的工程规模和开发方式，结合所在海域的环境功能要求，对油田开发建设项目所产生的影响进行环境评价。海洋油气开发环境评价对象要由对单个油气开发项目的环境影响评价转化为对项目所在海域的累积影响评价，由对油气开发项目的评价扩展到对政府政策的影响评价。对环境影响评价的理解由单纯的环境污染评价扩大到对整体海域的生态环境影响的评价。将油气开发项目环境影响评价与环境规划相结合，并纳入环境规划之中，环境规划部门与环境影响评价的联系与合作加强，使环境评价、规划、管理成为一个有机的整体。

为加强海洋工程环境影响评价的管理，根据《中华人民共和国海洋环境保护法》、《中华人民共和国环境影响评价法》及《防治海洋工程建设项目污染损害海洋环境管理条例》的有关规定，国家海洋局制定了《海洋工程环境影响评价管理规定》。在我国管辖海域内进行海洋工程建设活动的适用于该规定。

7.1.1　海洋工程环境影响评价基本要求

海洋工程的选址和建设应当符合海洋功能区划、海洋环境保护规划和国家有关环境保护标准，不得影响海洋功能区划的环境质量或者损害相邻海域的功能。海洋工程的建设单位应当在可行性研究阶段，根据《海洋工程环境影响评价技术导则》及相关环境保护标准，编制环境影响评价文件，报有核准权的海洋主管部门核准。

海洋工程的环境影响评价实行分类管理。根据海洋工程对环境的影响程度，其环境影响评价文件分为海洋环境影响报告书和海洋环境影响报告表两种形式。

7.1.2　海洋环境评价文件

根据《海洋工程环境影响评价管理规定》规定，海洋矿产、油气、海砂资源勘探开发及其附属工程的环境影响评价文件由国家海洋主管部门核准。建设单位应当按照国家有关规定委托相应环境影响评价资质的机构开展海洋工程环境影响评价工作，其他任何单位和个人不得为建设单位指定海洋工程环境影响评价机构。海洋工程环评从业人员应当持有国家海洋主管部门颁发的海洋工程环境影响评价岗位培训证书。

编制环境影响评价文件使用的水质、沉积物、生物（生态）、地质地貌、水文动力等调查监测资料，应当符合国家海洋主管部门的有关规定。海洋环境质量现状调查监测资料，应当由具备向社会公开出具海洋调查、监测数据资质的单位提供。

报告书的内容应包括：

（一）工程概况；

（二）工程所在海域环境现状和相邻海域开发利用情况；

（三）与海洋功能区划、海洋环境保护规划等相关规划的符合性分析；

（四）工程对海洋环境和海洋资源可能造成影响的分析、预测和评估；

（五）工程对相邻海域功能和其他开发利用活动影响的分析及预测；

（六）工程对海洋环境影响的经济损益分析和环境风险分析；

（七）工程拟采用的包括节能减排、清洁生产、污染物总量控制及生态保护措施在内的环境保护措施及其经济、技术论证；

（八）公众参与调查情况；

（九）工程选址的环境可行性；

（十）环境影响评价综合结论。海洋工程可能对海岸生态环境产生影响或损害的，其报告书中应当增加工程对海岸自然生态影响的分析和评价。

建设单位或者其委托单位的环境影响评价机构应当公开征求公众对海洋工程的意见，法律或者法规规定需要保密的除外。征求公众对海洋工程建设的意见可以采取抽样调查、座谈会、论证会、听证会等形式。公众参与人员应包括受海洋工程影响的市民、法人或者其他组织的代表。建设单位或者其委托的环境影响评价机构，应当充分考虑公众意见，并在报告书中附具对公众意见的处理结果及采纳或者不采纳的说明，并向核准部门提供调查对象清单及联系方式。

建设单位提出海洋工程环境影响评价核准申请时应当同时提交下列资料：

（一）申请文件；

（二）海洋工程环境影响评价文件（送审稿）一式三份；

（三）建设单位法人资格证明文件；

（四）环境评价单位的资质证明；

（五）建设单位与环境评价单位签订的工作委托书；

（六）海洋功能区划和海洋环境保护规划的符合性材料；

（七）国家产业政策和国家行业规划的符合性材料，项目的投资渠道归类说明（注明是政府投资或者是企业投资）；

（八）实行审批制的政府投资项目，需要提交发展改革等项目审批部门的项目建议书批复文件；

（九）实行备案制的企业投资项目需要提交相应的备案手续文件；

（十）由国家海洋局负责核准的项目，应当提交政府有关部门污染物排放控制指标的相关文件。

7.1.3　海洋工程环境影响评价文件的审查

海洋工程环境影响评价文件的审查委托专门的评估机构组织，也可由具有核准权限的海洋主管部门自行组织。审查过程可采取审查会、函审或其他形式。采取审查会形式进行审查的，应当成立由包括海洋化学、海洋水文、海洋生态、海洋地质、海洋工程和海洋环境保护等专业的不少于5人的单数专家组成的专家评审组，由专家评审组出具专家评审意见，并对评审结论负责。审查会可邀请同级海事、渔业主管部门、军队环境保护部门及有关海洋主管部门的代表参加。

国家和省级海洋主管部门应分别建立相应环境影响评价审查专家库。专家库的管理办法由相关海洋主管部门制定。

报告书审查的主要内容有：

（一）工程是否符合国家环保法律、政策以及相关产业政策，是否符合海洋功能区划、海洋经济发展规划和海洋环境保护规划；

（二）工程分析是否透彻，对海洋环境生产影响的主要环节是否阐述清楚；

（三）工程建设是否对海洋环境产生重大影响以及是否可以接受；

（四）工程是否按有关部门要求，落实相关节能减排措施，污染物排放是否符合核定的排放标准；

（五）工程建设和营运过程中的环保对策措施是否可行有效，工程是否采用先进工艺及清洁生产技术；

（六）工程环境风险分析是否准确，风险防范对策措施是否可行；

（七）公众参与调查方法是否合理，公众环境权益是否得到保证；

（八）报告书编制质量及评价结论是否可信；

（九）海洋生态修复措施是否可行。

建设单位应当根据专家审查意见及相关部门意见，对报告书（送审稿）进行修改形成报告书（报批稿），同下列材料一并提交核准部门：

（一）建设单位报批文件；

（二）报告书（报批稿）一式7份；

（三）报告书修改说明一式3份；

（四）对专家和部门意见采纳或者不采纳的说明。

7.1.4 海洋工程环境影响评价文件的修改

海洋工程的环境影响评价文件经核准后，有以下改变的，建设单位应当委托具有相应环境影响评价资质的单位重新编制报告书，报有核准权的海洋主管部门核准。

（一）工程的性质、规模、地点发生改变的；

（二）工程的生产工艺、建设方案发生改变的；

（三）有污染物排放的工程，其污染物排放的地点、处理的工艺、主要设备、技术指标和技术方法发生改变的。

海洋工程发生上述改变后，对环境的影响明显要小于改变前或不发生改变的，经有核准权的海洋主管部门同意后，可不重新编制报告书。

海洋工程自环境影响评价文件核准之日起超过 5 年方开工建设，且工程的性质、规模、生产工艺、环保措施、海洋环境状况等均未发生变化的，建设单位应当在开工建设 60 个工作日前将其环境影响评价文件报原核准部门重新核准。

报告书核准前需要举行听证会的，按照国家海洋主管部门制定的《海洋听证办法》组织听证。

海洋工程在建设、运行过程中，在规模、工艺、污染物排放等方面产生不符合经核准的环境影响报告书的情形的，建设单位应当自该情形出现之日起的 20 个工作日内组织环境影响的后评价，根据评价结论采取改进措施，并报原环境影响评价文件核准部门备案；原核准部门也可以责成建设单位进行环境影响的后评价，采取改进措施。

海洋工程需要拆除或者改作他用的，应报原核准该工程环境影响评价文件的海洋主管部门批准。改作他用的、拆除中有污染物排放或改变地形地貌的，应当进行环境影响评价。

海洋工程环境影响评价文件的核准工作实行备案制度。海洋主管部门核准海洋工程环境影响评价文件不得收取任何费用。

7.2 完善海上溢油污染防治法律法规

7.2.1 建立预防为主的法律体系

海洋石油勘探开发过程中，不可避免地会产生各类污染物。海洋石油污染问题的产生不仅是经济和技术方面的因素，立法滞后、管理不严、执法力度不够也是重要的原因。我国虽然在 1983 年颁布实施了《中华人民共和国海洋石油勘探开发环境保护管理条例》、在 2006 年颁布了《防治海洋工程建设项目污染损害海洋环境管理条例》，而且为了便于操作，结合海洋石油开发的一些具体问题，国家海洋局陆续制订颁布了《海洋石油勘探开发环境保护管理条例实施办法》、《海洋石油勘探开发溢油应急计划编制和审批程序》及《海洋石油勘探开发化学消油剂使用规定》等有关行政规范性文件。但我国有关海洋环境资源保护的法律法规在深度和力度方面还有待进一步加强：有些法律法规在实际中因缺乏监控、疏于管理等原因而得不到执行；有些法律由于规定原则性过强，缺乏可操作性；有些法律法规对海洋油气开发企业的污染行为的处理，仅是经济处罚，数额不大，没有威慑力。要进一步修订《海洋环境保护法》，加快制订《石油法》和《石油污染防治法》等相关法律，建立以预防为主的海洋油气开发环保法律体系，用法律法规调整和规范人们的行为，依法保护海洋与渔业资源，使海洋石油污染防治工作逐步走上法制化、正规化轨道，减小海洋石油开发对海洋与渔业资源的影响。

生态损害问题的治本之策是预防。鉴于生态利益难以事后补救的特点，对生态损害的“源头”与“过程”实行全面控制，显然要比寻求生态损害的事后救济更应受到重视。应对生态损害的立法重点应当是预防生态损害发生，采取全面、有效的措施防范生态风险，维护生态安全。

环境法应确认生态利益，并将其确立为法律。根据生态利益的特点和要求，通过明确的法律规范给予其积极、充分的事前保护，以求使生态利益免受侵害。另外，由于生态利益在多元利益冲突中处于弱势地位，环境法应当加强对生态利益的法律保护，调整、平衡生态利益与经济利益、整体利益与个体利益等诸多利益关系束，为解决生态损害问题提供制度依赖。

保护海洋生态系统，防治海上溢油生态损害，应当以生态利益的法律保护为基点，将海上采油、海上运油、用油等活动对海洋生态的影响纳入海洋生态系统的运行过程中考虑，综合考虑法律、经济、社会等多方面因素，对海洋生态系统予以综合管理、全面保护。

7.2.2 建立海洋生态损害的事后赔偿机制

7.2.2.1 迫切需要专门立法

我国目前还没有专门针对海洋溢油污染索赔的相关立法，沿海及国际油轮造成污染事故后适用不同的法律规定，不同污染源造成的溢油也适用不同的规定，由此导致了法律适用上的冗繁，也不利于司法操作。《中华人民共和国海洋环境保护法》配套的海洋石油勘探开发法规的修订严重滞后，现行法律法规还存在应急响应中企业、沿海地方政府和管理部门的义务和职责不明确，现有的法规罚则明显偏低，无法对勘探开发违法行为特别是溢油污染损害事故起到惩戒作用；对海底石油管线保护、石油对外合作等问题还有待进一步明确完善。

由于缺少法律依据，尽管石油开采的溢油事故造成了严重的海洋生态损害，但事故发生后的索赔依然十分困难。

提高对海上溢油事故的重视程度，动用一定的立法资源来有效应对各类溢油事故给海洋生态造成的损害，是此类事故发生后可依法积极响应的最佳途径。

因此，应当修改完善《海洋环境保护法》及《海洋石油勘探开发环境保护管理条例》《防治海洋工程建设项目污染损害海洋环境管理条例》，明确追究污染损害的刑责条款，加大溢油污染行政处罚力度，并配套制定海上油气勘探开发污染排放和应急管理相关的国标、行标及各项制度和规定，进一步细化和明确责令清污、封堵、排查、整改、赔偿等强制性的监管制度和措施，建立海洋石油勘探开发油污损害赔偿基金，用于发生溢油事故后的处置和污染赔偿，构建科学、合理、完整的海洋溢油污染防治管理法律体系，使行政管理和执法人员真正做到有法可依，从根本上形成对海洋环境污染者的威慑作用。

7.2.2.2 海洋生态损害的关键概念

结合海洋污染的严重程度及深远意义，目前，我国的《海洋环境保护法》对一些基本概念的界定还需要进一步明晰。“海洋环境”与“海洋生态”的概念，“海洋环境污染损害”与“海洋生态损害”的关系还需要进一步予以阐明。

区分易混淆的概念是实现我国法律与相关国际公约“对接”的前提条件。例如，我国于2000年加入的《1969年国际油污损害民事赔偿责任公约1992年议定书》（简称1992CLC），该公约中并无“海洋生态损害”的概念，甚至没有出现“海洋生态”这样的表述方式，因此，《海洋环境保护法》在赋予海洋环境监督管理权的国家部门向责任人就海洋生态、海洋水产资源和海洋保护区进行索赔的权利同时，应当就海洋环境污染造成生态损害的事实、影响、范围及后果等作出必要的说明。

7.2.2.3 制定效力高的海洋生态损害评估办法

《水域污染事故渔业损失计算方法规定》和《海洋溢油生态损害评估技术导则》是司法实践中指导海洋环境损害评估的主要技术文件，然而，这两份文件并不具有法律约束力。

《海洋环境保护法》赋予海洋与渔业监管部门就海洋生态、海洋水产资源和海洋保护区的破坏进行索赔，间接地鼓励了各级海洋环境监管部门出台各自的海洋生态损害计算办法，然而，这又无形中割裂了环境的统一性，忽视了环境要素之间、环境与生态系统之间的依存关系。

具备海洋监督管理权的国家部门有必要联合制定一部法律位阶高、具有法律约束力的海洋生态损害评估办法，既提高计算办法的法律效力，又可避免海洋生态损害的重复索赔。

7.3 加强海上溢油管理

7.3.1 健全溢油风险管理制度

7.3.1.1 生态风险评价制度

鉴于海上溢油的主要来源是海上油轮运输事故、海上移动钻井平台的井喷事故以及海上石油开采中的不当作业引发的海底溢油事故，有必要设立海上溢油生态风险评价制度，要求从事海上运输及海上石油勘探开发的作业者在进行经营活动或海上作业之前，必须在监管海洋环境及其相关作业的有关部门的监督之下，对其活动可能造成溢油事故的原因进行调查、预测和评价，并提出防治海上溢油生态损害的对策。

7.3.1.2 替代方案制度

对可能造成溢油污染的海上作业进行生态风险评价之后，必须对这一评价结论，即对可能产生溢油并造成海洋生态损害的风险进行管理。海上溢油生态风险的管理制度，实际上就是风险管理在海上溢油生态损害防治中的应用，即对于溢油生态风险的结果进行综合分析，针对可能发生的海上溢油及其对海洋生态风险，采取各种手段，减低或消除生态风险发生的机率。在海洋生态系统管理立法中纳入替代方案，将有利于寻求危害最小、最有效的方法来推进对海洋生态的保护，并通过对多方案的比较和选择，有效地降低海上作业可能造成海上溢油生态损害的风险。与此同时，替代方案制度的应用，还将帮助决策者综合考虑环境、经济和社会利益，选择对海洋生态损害最小而对经济和社会最有益的行动来实现决策优化。

7.3.1.3 生态损害保证金制度

海上溢油生态损害保证金制度要求海上作业者在进行任何具有潜在生态风险活动之前必须缴纳保证金。其缴纳的保证金应当与海上溢油生态风险评估得出的金额大体相当，只有这样，才能保障受损的海洋生态获得恢复、重建的必要资金。这一制度与污染者负担原则相一致，它是对污染者赔偿能力的一种确认和保证。

生态系统的健康评价为海洋生态系统综合管理提供了全新的手段、技术支撑和管理方式。例如，可以通过具体的制度，规定海洋环境监测部门定期做出海洋生态系统健康评价报告的义务，通过对各个生态健康指标的分析、判断，对污染源（主要指溢油的来源）进行调查和分析，预防和减少海上溢油的生态损害，切实地维护海洋生态利益。

7.3.2 完善溢油应急指挥体系

7.3.2.1 优化职能管理部门的分工

目前我国海上溢油事故的应急与治理涉及的部门众多，但由于各级政府及相关部门在海上溢油应急反应中的职责和法律关系不明确，往往出现应急指挥不畅、协作不力等情况。

我国的涉海管理部门主要包括：海洋、渔业、海事、环保、外交、科研等部门。这种分散型的管理体制在实践中显现出管理职责不明确、管理目标不一致、缺乏协调机制等诸多问题，不符合综合生态系统管理理念的要求。美国的海上溢油应急响应体系值得中国借鉴。

美国的海上溢油应急响应体系是依托1990年美国《石油污染法案》和1994年《溢油应急计划》而建立的，包括地方、区域和国家整体的各级应急指挥系统，美国的溢油应急指挥体系包含了美国海岸警备队、国家环境保护局、国家海洋和大气管理局、内政部、交通部、农业部、能源部等16个政府部门，虽然各部门之间也存在职能交叉问题，但美国在国家及各州政府的溢油应急指挥体系中都有常设的溢油防治和反应机构，其成员来自政府相关的各个部门，这便于加强政府各部门之间的协作配合，可以充分发挥人员和资源上的优势，保证了应急反应指挥系统的反应迅速、步调一致、政令畅通。

7.3.2.2 海洋生态管理的“双轨制”

建立海洋生态系统管理体制，有必要实行“双轨制”，即一方面建立海洋生态系统综合管理委员会，统一协调海上石油产业、海洋环境保护和海洋资源管理部门、各级政府规划部门、决策部门的管理活动，有效规范人们各项涉海的社会、经济活动；另一方面，保留、完善上述各部门既有的海洋管理职责，建立有效机制，实现既有管理体制与海洋生态系统综合管理体制的衔接、协调与监督，以减少改革成本，实现改革效益最大化。

建立海洋生态系统综合管理部门，是解决海洋管理体制分散、职能不明确等问题的有效途径。该部门职能等级应高于涉海各部门，以便切实有效地统领各涉海部门执行综合管理委员会做出的各项决议、规划，该综合管理部门的职能可纳入十二届全国人大一次会议决定成立的国家海洋委员会的工作范畴；同时，综合管理部门的组成人员应熟悉涉海各部门的运行机制，以便与其合作开展海洋生态系统的各类管理与保护工作。此外，对现有各涉海部门的管理职责予以完善，以便明确各涉海部门的管理分工，高效执行综合管理部门的管理任务。

在管理层次上，海洋生态系统综合管理部门是对海洋生态系统管理工作实行统一监督管理的部门，所行使的统一监督管理职能是一种通观全局的、层次较高的管理行为，在整个海洋生态系统管理中占主导地位，而各级行政管理中规划部门、决策部门与综合协调部门之间的分工负责监督管理属于部门管理，是协同综合管理部门在某些方面的单项管理行为，在海洋生态系统综合管理中是一种补充性、配合性的管理。

在管理范围上，海洋生态系统综合管理应是一种全方位的、跨系统、跨部门的综合监督管理，而各级行政部门的管理应该是部门内或系统内的监督管理，不应跨行业和部门，其覆盖面为本系统本部门。

此外，各级行政部门的分工监督管理不应画地为牢，排斥海洋生态系统综合管理部门的监督检查，妨碍海洋生态系统综合管理工作的开展。

明确了海洋生态系统综合管理体制与各级政府行政管理部门间的关系后，需要用法律、法规的形式将两种管理体制中主要部门的职责予以界定，以方便各部门在海洋生态系统综合管理活动中有法可依、依法办事。

参与海洋生态系统综合管理的部门应有对各级政府规划部门、决策部门的有关决定监督审核的职权，确保各级政府的规划与决策符合海洋生态系统保护工作的要求。各级政府的综合协调部门应当协助海洋生态系统综合管理部门的工作，在各级政府之间贯彻落实综合管理部门的各项决议。

7.3.3　加强海洋油气开发企业管理

海洋油气开发企业在制订中长期发展规划和生产经营计划时，均要制订周密可行的海洋环境保护管理和污染治理计划和规划，做到科学规划、分步实施、稳步推进，全面提高企业防治污染能力。海洋油气资源开发企业在开采过程中要把保护环境视为己任。在海洋油气开发企业引入 ISO14001 管理制度，建立 HSE 管理体系。HSE 管理的核心是预防安全环境事故的发生，可以有机的将健康、安全和环境管理纳入一个管理体系之中，可以有效地减少环境事故的发生。

海洋石油开发企业要积极采用清洁生产工艺。清洁生产是从传统的末端污染治理转向清洁生产全过程控制，提高资源能源利用率，从源头上减少污染物的产生量，以减轻末端治理的负担，降低末端失控带来的环境风险。在海洋石油勘探开发中，减少使用爆破勘探作业，改用非炸药震源，如电磁脉冲震源、空气枪震源等进行海洋石油勘探；使用环境友好的工艺、设备和材料，如使用先进的钻机、配套完善的固控设备，提高钻井液、钻井泥浆循环利用率和重复利用率；废物控制及资源化，对采油废水进行充分回用（回注等），以节约水资源，采用密闭集输和轻烃回收装置，充分回收天然气，并加以利用；对钻井平台周围的落海原油处理采用机械回收的方式进行回收，少用或不用消油剂处理；对油轮的油舱处理采用细菌清洗方式，减少油轮的压舱水、洗舱水的排放。

加强环境污染事故的预防，制订详细的环境污染事故应急计划，石油平台所属海域的沿海海洋资源管理部门要积极参与制订海洋环境污染事故的应急计划。重点落实岗位责任制，培养海洋油气开发企业的职工的工作责任心，精心操作、保持钻井平台施工、作业的平稳运行。定期对油气施工、生产装置进行内部环境保护评价，及时采取科学技术防范措施。对已经发生的环境污染事故，要严格按照原则处理，认真分析环境污染事故产生的原因和规律，吸取教训，制订改进方案和措施。

7.4 加强海上溢油执法监管

7.4.1 海上石油开采容易存在的溢油风险

（一）溢油风险防范的规章制度与执行存在不足。安全应急预案未按国家要求进行审核、备案和发布等

（二）溢油应急：溢油应急的联动性和协调机制缺乏；溢油应急计划不完善，溢油风险考虑不充分，溢油应急演习缺乏或不规范，溢油应急物资准备不足或应急设备配备不到位；溢油应急力量的配备与实际的需求有待科学评估，应急设备配置不适用于浅海、滩涂应急需要；

（三）海底油气管线：运营工程中出现悬空段；管路的支撑设施发生腐蚀破损，增加管线损坏导致溢油污染的风险；管线超期服役；海底管线的评价分析报告不能及时由现场作业人员掌握，缺乏安全警惕意识；海底管线的管理与合作方的责任不清、分工不明；

（四）油田位置：渤海湾内油气田距岸较近，靠近港口、锚地、航道、养殖区，甚至海洋环境敏感区，溢油潜在风险加大；

（五）环保设施，环保设施维护保养不到位；防喷设备的配置、数量、压力值与行业标准和要求不达标；油田开发工程环保设施“三同时”尚未获得海洋主管部门批复擅自投入试运行；试运行的环保设施未获得海洋主管部门的竣工验收；注水压力超过设备能力；

（六）地质地层：缺乏对地质异常情况的分析和防范对策；由于岩屑回注、注水等油气生产作业导致地层压力的变化造成溢油风险；岩屑回注层、勘探作业地层地质条件脆弱；

（七）作业方式：改变工艺和生产规模，如，表层套管下深不符合要求，使用热采方式，平台设计井深与实际井深有出入；大量、长期回注目的层井位集中，造成局部高压；

（八）作业环节：没有完全执行《海洋环境影响报告书》和开发方案的要求；已执行的开发方案与《环境影响报告书》的要求不一致；在油田生产过程中，对相关作业方、合作方的监督与协调等方面缺乏安全作业控制和存在现场管理不足，存在溢油风险；监管原油外输没有按要求布设围油栏；输油软管法兰连接处不符合安全要求；油田注水部分井段层系采取合注方式导致个别层段地层压力升高提高溢油风险，且缺乏合注的风险论证；岩屑回注距海床较近；油机泥浆的使用不符合要求；钻修井作业地质设计未考虑油藏动态数据，风险考虑不足不利于施工作业安全；

（九）作业设施：钻井设计缺少地层压力、破裂压力等设计依据，不符合行业标准；注水井设计压力缺乏论证依据等。

7.4.2 溢油风险防治的关键问题和对策

7.4.2.1 关键问题

结合海上石油勘探开发管理以及发生的溢油事故，溢油的风险防治需要重视解决以下问题。

（一）溢油风险隐患

一些事故的发生源于对溢油风险预料不够，防范措施不足，为溢油事故的发生埋下了隐患，如油田开发注水、海上设施和海底管线超过设计年限服役还需要有相应的管理措施和制度。

（二）海洋环评执行

执行海洋环评是建设单位和作业者从事海洋石油勘探开发活动的基本要求和国家海洋环保重要法律制度，任何不符合海洋环评规定的作业行为，都会增加溢油风险，是造成溢油污染的主要风险源，违反海洋环评的事件在油田实际开发中要高度警惕。

（三）ODP 落实

违反 ODP（总体开发方案）同样不容忽视，如，注水作业方式违反 ODP 的规定，没有按 ODP 批准的分层注水开发方式，长期笼统注水；回注岩屑的层位没有按照 ODP 规定的层位，擅自多次上调回注岩屑层，造成回注地层异常高压，此类事故已有发生需要举一反三，以免后患。

（四）应急能力与保障

面对多发的溢油事故，作业者应对大型溢油事故的技术储备贫乏，溢油应急设施和力量达不到应急要求，反映了应急处置能力的薄弱，对复杂溢油监管的技术和手段不足，制约着应急的监管和事故的处置。溢油应急联动机制不够健全，包括企业内部、企业之间的溢油应急联动还需加强。

（五）监督管理

作业者的法律意识淡薄和溢油风险意识不足，环保措施欠缺，致使未批先干、知法违法、应急能力达不到要求或不适应实际情况等问题时有发生，执法力度有待进一步加强。

7.4.2.2 相关对策

坚持把强化溢油污染风险防范作为实现科学发展观、保护海洋环境、加强海洋生态文明建设的重要措施，为促进海洋经济又好又快发展创造良好的环境和条件。

（一）加强溢油风险预警防控和监测

企业的溢油风险防范。一是提高企业的溢油风险防范意识；二是从工程设计、施工、建造和安装以及生产管理上采取有效措施，消除事故隐患；三是建立油藏开发溢油风险监测预警制度和消除油藏溢油隐患的工作制度；四是加强溢油应急能力建设，重视提高突发性、灾害性溢油防范能力。

监管部门的溢油风险防范和监测。一是总体控制近海近岸石油开采，实施远海石油开采战略；二是健全海洋石油开发全程监管制度，重视对溢油管道和地质的监测和分析，对预警信息及时采取防范措施，突出对溢油污染违法行为的查处；三是健全基于卫星、岸基、船舶、航空、浮标及水下机器人的综合性、立体化的溢油监视监测网络；四是完善溢油漂移预测和溯源追踪、油指纹数据库建设及溢油鉴定、溢油生态损害评估与修复等技术支撑体系。

（二）加大行政监管力度

监管内容上，把环评、溢油应急计划等的执行作为检查主要内容，对海底石油管线、采油作业、注水作业等易致溢油的风险环节加强检查，强化石油开采环境保护措施的落实，同时在监管的力量、方式和手段上不断采取新举措；开展溢油风险防范检查和隐患治理，定期对油气井、油气管道等溢油风险源进行溢油风险排查与评估；建立健全由相关主管部门组成的联防联控工作机制，定期交流监管情况；开展风险防范联合大检查，切实防范海上溢油事故发生；加大对违法行为的查处力度，从严查处溢油污染事件，有力震慑溢油污染违法行为。

（三）提高溢油应急处置监管的能力与保障

重点落实好五个方面：

1. 夯实溢油应急处置监管的基本工作

包括完善应急工作规范、健全应急管理机构、强化应急计划管理、加强现场监督检查，提供稳定的应急监视监测和清污行动资金，加大应急船只、监视监测等设备投入；

2. 促进各方配备应急处置设施

包括监督企业配备与石油勘探开发规模相适应的应急处置设施配备到位，为清污船只增装或加装溢油回收设施，确保在应急状态下投入力所能及的溢油回收；

3. 加强应急处置的技术研究

包括积极发展和建立多样化和高效的溢油回收装置、发展灾害天气下的溢油监管技术，提高复杂环境下的溢油回收能力；

4. 建立广泛的应急专家库和第三方技术机构，提高应急的专家技术保障；

5. 建立广泛的海上溢油志愿救援队伍，并把这些力量纳入海洋溢油应急管理体系。

（四）加大溢油污染责任追究

追究污染者的责任，包括行政、刑事和民事三个方面的责任。发生海洋石油勘探开发溢油污染事故，主管部门应依法实施严厉的行政处罚。对溢油污染行为构成犯罪的，行政机关应依法将案件移送司法机关，追究刑事责任。对破坏海洋生态环境和海洋渔业资源，行使海洋环境监督管理权的部门应代表国家依法对责任者提出损害赔偿要求。同时，依据海洋石油勘探开发管理条例，海洋行政部门还可以依法责令当事人赔偿，也有利于赔偿问题的解决。

7.4.3 提高海洋石油勘探开发活动的执法监管能力

（一）采取最严格的石油勘探开发和溢油风险防范管控措施

通过制定实施石油勘探开发溢油风险防范指南、制定石油勘探开发环保管理严格审批和严格监管的措施、建立与溢油污染损害程度相匹配的罚款额度和责任追究、增加溢油应急现场处置的行政强制措施、发生违法行为及造成溢油污染责任果断采取停止或限制作业的措施，对溢油污染和安全隐患实行最严格的管控措施，确保生产和环境的安全。

（二）建立常态化执法监管制度

通过采取定期、不定期、专项和联合执法等各种形式，利用海、陆、航空、卫星、平台值守和视频在线监控等多种手段，依靠一支专业化、技术化和规范化的执法监管队伍，深化对海洋石油勘探开发活动，特别是溢油风险防范的执法检查，对石油勘探开发各阶段、各个环节进行动态、全程监管，做到对海洋石油勘探开发活动的常态化、全覆盖、高密度的检查，确保海洋环境违法和污染行为在第一时间发现、制止和处理。

（三）实施溢油风险防范定期执法检查

建立溢油风险防范定期执法检查制度，要做到有效防范溢油风险，两个层面的风险防范检查活动必不可少，一是由于海上石油勘探涉及众多的管理部门、管理要求各有侧重，由国务院有关职能部门组成的联合检查组定期开展检查很有必要；二是海洋行政主管部门组织环保管理部门、执法部门、技术部门共同参与的海洋石油勘探开发溢油污染风险防范检查活动应当定期开展，及时发溢油风险点和隐患，对排查中发现的问题进行彻底整改，切实杜绝可能存在的安全隐患，确保溢油风险在初始状态解决和消除，保障海洋环境安全。

（四）严厉惩处海洋石油勘探开发违法违规行为

开展“碧海”行动、“海盾”行动、违法整治等各类专项执法行动，保持对海洋环境违法行为的高压态势，对海洋环境违法特别是溢油污染损害事件，依法严厉查处，确保各类海洋环境污染损害案件得到及时查处，并及时公开案件查办和污染事故信息，保障公众的环境问题知情权，保障可能受到影响的各方合法权益，让违法者付出必要代价。

7.5 加强海洋环保教育

在我国海洋石油开发职工队伍中，普遍存在着重生产、轻环保的不良倾向。特别是在目前石油价格高涨，经济发展对石油的需求无止境的情况下。所以要加强对海洋油气开发作业人员进行保护海洋政策法规的普及宣传工作，提高他们保护海洋环境的责任心。

加强对油气开发企业人员和渔民的海洋意识和海洋法律、法规教育，开展海洋环境和知识普及；鼓励和支持渔民和海洋石油开发企业参与海洋环境保护行动，组织渔民海洋环境保护和监测志愿者队伍，提高渔民的海洋意识和参与度，对涉及渔民切身利益或渔民关注的石油开发海域开展志愿监测行动，以弥补专业监测的不足；采取鼓励政策，推动海洋环境保护渔民民间社团建设，并通过赞助和募捐的方式设立海洋环境保护基金，建立定期的海洋石油开发区域海洋环境质量状况信息发布制度，为公众和民间团体提供参与和监督海洋环境保护的信息渠道与反馈机制。

7.6 推进海洋生态文明建设

党的十八大和十八届三中全会报告对生态文明建设理论和实践作出了全面系统的论述和部署，提出要“加快生态文明制度建设”，“建立系统完整的生态文明制度体系”的总要求，《中共中央国务院关于加快推进生态文明建设的意见》和国家

《水污染防治行动计划》的贯彻实施，进一步突出了海洋生态文明建设的重要意义。

党的十八大将美丽中国作为生态文明建设的根本目标，美丽海洋同样是海洋生态文明建设的根本目标。目前，我国海洋资源环境出现的严峻形势，特别是我国粗放型的海洋开发方式和海洋生态环境持续恶化的形势并未根本改变，海洋溢油污染和溢油事故不断发生，与社会发展的需要和沿海人民群众的要求还有较大差距，所以要通过推进海洋生态文明建设，以循环利用型的开发方式利用海洋，把海洋开发利用活动控制在海洋能够承载的程度之内，加大对海洋环境污染的综合整治力度，最大程度防范和减轻海洋环境污染，给海洋留下资源再生、环境自净的空间，以尽可能少的资源消耗、尽可能小的环境代价实现最大的发展效益，让我国海洋生态环境有一个明显改观，让人民群众享受到碧海蓝天、洁净沙滩，实现人与海洋的和谐可持续发展。

2015 年国家海洋局印发《国家海洋局海洋生态文明建设实施方案》[40]，提出了十个方面三十一项主要任务，为“十三五”期间海洋生态文明建设提供了路线图和时间表。践行海洋生态文明建设要以实施海洋强国战略和落实《海洋生态文明建设实施方案》为契机，坚持尊重海洋、顺应海洋、保护海洋，树立节约优先、保护优先、自然恢复为主的理念，着眼于建立基于生态系统的海洋综合管理体系，坚持“问题导向、需求牵引”和“海陆统筹、区域联动”的原则，把海洋生态环境保护和资源节约工作放在突出位置，以制度体系和能力建设为重点，以重大项目和工程为抓手，通过完善海洋生态保护规划体系、落实总量控制和红线制度、深化资源配置与管理、严格海洋环境监管与污染防治、加强海洋生态保护与修复、增强海洋监督执法等举措，推动海洋生态文明建设水平不断提高，为建设海洋强国、打造美丽海洋，全面建成小康社会、实现中华民族伟大复兴做出应有的贡献。

主要参考文献

[1] 国家海洋局. 2012 年中国海洋环境质量公报 [R]. 2013

[2] 国家海洋局.《全国海洋功能区划（2011—2020 年）》[R]. 2012

[3] 杨方东，苗振清.《海湾生态学（上）》[M]. 2010，232 - 234

[4] 王林昌，邢可军. 海洋油气开发对渔业资源的影响及对策研究 [J]. 中国渔业经济，2008，34 - 40

[5] 陈建秋. 中国近海石油污染现状、影响和防治 [J]. 节能与环保，2002，15 - 17

[6] 方曦，杨文. 海洋石油污染研究现状及防治 [J]. 环境科学与管理，2007，78 - 80

[7] 马晓惠. 海上溢油是如何一步步侵害海洋的 [J]. Ocean World，2011. 32 - 37

[8] 王祖刚，董华. 2012 美国墨西哥湾溢油事故应急响应治理措施及其启示 [J]. 国际石油经济，2010，18（6）：1 - 4

[9] 杨守晶. 浅论我国海洋环境现状与防治的法律对策 [J]. 沈阳干部学刊，2010，（2）：40 - 42

[10] 崔清晨，陈万青，侍茂崇. 海洋资源 [M]. 北京：商务印出版社，1981

[11] 陈砺，王红林，方利国. 能源概论 [M]. 北京：化学工业出版社，2009

[12] 辛仁臣，刘豪. 海洋资源 [M]. 中国石化出版社，2008，126 - 127

[13] 戴启德，黄玉杰. 油田开发地质学 [M]. 东营：石油大学出版社，2002，69 - 75

[14] 刘吉余. 油气田开发地质基础 [M]. 北京：石油工业出版社，2006，276 - 277

[15] 罗平亚，杜志敏. 油气田开发工程 [M]. 北京：中国石化出版社，2003，76 - 77

[16] 张一伟，金之钧. 油气勘探工程 [M]. 北京：中国石化出版社，2003

[17] 李晓平. 地下油气渗流力学 [M]. 北京：石油工业出版社，2008

[18] 张波，赵福麟，等. 海上油田聚合物驱降压增注技术 [J]. 断块油气田，2010，17（5）：624 - 627

[19] 刘正伟，张春杰，李效波. 海上稠油热采井防砂筛管热应力分析 [J]. 石油机械，2012，40（2）：26 - 29

[20] 项先忠，赵雄虎，何涛. 钻屑回注技术研究进展及发展趋势 [J]. 中国海上油气，2009，267 - 270

[21] 安文忠，陈建兵，牟小军. 钻屑回注技术及其在国内油田的首次应用 [J]. 石油钻探技术，2003，22 - 25

[22] 桂客. 海上溢油污染的危害及防治措施 [J]. 环境保护与循环经济，2011，56 - 58

[23] 陈效红 [译]. The American oil & gas reporter [J]. 国外石油动态，2000，14 - 21

[24] 李文忠，泪光轮，姚传进. 海上钻井岩屑回注地层裂缝扩展研究 [J]. 科学技术与工程，

2012，300 -302
[25] 李传亮．油藏工程原理［M］．北京：石油工业出版社，2005
[26] 李培扬，黄喆．绥中 36 -1J 区无人驻守井口平台设计［J］．中国海上油气（工程），1998，10（6）：1 -6
[27] 宋成立，郑本祥．采油工实用读本［M］．北京：石油工业出版社，2009
[28] 刘德华，刘志森．油藏工程基础［M］．北京：石油工业出版社，2004
[29] 袁新强，许运新．砂岩油田开发常用知识汇集［M］．北京：石油工业出版社，2002
[30] 崔辉，王世信．吐鲁番 -哈密盆地油气田开发工程［M］．北京：石油工业出版社，1998
[31] 童晓光，崔耀南．海外油气田新项目评价技术和方法［M］．北京：石油工业出版社，2005
[32] 孙艾茵，刘蜀知，刘绘新．石油工程概论［M］．北京：石油工业出版社，2008
[33] 邱勇松．大庆油田开发技术要点与稳产措施［M］．北京：石油工业出版社，2003
[34] 郑西来，王秉忱，佘宗莲．土壤 -地下水系统石油污染原理与应用研究［M］．北京：地质出版社，2004
[35] 吴晓丹，宋金明，李学刚．海上溢油量获取的技术方法［J］．海洋技术，2011，30（2）：50 -58
[36] 国家海洋局．《海洋石油勘探开发溢油事故应急预案》［R］．2008
[37] 《海上石油勘探开发溢油应急响应执行程序》［R］．2008
[38] 国家海洋局．《海洋石油勘探开发溢油应急预案》［R］．2015
[39] 国务院办公厅．《国务院办公厅关于加强环境监管执法的通知》．2014
[40] 国家海洋局．《国家海洋局印发海洋生态文明建设实施方案》［R］．2015